交通职业教育教学指导委员会推荐教材
高职高专院校道路桥梁工程技术专业教学用书

高等职业教育规划教材

土力学与地基基础

Tulixue Yu Diji Jichu

（第二版）

主编 周东久
主审 陈晏松

人民交通出版社

内 容 提 要

本书是交通职业教育教学指导委员会推荐教材，由路桥工程专业指导委员会组织编写。内容包括：土中应力计算；基础沉降量计算；土的强度与地基承载力；土压力；地基与基础概述；天然地基上的刚性浅基础；人工地基；桩基础；沉井基础；土的力学性质试验。

本书是高职高专院校道路桥梁工程技术专业教学用书，也可供相关专业教学使用，或作为有关专业的继续教育及职业培训教材。

图书在版编目（CIP）数据

土力学与地基基础／周东久主编．—2版．—北京：人民交通出版社，2009.8
ISBN 978-7-114-07896-5

Ⅰ.土... Ⅱ.周... Ⅲ.①土力学②地基－基础(工程) Ⅳ.TU4

中国版本图书馆CIP数据核字(2009)第118470号

书　　名：土力学与地基基础（第二版）
著 作 者：周东久
责任编辑：周往莲
出版发行：人民交通出版社
地　　址：(100011)北京市朝阳区安定门外外馆斜街3号
网　　址：http://www.ccpress.com.cn
销售电话：(010)59757973
总 经 销：人民交通出版社发行部
经　　销：各地新华书店
印　　刷：北京虎彩文化传播有限公司
开　　本：787×1092　1/16
印　　张：13.75
字　　数：332千
版　　次：2005年8月　第1版　2009年8月第2版
印　　次：2021年5月　第2版　第17次印刷　总第24次印刷
书　　号：ISBN 978-7-114-07896-5
印　　数：84001-84700册
定　　价：29.00元

再版说明

ZAIBAN SHUOMING

高等职业教育规划教材《土力学与地基基础》(第一版)自2005年8月出版发行后,受到广大师生及技术人员的好评,在全国被多所高等院校选为教学用书,在三年的时间里,已累计印刷7次,总发行量达23 000册。2007年原交通部颁布了新的中华人民共和国行业标准《公路桥涵地基与基础设计规范》(JTG D63—2007)以及《公路土工验规程》(JTG E40—2007),本书根据新的规范进行了修订。

本次修订保留了第一版教材的基本结构,内容深入浅出、通俗易懂,更突出了"职业性和实用性",并增加了例题和练习题。

参加本书编写工作的有:河南交通职业技术学院周东久(编写绪论,第一章~第七章)和赵学峰(编写第八章~第十章)。全书由周东久担任主编,湖北交通职业技术学院陈晏松担任主审。

本书在编写过程中得到了交通职业教育教学指导委员会的关心与指导,全国各交通职业技术学院的领导也给予了大力支持,在此,向他们表示诚挚的谢意。

作　者

2009年6月

出版说明

CHUBAN SHUOMING

为深入贯彻落实《高等教育面向21世纪教学内容和课程体系改革计划》及全国普通高等学校教学工作会议的有关精神，深化教育教学改革，提高道路桥梁工程技术专业的教学质量，按照教育部"以教育思想、观念改革为先导，以教学改革为核心，以教学基本建设为重点，注重提高质量，努力办出特色"的基本思路，交通职业教育教学指导委员会路桥工程学科委员会在总结教育部路桥专业教学改革试点的6所交通高职高专院校办学实践经验的基础上，经过反复调研和讨论，制定了三年制"高职高专院校道路桥梁工程技术专业教学指导方案"，随后又组织全国20多所交通高职高专院校道路桥梁工程技术专业的教师编写了18门课程的规划教材。

本套教材依据教育部对高职高专人才培养目标、培养规格、培养模式及与之相适应的知识、技能、能力和素质结构的要求进行编写。为使教材中所阐述的内容反映最新的技术标准和规范，路桥工程学科委员会还组织有关人员参加了新技术和新规范学习班。

按照2004年10月路桥工程学科委员会所确定的编写原则，本套教材力求体现如下特点：

1. 结构合理性。按照道路桥梁工程技术专业以培养技能型人才为主线的要求，对传统的专业技术基础课和专业课程进行了整合，教材的体系设计合理，循序渐进，符合学生心理特征和认知及技能养成规律。所编写的教材更适合高职教育的特点，强调现代教学技术应用的需要和教学课件的应用，以节省教学成本和提高教学效果。每章列有教学要求、本章小结和复习思考题，便于学生学习本章核心内容。

2. 知识实用性。体现以职业能力为本位，以应用为核心，以实用、实际、实效为原则，紧密联系生活、生产实际，及时反映现阶段公路交通行业发展和公路交通科技进步对道路桥梁工程技术专业人才的需要，采用最新的技术标准、规范和规程。加强教学针对性，与相应的职业资格标准相互衔接。在内容的取舍方面，在以适应当前工作岗位群实际需要为主基调的同时，为将来的发展趋势留有接口。

3. 职业教育性。渗透职业道德和职业意识教育，体现就业导向，有助于学生树立正确的择业观。教材中所选编的习题、例题，均来自工程实际，不仅代表性强，而且对解决实际问题具有较强的针对性。在教材编写中注重培养学生爱岗敬业、团队精神和创业精神，树立安全意识和环保意识。

4. 使用灵活性。本套教材体现了教学内容弹性化，教学要求层次化，教材结构模块化，有利于按需施教,因材施教。

《土力学与地基基础》是高职高专院校道路桥梁工程技术专业规划教材之一,内容包括:土中应力计算;基础沉降量计算;土的强度与地基承载力;土压力;地基与基础概述;天然地基上的刚性浅基础;人工地基;桩基础;沉井基础;试验部分。

参加本书编写工作的有:河南交通职业技术学院周东久(编写绪论,第一、四、五、六、七章),广东交通职业技术学院张功新(编写第二、十章),山西交通职业技术学院张小文(编写第三、九章),江西交通职业技术学院李慧英(编写第八章)。全书由周东久担任主编,湖北交通职业技术学院陈晏松担任主审。

本套教材是路桥工程学科委员会委员及长期从事道路桥梁工程技术专业教学与工程实践的教师们工作经验的总结。但是,随着各项改革的逐步深化,书中难免有错误之处,敬请广大读者批评指正。

本套教材在编写过程中,得到了交通职业教育教学指导委员会的关心与指导,全国各交通职业技术学院的领导也给予了大力支持,在此,向他们表示诚挚的谢意。

交通职业教育教学指导委员会

路桥工程学科委员会

2005 年 8 月

目　录

MULU

绪论 …… 1
第一章　土中应力计算 …… 4
　第一节　概述 …… 4
　第二节　土的自重压应力计算 …… 5
　第三节　基础底面的压力分布与计算 …… 7
　第四节　附加压应力计算 …… 11
　复习思考题 …… 26
第二章　基础沉降量计算 …… 28
　第一节　概述 …… 28
　第二节　固结试验 …… 29
　第三节　荷载试验 …… 31
　第四节　分层总和法计算沉降 …… 34
　第五节　饱和土体渗透固结的概念 …… 41
　第六节　由沉降观测值推算最终沉降(简介) …… 42
　复习思考题 …… 43
第三章　土的强度与地基承载力 …… 45
　第一节　概述 …… 45
　第二节　土的强度与直剪试验 …… 45
　第三节　极限平衡条件与三轴剪切试验 …… 48
　第四节　地基承载力 …… 52
　复习思考题 …… 64
第四章　土压力 …… 66
　第一节　概述 …… 66
　第二节　静止土压力计算 …… 67
　第三节　朗金土压力理论 …… 69
　第四节　库伦土压力理论 …… 75
　第五节　库伦理论在复杂情况下的近似应用 …… 83
　复习思考题 …… 84
第五章　地基与基础概述 …… 87
　第一节　基础设计原则 …… 87
　第二节　地基与桥梁基础的分类 …… 89

第三节　桥涵设计采用的作用 …… 90
第四节　基础埋置深度的选择 …… 91
复习思考题 …… 94
第六章　天然地基上的刚性浅基础 …… 95
第一节　概述 …… 95
第二节　基础尺寸的拟定 …… 96
第三节　地基与基础的验算 …… 97
第四节　天然地基上浅基础的施工 …… 107
复习思考题 …… 118
第七章　人工地基 …… 121
第一节　概述 …… 121
第二节　砂砾垫层 …… 122
第三节　砂桩与石灰桩 …… 124
第四节　加固地基的其他方法 …… 126
第五节　湿陷性黄土地基的处理 …… 128
复习思考题 …… 130
第八章　桩基础 …… 131
第一节　桩基础的组成、作用及适用条件 …… 131
第二节　桩和桩基础的类型与构造 …… 132
第三节　单桩承载力容许值的确定 …… 138
第四节　桩的内力和变位计算 …… 150
第五节　桩基础整体承载力的验算 …… 162
第六节　桩基础设计计算步骤 …… 165
第七节　桩基础的施工 …… 170
复习思考题 …… 188
第九章　沉井基础 …… 189
第一节　概述 …… 189
第二节　沉井的类型与构造 …… 190
第三节　沉井的施工 …… 192
复习思考题 …… 200
第十章　试验部分 …… 201
第一节　固结试验 …… 201
第二节　黏质土的固结快剪试验 …… 204
参考文献 …… 208

绪　论

一、地基与基础的概念

任何结构物都建造在地球表层上。支承结构物并受结构物荷载影响相对较大的地层称为地基,建筑物下部与地层相连的部分称为基础。图 0-1 所示为一座桥梁的立面布置示意图,它反映了桥梁下部结构及地基与基础间的相互关系。

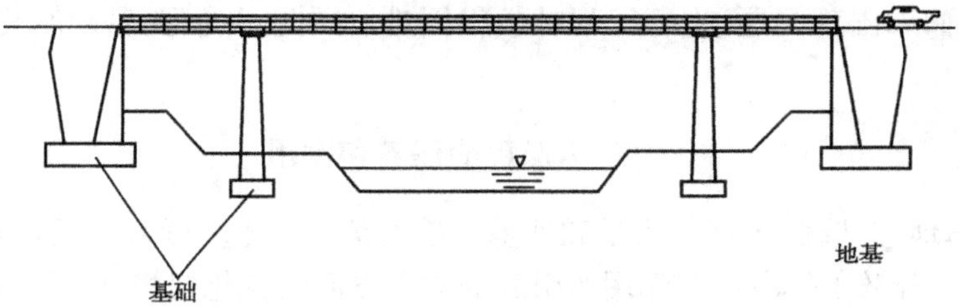

图 0-1　地基与基础

地基与基础受到各种荷载作用后,将产生相应的应力和变形,为保证结构物的正常使用和安全,地基与基础必须具有足够的强度和稳定性,变形也应该在容许的范围内。根据地基土的具体情况、上部结构的要求和荷载特点,选用合适的基础类型,并合理地进行基础设计与施工,是本教材要解决的主要问题。

二、地基基础工程成败实例

1. 意大利比萨斜塔

该塔 1173 年动工修建,当塔筑至 24m 高时发生倾斜。限于当时的技术水平,因不知其原因而停工。一百年后续建该塔至塔顶,高约 55m。目前塔北侧沉降 1m 余,南侧下沉近 3m,沉降差达 1.8m(倾斜 5.8°)。近期每年下沉约 1mm。

2. 南京分析仪器厂职工住宅

该住宅为五层砖混结构,建筑面积 1 721m^2。根据正式勘察报告,设计为无埋式板基。1977 年 12 月开工,当主体工程施工至第五层时,于 1978 年 5 月 13 日发现板基断裂而停工。断裂位于住宅东起第四开间,钢筋混凝土板基厚 300mm,南北向整块断裂。

3. 加拿大特朗斯康谷仓

该谷仓长 59.4m,宽 23.5m,高 31.0m,容积 36 500m^3。基础为钢筋混凝土筏基,厚 0.6m,

埋深3.6m。

谷仓于1913年秋完工，当年10月装谷子约32 000m³时，发现谷仓下沉，24h内，谷仓西端下沉7.3m，东端上抬1.5m，整个谷仓倾斜26°53′。

4. 香港宝城大厦

该大厦建在山坡上。1972年雨季出现连续大暴雨，引起山坡残积土软化而滑动。7月18日早晨7点钟，大滑坡下滑，冲毁高层建筑宝城大厦。该大厦的银行界人士120人当场死亡。这一事故引起西方震惊，从此对岩土工程倍加重视。

5. 广州白云宾馆

该宾馆为高层建筑，地面以上33层，高140.05m，总重近10万吨。地基覆盖层厚薄相差悬殊，最浅10.0m，最深27.75m。为适应抗震、抗台风的要求，采用桩基与墩基287根。所用钢筋混凝土灌注桩直径1m，单桩承载力4 500kN。混凝土墩直径2m多。宾馆建成后使用良好，沉降小于4mm。

从以上所列实例，可以得到几点启示：一是安全可靠的地基基础是建筑物经久耐用的前提；二是地基与基础如果出现问题，整个结构物都将受到很大影响，甚至会导致灾难性后果；三是地基与基础如果出现问题，进行工程补救很困难。因此，我们要对地基与基础给予足够的重视。

三、本课程的任务和作用

《土力学与地基基础》包括土力学和地基基础两部分。土力学部分的内容，概括地说就是研究各种常见的分散土体由荷载作用所引起的力学方面的变化规律；而地基基础部分的内容，则主要是研究常见的桥梁涵洞基础和地基的类型、设计计算和施工方法。由于一般建筑物材料强度高于地基土，所以基础的设计既要考虑上部结构的情况，更要考虑地基土的特性。对道桥专业来说，土力学属技术基础课，地基基础属专业课，但由于前者是后者的理论基础，两部分关系十分密切，所以合并为一门课程。

本课程的内容和性质决定了它的特点是：既有理论，又有试验；既有设计，又有施工。例如土力学部分，除了必须具有数学、理论力学、材料力学、结构力学及地质与土质学等课程的基础知识外，还要涉及弹性理论方面的知识。而弹性理论是以前没有学过的，因此在有关内容中，一般只直接应用其结论，指出其物理意义，而不作理论上的推导和证明。所以在学习这部分内容时，应着重于理解物理概念，学会计算方法，不宜把注意力放到数学演算上去。在学习过程中，还要特别注意土的特性，重视土力学试验。在地基基础部分，则要注意理解设计和计算原理，学会一般的设计方法，熟悉地基基础主要的施工内容。此外，本课程还与施工机电、桥梁工程等课程有一定关系，在学习时要注意相互间的联系。

由于土力学要直接运用土质学的知识，所以在学习本课程前，要很好地复习和熟悉有关土的各种物理性质指标的含义和计算方法，以利于本课程的学习。

四、本学科发展简介

早在几千年以前，人类就懂得利用土进行工程建设。我国西安市半坡村新石器时代遗址，发现土台和石础，就是古代的地基基础。公元前2世纪修建的万里长城，后来修建的南北大运河、黄河大堤以及宏伟的宫殿、寺院、宝塔等都有坚固的地基基础，经历地震、强风考验，留存至今。隋朝修建的赵州安济石拱桥，由一孔石拱独跨洨河，净跨37.02m。主拱肩部设置四个小拱，节省材料，减小桥身自重，造型美观。拱桥采用纵向并列砌筑法，28道拱圈自成一体，桥宽达8.4m，桥上可以行车。桥台坐落在密实的天然砂砾地基上，基础承载力达500～600kPa，1300多年来，沉降与位移甚微，至今安然无恙。公元989年建造开封开宝寺木塔时，预见塔基土质不均会引起不均匀沉降，施工时特意做成倾斜，待沉降稳定后，塔身正好垂直。四川采用泥浆护壁钻探法打盐井，西北地区在黄土中建窑洞，以及在建筑中用料石基垫、灰土地基等，证明我国人民在长期实践中，积累了有关土力学地基基础方面极其宝贵的知识与经验。

18世纪欧洲产业革命后，城市建设、水利、道路的兴建推动了土力学的发展。1773年法国库伦根据试验，创立了著名的土的抗剪强度公式和土压力理论；1857年英国朗金通过不同假定，提出另一种土压力理论；1885年法国布辛尼斯克求得半无限弹性体在垂直集中力作用下，应力和变形的理论解答；1922年瑞典费伦纽斯为解决铁路坍方，研究出土坡稳定分析法。这些理论与方法，至今仍在广泛应用。1925年美国科学家太沙基发表土力学专著，使土力学成为一门独立的学科。1936年以来，已召开了十一届国际土力学和基础工程会议，提出了大量论文、研究报告和技术资料。很多国家定期出版土工杂志。世界各地区也都召开了类似的专业会议，总结和交流本学科的研究成果。

新中国诞生60年来，为适应我国社会主义建设的需要，土力学地基基础学科有了迅速的发展。全国各地有关生产、科研单位和高等院校总结实践经验，开展现场测试、室内试验和理论研究，在解决工程实践问题的同时也为土力学的理论研究作出了突出的贡献。如全国土力学及基础工程学会前理事长、清华大学黄文熙教授，早在1957年就提出了非均质地基考虑土侧向变形影响的沉降计算方法，并于20世纪60年代初研制成功第一台振动三轴仪，发表了砂土液化理论等。

近年来，世界各国高土坝（坝高大于200m）、高层建筑与核电站等巨型工程的兴建和多次强烈地震的发生，促使土力学进一步发展。有关单位积极研究土的本构关系、土的弹塑性与黏弹性理论和土的动力特性。同时，各单位研制成功各种各样的勘察、试验与地基处理设备，如自动记录静力触探仪、现场孔隙水压力仪、径向膨胀仪、测斜仪、自进式旁压仪，应用放射性同位素测土的物理性指标仪、薄壁原状取土器、高压固结仪、自动固结仪、大型三轴仪、振动三轴仪、真三轴仪、流变仪、振冲器、三重管旋喷器、深层搅拌器、塑料排水板插板机、扩底桩机械扩底机等，为土力学研究和地基加固提供了良好的条件。电子计算机的应用和实验测试技术自动化程度的提高，标志着本学科进入了一个新时期。为实现我国四化建设大业，土力学地基基础学科必将得到新的更大的发展。

第一章

土中应力计算

教学要求

1. 解释并用示例说明自重压应力和附加压应力；

2. 描述自重压应力分布规律，并计算自重压应力；

3. 描述基底应力分布及其影响因素，计算刚性基础和柔性基础底面压力分布，计算刚性基础底面压力；

4. 计算竖向附加压应力，包括集中力和分布力作用下土中应力的计算，矩形基础中点和角点下的应力计算及角点法计算任意点的压应力；

5. 描述附加压应力分布规律和应力分布线，进行一定埋置深度基础下地基应力的计算。

● 第一节　概　　述 ●

一、土中应力计算的目的及方法

土体在自身重力、建筑物和车辆荷载以及其他因素（如土中水的渗流等）作用下，土中产生应力。土中应力的增加将引起土的变形，使建筑物发生下沉、倾斜以及水平位移。土的变形过大时，往往会影响建筑物的正常使用，甚至导致土的强度破坏，使土体发生滑动失去稳定。因此，在研究土的变形、强度及稳定性问题时，都必须首先理解土中应力状态。所以研究土中应力分布是土力学的重要内容之一。

目前计算土中应力的方法，主要是采用弹性理论公式，也就是把地基土视为均匀的、各向同性的半无限弹性体。这虽然同土体的实际情况有差别，但其计算结果还是能满足实际工程要求的。

二、土中应力分类

土中应力按其产生原因和作用效果的不同，分为自重压应力和附加压应力两部分。自重压应力是由土体自身重力引起的应力：自土体形成之时，自重压应力就一直存在于土中，所以也可称为长驻压应力。对长期形成的天然土层来说，土在自重压应力作用下其沉降早已稳定，不会引起新的变形或破坏；但当土层的自然状态遭到破坏时，在自重压应力作用下土体也有可能会失去原来的平衡状态，产生变形甚至破坏。新填土中，自重压应力也会促使土体固结稳定。

附加压应力是建筑物及其外荷载引起的应力增量。显然，附加压应力将打破地基土中原有的平衡与稳定，使地基土产生新的变形，附加压应力过大，地基有可能因强度不足而丧失稳定性，使地基产生破坏。土中任意点的压应力等于该点的自重压应力与附加压应力之和（渗流应力等数值很小，一般不予考虑）。

地基应力中影响最大的是竖向压应力。下面主要介绍竖向压应力的计算。

●第二节　土的自重压应力计算●

一、均匀土体时

假设土体是均匀的半无限体，土体在自重力作用下任一竖直切面都是对称面，对称面上不存在剪应力。因此，在深度 z 处的自重压应力 σ_{cz} 等于单位面积上土柱体的重力 W，如图 1-1 所示。

当地基是均匀土时，在深度 z 处的自重压应力为：

$$\sigma_{cz} = \frac{W}{F} = \frac{\gamma z F}{F} = \gamma z \qquad (1\text{-}1)$$

式中：γ——土的重度，kN/m³；

F——土柱体的截面积。

从式（1-1）知道，自重压应力在地面处为零，随深度 z 增加呈线性增加，其分布图形为三角形，如图 1-1 所示。

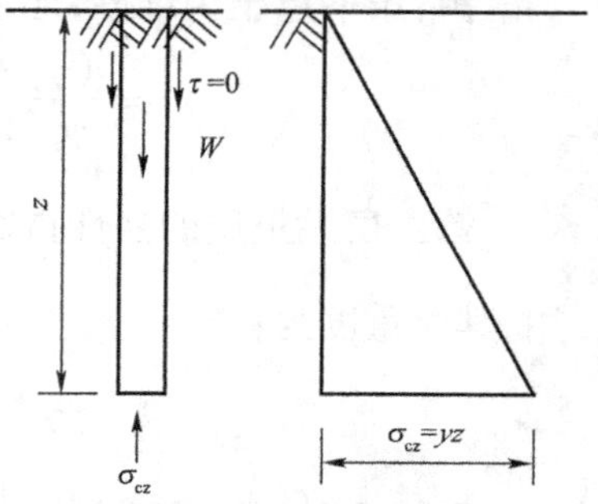

图 1-1　均匀土的自重压应力分布

二、成层土体时

当地基是成层土时，各土层的厚度为 h_i、重度为 γ_i，在深度 z 处土的自重压应力仍然等于单位面积上土柱体的自重力，如图 1-2 所示，其计算公式为：

$$\sigma_{cz} = \frac{(W_1 + W_2 + \cdots + W_n)}{F} = \frac{(\gamma_1 h_1 + \gamma_2 h_2 + \cdots + \gamma_n h_n)F}{F} = \sum_{i=1}^{n} \gamma_i h_i \qquad (1\text{-}2)$$

从式（1-2）知，成层土的自重压应力分布是折线形的，如图 1-2 所示。

三、土层中有地下水时

计算地下水位以下土的自重压应力时，应根据土的性质确定是否需要考虑水的浮力作用。通常认为水下的砂性土是应该考虑浮力作用的，黏性土则视其所处状态而定。一般认为，若水下的黏性土其液性指数 $I_L \geqslant 1$，则土处于流动状态，土颗粒之间存在着大量自由水，此时可以认为土体受到水的浮力作用；若 $I_L \leqslant 0$，则土体处于固体状态，土中自由水受到土颗粒间结合水膜的阻碍不能传递静水压力，故认为土体不受水的浮力作用；若 $0 < I_L < 1$，土处于塑性状态时，土颗粒是否受到水的浮力作用就较难确定，在实践中均按不利状态来考虑（一般把 $I_L < 1$ 的黏土、$I_L < 0.5$ 的亚黏土、亚砂土，视为非透水土层，不考虑浮力作用）。

若地下水位以下的土受到水的浮力作用，则水下部分土的重度应按浮重度 γ' 计算，其他情况下按天然重度计算,计算方法如同成层土的情况。

【例题 1-1】 某土层及其物理性质指标如图 1-3 所示,试计算土中自重压应力。

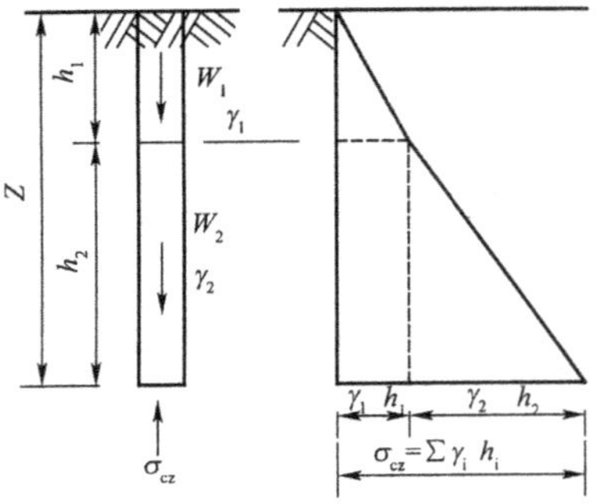

图 1-2 成层土的自重压应力分布

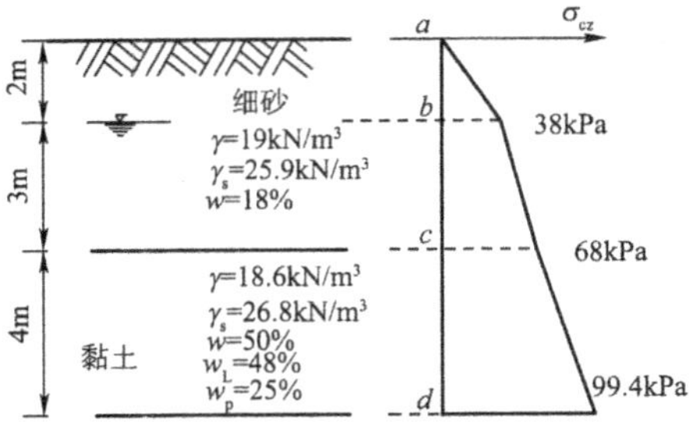

图 1-3 例题 1-1 图

解:第一层土为细砂,地下水位以下的细砂是受到水浮力作用的,其浮重度 γ' 为:

$$\gamma' = \frac{(\gamma_s - \gamma_w)\gamma}{\gamma_s(1+w)} = \frac{(25.9-9.81)\times 19}{25.9\times(1+0.18)} = 10(\text{kN/m}^3)$$

第二层黏土层的液性指数 $I_L = \dfrac{w - w_p}{w_l - w_p} = \dfrac{50-25}{48-25} = 1.09 > 1$,故认为黏土层受到水的浮力作用,其浮重度为:

$$\gamma' = \frac{(26.8-9.81)\times 18.6}{26.8\times(1+0.50)} = 7.86(\text{kN/m}^3)$$

a 点:$z=0,\sigma_{cz}=\gamma z=0$;

b 点:$z=2\text{m},\sigma_{cz}=19\times 2=38(\text{kPa})$;

c 点:$z=5\text{m},\sigma_{cz}=\sum\gamma_i h_i=19\times 2+10\times 3=68(\text{kPa})$;

d 点:$z=9\text{m},\sigma_{cz}=\sum\gamma_i h_i=19\times 2+10\times 3+7.86\times 4=99.4(\text{kPa})$,

土层中的自重压应力 σ_{cz} 分布图如图 1-3 所示。

【例题 1-2】 计算图 1-4 所示水下地基土中的自重压应力分布。

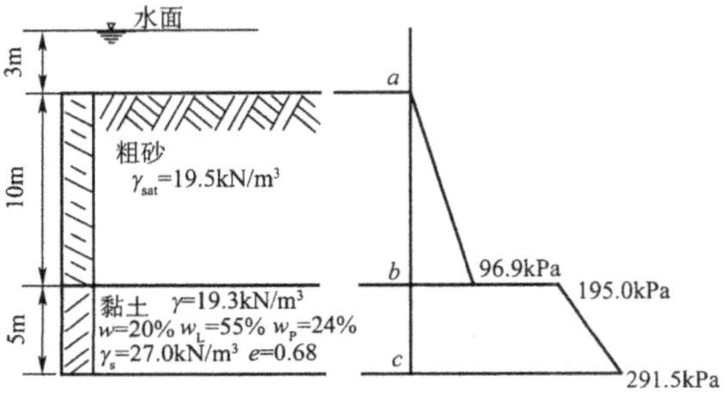

图 1-4 例题 1-2 图

解:水下的粗砂层受到水的浮力作用,其浮重度为:

$$\gamma' = (\gamma_{sat} - \gamma_w) = 19.5 - 9.81 = 9.69(\text{kN/m}^3)$$

黏土层因为 $w < w_p$,$I_L < 0$,故认为土层不受水的浮力作用,土层面上还受到上面砂土层中的静水压力作用(砂土层中的水是砂的三相组成之一)。土中各点的自重压应力计算如下:

粗砂层中a点　$z=0,\sigma_{cz}=0$

b点　$z=10\text{m},\sigma_{cz}=\gamma' z=9.69\times 10=96.9(\text{kPa})$

黏土层中b'点　$z=10\text{m},\sigma_{cz}=\gamma' z+\gamma_w h_w=96.9+9.81\times 10=195.0(\text{kPa})$

c点　$z=15\text{m},\sigma_{cz}=195.0+19.3\times 5=291.5(\text{kPa})$

土中自重压应力σ_{cz}分布图如图1-4所示。

黏土层还承受到地面水产生的压力，其数值为$p_w=\gamma_w h_w=9.81\times 3=29.4(\text{kPa})$。

●第三节　基础底面的压力分布与计算●

前面已经指出，土中的附加压应力是由建筑物及其外荷载作用所引起的应力增量，而建筑物的荷载是通过基础传到土中的，因此基础底面的压力分布形式将对土中应力产生影响。本章在讨论附加压应力计算之前，首先需要研究基础底面的压力分布问题。

基础底面压力分布问题是涉及基础与地基土两种不同物体间的接触压力问题，在弹性理论中称为接触压力课题。这是一个比较复杂的问题，影响它的因素很多，如基础的刚度、形状、尺寸、埋置深度，以及土的性质、荷载大小等。在理论分析中要综合顾及这么多的因素是困难的，目前在弹性理论中主要是研究不同刚度的基础与弹性半空间体表面间的接触压力分布问题。关于基底压力分布的理论推导过程，在本课程中将不作介绍，这方面的内容可参阅有关书籍。本节仅讨论基底分布的基本概念及简化计算方法。

一、基础底面压力分布的概念

若一个基础作用有均布荷载，假设基础是由许多小块组成，如图1-5a)所示，各小块之间光滑而无摩擦力，则这种基础相当于绝对柔性基础(即基础的抗弯刚度$EI\to 0$)，基础上荷载通过小块直接传递在地基土上，基础底面的压力分布图形将与基础上作用的荷载分布图形相同。这时，基础底面的沉降则各处不同，中央大而边缘小。因此，柔性基础的底面压力分布与作用的荷载分布形状相同。如由土筑成的路堤，可以近似地认为路堤本身不传递剪力，那么它就相当于一种柔性基础，路堤自重引起的基底压力分布就是与路堤断面形状相同的梯形分布，如图1-5b)所示。

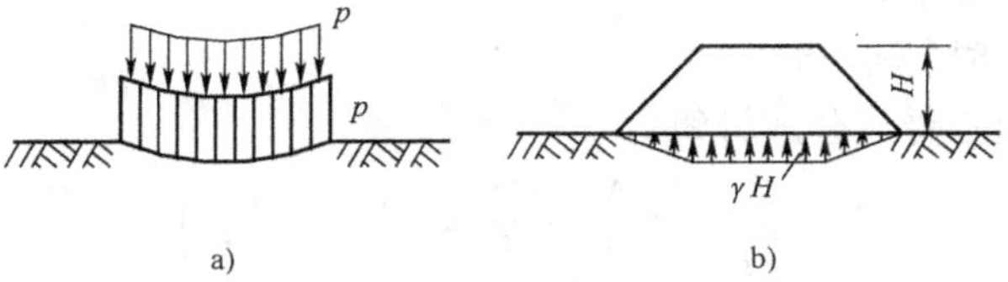

图1-5　柔性基础下的压力分析

a)理想的柔性基础；b)路堤下的压力分布

桥梁墩台基础经常采用刚性实体结构(图1-6)，它的刚度很大(即$EI\to\infty$)。刚性基础不会发生挠曲变形，在中心荷载作用下，基底各点的沉降是相同的，这时基底压力分布是马鞍形，中央部位压力较小(理论上边缘应力为无穷大)，如图1-6a)所示。当作用的荷载较大时，基础边缘由于应力很大，将会使土产生塑性变形，边缘应力不再增加，而中央部位应力继续增大，使基底压应力逐渐呈抛物线形分布,如图1-6b)所示。若作用荷载继续增大,则基底压应力会继续发展而呈钟形分布,如图1-6c)所示。所以刚性基础底面的压应力分布形状同荷载大小有关,另外,根据试验研究知道,它还同基础埋置深度及土的性质有关。

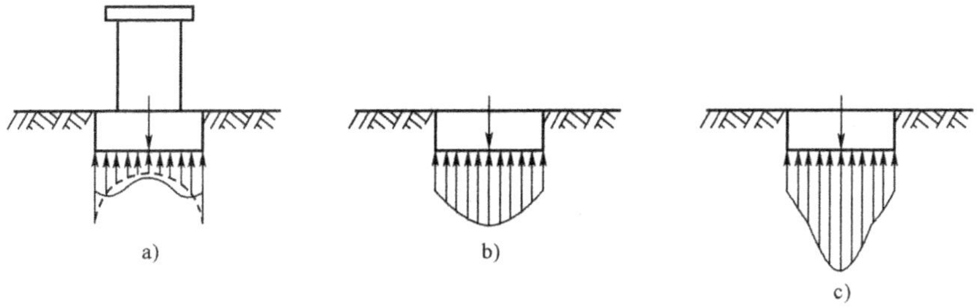

图1-6 刚性基础下的压应力分析

a)马鞍形分布;b)抛物线形分布;c)钟形分布

二、基底压应力的简化计算方法

从上述讨论可见,基底压应力的分布是比较复杂的,但根据弹性理论中的圣维南原理以及从土中应力实际量测结果得知:当作用在基础上的荷载总值一定时,基底压应力分布的形状对土中应力分布,只在一定深度范围内有影响,一般距基底的深度超过基础宽度的1.5~2倍时,它的影响已很不明显。另外,为保证基础与地基的安全,控制基底压力不能太大,其分布形状多为马鞍形,再加上基础一般都有一定的埋置深度,埋深越大,基底压力越均匀,因此,在实用上对基底压力的分布可近似地认为是按直线规律变化,采用简化方法计算,也即按材料力学公式计算。实用中平面形状为矩形的基础最为常见。下面以矩形基础为例说明基底压力的简化计算方法。

1. 轴心荷载时(图1-7)

基底压应力 p 按中心受压公式计算。

$$p = \frac{N}{A} \tag{1-3}$$

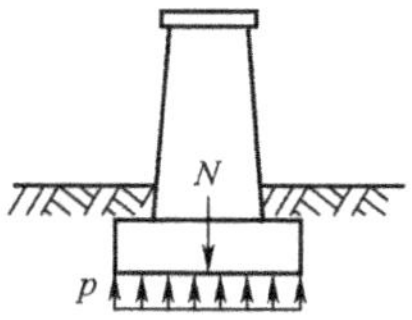

图1-7 基底压应力分布的简化计算

式中:N——作用在基础底面中心的竖向荷载,kN;

A——基础底面积,m^2。

2. 单向偏心荷载时(图1-8)

基底压应力按偏心受压公式计算。

$$p_{\substack{max\\min}} = \frac{N}{A} \pm \frac{M}{W} = \frac{N}{A}\left(1 \pm \frac{6e_0}{b}\right) \tag{1-4}$$

式中:N——作用在基础底面中心的竖向合力,kN;

M——作用在基础底面中心的弯矩之和,$M = Ne_0$,kN·m;

e_0——竖向合力的偏心距,m;

W——基础底面的抵抗矩,对矩形基础,$W = \frac{lb^2}{6}$;

l——基础底面长度,m;

b——基础底面宽度,m。

从式(1-4)中可知,按荷载偏心距 e_0 的大小,基底压应力的分布可能出现下述三种情况(图1-8所示):

(1)当 $e_0<\frac{b}{6}$ 时,由式(1-4)知,$p_{min}>0$,$\bar{p}<p_{max}<2\bar{p}$,基底压应力呈梯形分布,如图1-8a)所示。式中 $\bar{p}$ 为平均压应力。

(2)当 $e_0=\frac{b}{6}$ 时,$p_{min}=0$,$p_{max}=2\bar{p}$,基底压应力呈三角形分布,如图1-8b)所示。

(3)当 $e_0>\frac{b}{6}$ 时,$p_{min}<0$,也即产生拉应力[图1-8c)],但基底与土之间是不可能出现拉应力的,说明在这种情况下,不能再用式(1-4)计算。这时的基底最大压应力 p_{max} 可以根据平衡条件求得。

$$p_{max}=\frac{2N}{3\left(\frac{b}{2}-e_0\right)l} \tag{1-5}$$

其压应力分布如图1-8d)所示,压应力分布宽度 $b'=3\left(\frac{b}{2}-e_0\right)$。

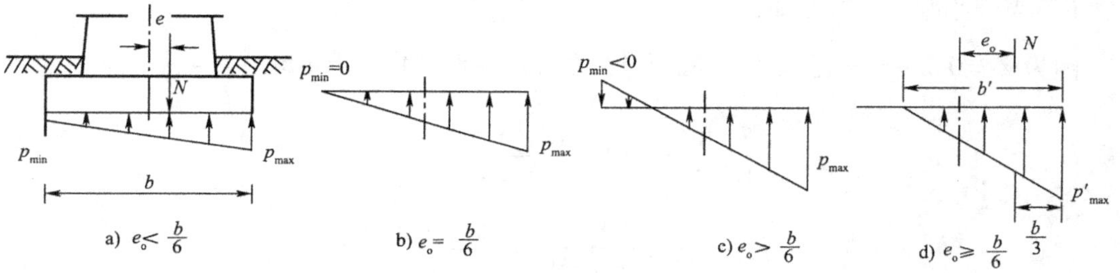

图1-8　偏心荷载时基底压应力分布的几种情况

3. 双向偏心荷载时

基底压应力按下式计算:

$$p_{\substack{max\\min}}=\frac{N}{A}\pm\frac{M_x}{W_x}\pm\frac{M_y}{W_y} \tag{1-6}$$

式中:M_x、M_y——作用于基底的水平力和竖向力绕 x 轴、y 轴对基底的弯矩,kN·m;

W_x、W_y——基础底面偏心方向边缘绕 x 轴、y 轴的面积抵抗矩,m^3。

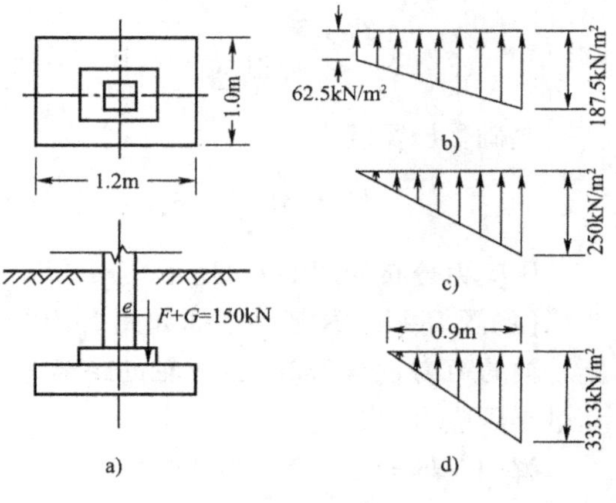

图1-9　例题1-3图

【例题1-3】　基础底面尺寸为1.2m×1.0m,作用在基础底面的偏心荷载 $N=F+G=150$kN,如图1-9所示。如果偏心距分别为0.1m、0.2m和0.3m,试确定基础底面压应力值,并绘出压应力分布图。

解:(1)当偏心距 $e_0=0.1$m 时,

因为 $e_0=0.1\text{m}<\frac{b}{6}=\frac{1.2}{6}\text{m}=0.2\text{m}$，故最大和最小应力可按式(1-4)计算。

$$p_{max}=\frac{N}{A}+\frac{M}{W}=\frac{N}{A}\left(1+\frac{6e_0}{b}\right)$$

$$=\frac{150}{1.2\times1.0}\left(1+\frac{6\times0.1}{1.2}\right)$$

$$=187.5(\text{kN/m}^2)$$

$$p_{min}=\frac{N}{A}-\frac{M}{W}=\frac{N}{A}\left(1-\frac{6e_0}{b}\right)$$

$$=\frac{150}{1.2\times1.0}\left(1-\frac{6\times0.1}{1.2}\right)$$

$$=62.5(\text{kN/m}^2)$$

压应力分布如图 1-9b)所示。

(2)当偏心距 $e_0=0.2\text{m}$ 时，

因为 $e_0=0.2\text{m}=\frac{b}{6}$，所以基础底面最大和最小压应力仍可按上式计算。

$$p_{max}=\frac{150}{1.2\times1.0}\left(1+\frac{6\times0.2}{1.2}\right)=250(\text{kN/m}^2)$$

$$p_{min}=\frac{150}{1.2\times1.0}\left(1-\frac{6\times0.2}{1.2}\right)=0$$

压应力分布如图 1-9c)所示。

(3)当偏心距 $e_0=0.3\text{m}$ 时，

因为 $e_0=0.3\text{m}>\frac{b}{6}=0.2\text{m}$，故基底压应力需按式(1-5)计算。

$$p_{max}=\frac{2N}{3\left(\frac{b}{2}-e_0\right)l}=\frac{2\times150}{3\left(\frac{1.2}{2}-0.3\right)\times1.0}=333.3(\text{kN/m}^2)$$

基础受压宽度为：

$$b'=3\left(\frac{b}{2}-e_0\right)=3\left(\frac{1.2}{2}-0.3\right)=0.9(\text{m})$$

压应力分布如图 1-9d)所示。

【例题 1-4】 某基础平面如图 1-10 所示，合力 $N=4000\text{kN}$，其作用点 M 距 x 轴的距离 $e_{ox}=0.2\text{m}$，距 y 轴的距离 $e_{oy}=0.3\text{m}$，试计算该基础底面的最大和最小压应力。

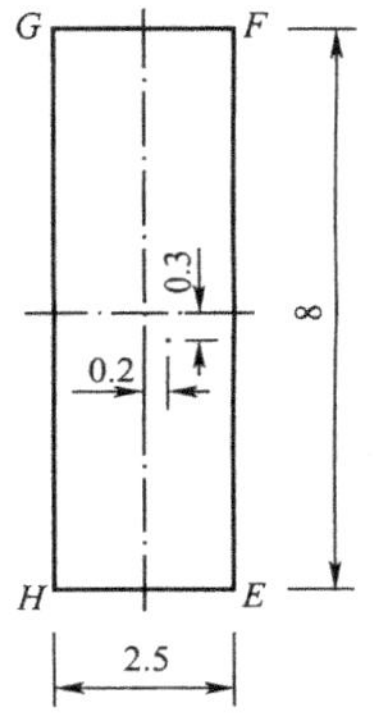

图 1-10　例题 1-4 图

解：$A=lb=8\times2.5=20(\text{m}^2)$

$M_x=Ne_{ox}=4000\times0.2=800(\text{kN}\cdot\text{m})$

$M_y = Ne_{oy} = 4000 \times 0.3 = 1200(\text{kN} \cdot \text{m})$

$W_x = lb^2/6 = 8 \times 2.5^2/6 = 8.333(\text{m}^3)$

$W_y = bl^2/6 = 2.5 \times 8^2/6 = 26.667(\text{m}^3)$

$$p_{\substack{max \\ min}} = \frac{N}{A} \pm \frac{M_x}{W_x} \pm \frac{M_y}{W_y} = \frac{4000}{20} \pm \frac{800}{8.333} \pm \frac{1200}{26.667} = 200 \pm 96.0 \pm 45.0 = \frac{341}{59}(\text{kPa})$$

由计算可知，E 点承受的压应力最大，数值为 341kPa，G 点承受的压应力最小，数值为 59kPa。

• 第四节　附加压应力计算 •

土中附加压应力的计算，目前直接运用弹性理论的成果。弹性理论的研究对象是均匀的、各向同性的弹性体。弹性体的主要特征是受力后应力和应变呈直线变化。地基土虽然并不是均匀的弹性体，但当地基上受力不大时，其作用与变形之间近似地呈直线关系。所以在加载过程中，基本上符合弹性体关于应力与应变间的线性关系。但当荷载消失时，土体变形却不能完全恢复。因此，对土体可有条件地假定它为“直线变形体”，近似地运用弹性理论公式来计算土中压应力。实践证明，当土中压应力不太大时，直接用弹性理论成果，具有足够的准确度。

一、集中荷载作用下的应力—布辛尼斯克公式

当一个集中力垂直作用于均匀的、各向同性的半无限弹性体的表面时，弹性体内任意点 M 的应力计算公式，在弹性理论中已经解得，称布辛尼斯克公式。其中竖向应力 σ_z 为：

$$\sigma_z = \frac{3Pz^3}{2\pi R^5}, \text{kPa} \qquad 1\text{-}7a)$$

式中：P——集中力，kN；

z——M 点距弹性体表面的深度，m；

R——M 点到集中力 N 的作用点 o 的距离，m。

如图 1-11 所示，xoy 平面为地面，M 点的坐标为(x, y, z)，从图 1-11 中可以看出，$r = \sqrt{x^2 + y^2}$，$R = \sqrt{r^2 + z^2} = \sqrt{x^2 + y^2 + z^2}$。为计算方便，通常把上式改写成：

$$\sigma_z = \frac{3}{2\pi\left[1 + \left(\frac{r}{z}\right)^2\right]^{5/2}} \times \frac{P}{z^2} = \alpha \frac{P}{z^2} \qquad [1\text{-}7b)]$$

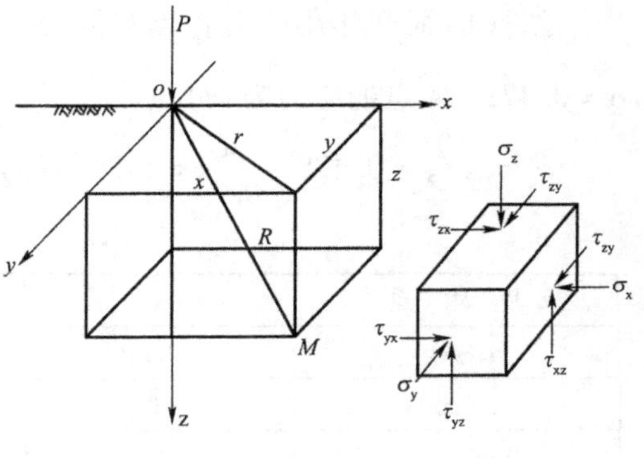

图 1-11　半无限体表面受集中力作用时的应力

式中：α——应力系数，可由$\frac{r}{z}$值查表 1-1。

此外，水平向应力及剪应力因用得较少，这里从略。

集中力作用下的竖向应力系数

表 1-1

$\frac{r}{z}$	α	$\frac{r}{z}$	α	$\frac{r}{z}$	α
0	0.478	1.0	0.084	2.0	0.008
0.1	0.466	1.1	0.066	2.2	0.006
0.2	0.433	1.2	0.051	2.4	0.004
0.3	0.385	1.3	0.040	2.6	0.003
0.4	0.329	1.4	0.032	2.8	0.002
0.5	0.273	1.5	0.025	3.0	0.001
0.6	0.221	1.6	0.020	4.0	0.0003
0.7	0.176	1.7	0.016	4.5	0.0002
0.8	0.139	1.8	0.013	5.0	0.0001
0.9	0.108	1.9	0.010		

【例题 1-5】 作用在地面上的集中荷载 $P=30\text{kN}$，试求：

(1) P 的作用线上 A、B、C、D 各点的竖向附加压应力；

(2) 深度为 $z=0.5\text{m}$ 的 a、b、c、d 各点的竖向附加压应力；

(3) 距荷载作用线为 $r=0.2\text{m}$ 竖直线上 1、2、3、4、5 各点的竖向附加压应力。

以上各点的位置见表 1-2、表 1-3 及表 1-4。

表 1-2

所　求　点	A	B	C	D
距地面深度 z(m)	0.1	0.2	0.5	1.0

表 1-3

所　求　点	a	b	c	d
距力作用线的水平距离 r(m)	0	0.1	0.2	0.5

表 1-4

所　求　点	1	2	3	4	5
距地面深度 z(m)	0	0.1	0.2	0.5	1.0

解：(1) 荷载作用线上各点的应力。因为荷载作用线上各点的 $r=0$，$\frac{r}{z}=0$，查表 1-1 得 $\alpha=0.478$。A 点的应力为：

$\sigma_z=\alpha\frac{P}{z^2}=0.478\times\frac{30}{0.1^2}=1434(\text{kPa})$，其余各点应力列表计算，见表 1-5。

表 1-5

所　求　点	A	B	C	D
z(m)	0.1	0.2	0.5	1.0
z^2(m^2)	0.01	0.04	0.25	1.0
$\sigma_z=\frac{14.34}{z^2}$(kPa)	1434	358.5	57.4	14.3

由表 1-5 所得结果可绘出集中力 P 作用线下的 σ_z 分布，如图 1-12 所示。

(2) 深度为 $z=0.5\text{m}$ 的各点应力。$\sigma_z=\alpha\frac{P}{z^2}=\alpha\frac{30}{0.5^2}=120\alpha(\text{kPa})$，各点应力计算结果见

表1-6。

由表1-6结果可绘出同一深度上距力作用线不同距离的各点 σ_z 分布线，如图1-12b）曲线Ⅰ所示。

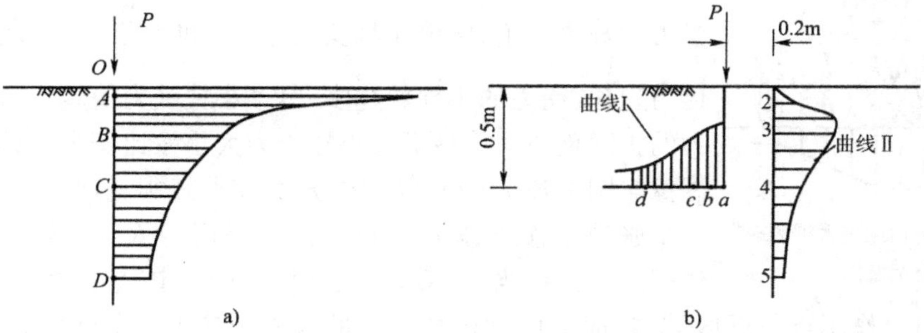

图1-12　附加应力 σ_z 的分布线

表1-6

所　求　点	a	b	c	d
r(m)	0	0.1	0.2	0.5
$\frac{r}{z}$	0	0.2	0.4	1.0
α	0.478	0.433	0.329	0.084
$\sigma_z=120\alpha$(kPa)	57.4	52.0	39.5	10.1

（3）$r=0.2$m 竖线上各点的应力。对点1，由于 $z=0$，不能用式［1-7b）］，应直接用式［1-7a）］，可得 $\sigma_z=0$。其余各点用式［1-7b）］，计算结果见表1-7。

表1-7

所　求　点	2	3	4	5
r(m)	0.2	0.2	0.2	0.2
z(m)	0.1	0.2	0.5	1.0
$\frac{r}{z}$	2	1.0	0.4	0.2
α	0.008	0.084	0.329	0.433
z^2(m^2)	0.01	0.04	0.25	1.0
$\sigma_z=\alpha\frac{N}{z^2}=\frac{30\alpha}{z^2}$(kPa)	24.0	63.0	39.5	13.0

按表1-7结果也可绘出在 $r=0.2$m 竖线上随深度变化的 σ_z 分布线，如图1-12b）曲线Ⅱ所示。

由本例计算结果可归纳出集中荷载作用下附加压应力的分布规律如下：

（1）力作用线上，深度增加，σ_z 急剧减小；

（2）同一水平线上，距力的作用线越远，σ_z 值越小；

（3）在不通过力作用线的竖线上，σ_z 值随深度增加而变化的情况是：先由零开始增加，到某一深度达到最大值，然后又逐渐减小。

为了更形象地理解这种分布规律，可近似地设想地基土粒是由直径相同的短圆柱分层整

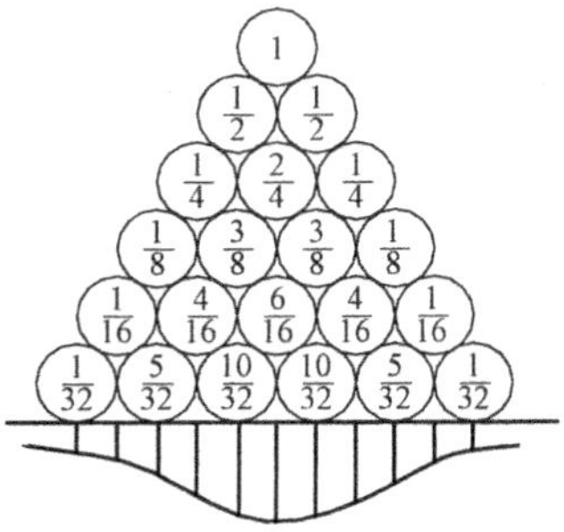

图 1-13　附加压应力扩散现象示意图

齐堆叠而成，如图 1-13 所示。当地面上作用集中力 $N=1$ 时，第一层只有 1 个短圆柱受力，第二层就有 2 个小柱受力，各为$\frac{1}{2}$；第三层受力小柱为 3 个，两侧小柱受力$\frac{1}{4}$，中间为$\frac{2}{4}=\frac{1}{2}$；余类推。这样，传力越深，受力的小柱数越多，每个小柱受力值越小，这叫附加压应力的扩散现象。将最下层小柱受力大小按比例画出，可以看出这个图像与图 1-12b）中曲线 I 的 σ_z 分布曲线很相似。

必须注意，布辛尼斯克公式不适用于 $R=0$ 这一点（即集中力作用点），因为当 $R=0$ 时，按式[1-7a)]，该点应力将为无限大。实际上在集中力作用点附近区域内，应力已远远超过土的应力与应变直线关系的比例极限了。此外，理论上的集中力实际上是不存在的，因为实际荷载总要通过一定的接触面积，由一个物体传递给另一个物体。但当荷载作用面积相对作用物体来说很小时，只要 R 不等于零，式(1-7)仍是有意义的。还需要指出，这里列出该公式的更重要意义在于：当具有一定面积的分布荷载，且外荷载分布具有一定规律时，可以根据该公式用积分法导得相应的计算公式，这在实践中常要用到。另外，如果荷载分布范围和大小变化都不规则时，只要将荷载在分布范围内分成若干单元小面积上的集中力，仍可利用式(1-7)，结合叠加原理求得土中任意点的附加压应力。

下面主要介绍分布荷载作用下土中的附加压应力的计算公式，一般只列出结果，不进行具体推导。要求学会计算，并了解土中附加压应力分布的一般规律。

二、条形荷载下的附加压应力

理论上，条形荷载是指作用于具有一定宽度 b，而长度 l 为无限大的受力面积上的荷载，其荷载强度在长度方向保持不变。实际应用中，当$\frac{l}{b}\geqslant 10$ 时即可视为条形荷载，如挡土墙和墙基等基底压力均属这一类。由于荷载沿长度方向都相同，且长度为无限大，因此土中某点的压应力只与该点在横截面内的平面坐标有关，与该点在长度方向的坐标位置无关，即沿长度方向任意截面上的附加压应力分布规律都相同。这类问题理论上称为平面问题。

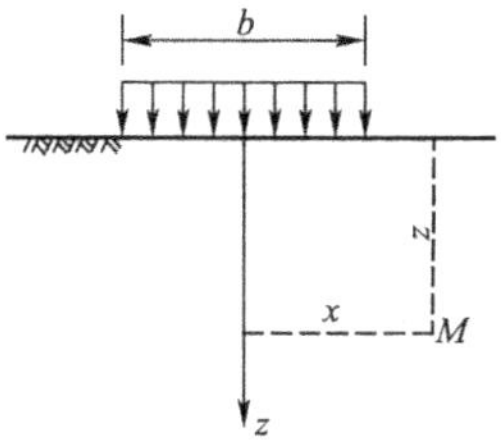

图 1-14　条形均布荷载下 M 点的压应力

1. 均匀分布荷载

图 1-14 表示条形荷载的任意截面，当荷载强度 p 均匀分布时，土中任意点 M（坐标为 x,z）上的竖向正压应力为：

$$\sigma_z=\frac{1}{\pi}\left[\arctan\frac{1-2n}{2m}+\arctan\frac{1+2n}{m}-\frac{4m(4n^2-4m^2-1)}{(4n^2+4m^2-1)^2+16m^2}\right]p \qquad [1\text{-}8a)]$$

或

$$\sigma_z=\alpha_s p \qquad [1\text{-}8b)]$$

$$\alpha_s=\frac{1}{\pi}\left[\arctan\frac{1-2n}{2m}+\arctan\frac{1+2n}{m}-\frac{4m(4n^2-4m^2-1)}{(4n^2+4m^2-1)^2+16m^2}\right]$$

式中：p——荷载强度，kPa；

$n=\frac{x}{b}, m=\frac{z}{b}$;

α_s——附加压应力分布系数，由$\frac{x}{b}$、$\frac{z}{b}$值可查表1-8。

均布条形荷载作用下的压应力分布系数 α_s 表1-8

z/b \ x/b	0	0.25	0.5	1.0	1.5	2.0	z/b \ x/b	0	0.25	0.5	1.0	1.5	2.0
0	1.00	1.00	0.50	0	0	0	1.75	0.35	0.34	0.30	0.21	0.13	0.07
0.25	0.96	0.90	0.50	0.02	0	0	2.00	0.31	0.31	0.28	0.20	0.13	0.08
0.50	0.82	0.74	0.48	0.08	0.02	0	3.00	0.21	0.21	0.20	0.17	0.14	0.10
0.75	0.67	0.61	0.45	0.15	0.04	0.02	4.00	0.16	0.16	0.15	0.14	0.12	0.10
1.00	0.55	0.51	0.41	0.19	0.07	0.03	5.00	0.13	0.13	0.12	0.12	0.11	0.09
1.25	0.46	0.44	0.37	0.20	0.10	0.04	6.00	0.11	0.10	0.10	0.10	0.10	—
1.50	0.40	0.38	0.33	0.21	0.11	0.06	—	—	—	—	—	—	—

下面介绍一个由布辛奈斯克公式导得式(1-8)的简要过程：

先由式(1-7)导得均匀分布线荷载下的应力公式。

如图1-15所示，无限长的均布线荷载q(kN/m)作用于地面上，在dy段上的荷载为qdy，可视为集中力，它在土中任意点M所产生的竖应力按式[1-7a)]应为：

$$d\sigma_z=\frac{3z^3}{2\pi}\frac{q\mathrm{d}y}{(x^2+y^2+z^2)^{5/2}}$$

上式积分后即得均布荷载q所产生的竖应力：

$$\sigma_z=\frac{3z^3}{2\pi}\int_{-\infty}^{\infty}\frac{q\mathrm{d}y}{(x^2+y^2+z^2)^{5/2}}=\frac{2qz^3}{\pi(x^2+y^2)^2}$$

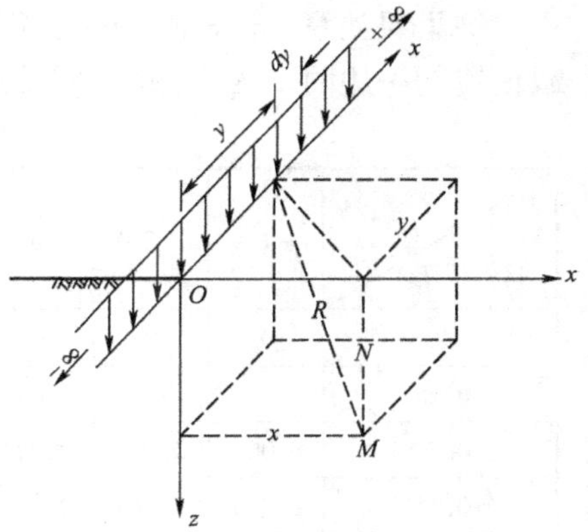

图1-15 均布线荷载下的应力公式推导

当地面上作用均布条形荷载p时，如图1-16所示，取dξ段上的荷载，可将pdξ视为均布线荷载q，M点到线荷载的水平距离为$(x-\xi)$，代入上式得：

$$d\sigma_z=\frac{2p\mathrm{d}\xi z^3}{\pi[(x-\xi)^2+z^2]^2}$$

$$\sigma_z=\frac{2p}{\pi}\int_{-\frac{b}{2}}^{\frac{b}{2}}\frac{z^3\mathrm{d}\xi}{[(x-\xi)^2+z^2]^2}$$

上式经积分整理后可得式(1-8)。以下各应力计算公式均按同样原理由布辛奈斯克公式导得，不再一一介绍其推导过程。

2. 三角形分布荷载

如图1-17所示，当条形荷载强度沿宽度呈三角形分布时，土中任意点M(坐标为x,z)的竖向正应力σ_z为：

$$\sigma_z=\frac{1}{\pi}\left[n\left(\arctan\frac{n}{m}-\arctan\frac{n-1}{m}\right)-\frac{m(n-1)}{(n-1)^2+m^2}\right]p \qquad [1\text{-}9a)]$$

或
$$\sigma_z = a_t p \qquad [1\text{-}9b)]$$

$$\alpha_t = \frac{1}{\pi}\left[n\left(\arctan\frac{n}{m} - \arctan\frac{n-1}{m}\right) - \frac{m(n-1)}{(n-1)^2 + m^2}\right]$$

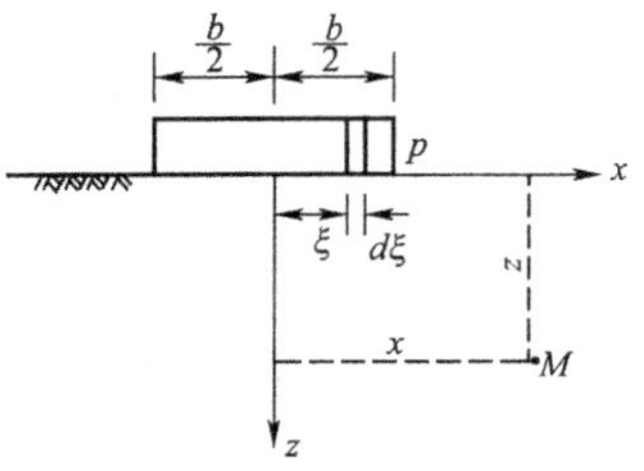

图 1-16 均布线荷载下应力公式推导

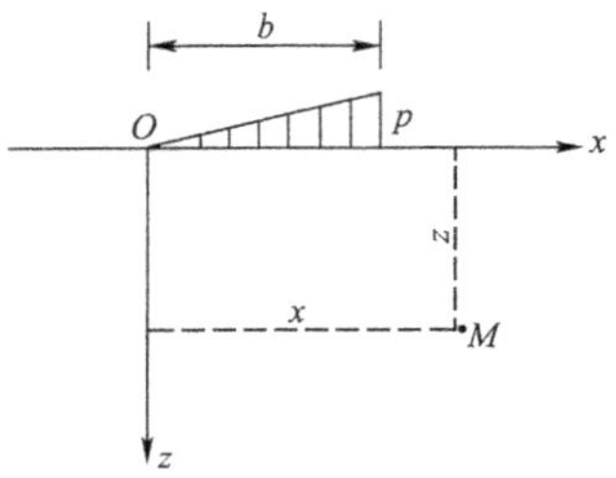

图 1-17 条形三角形分布荷载下 M 点的应力

式中：p——分布荷载的最大荷载强度，kPa；

$n = \frac{x}{b}, m = \frac{z}{b}$；

α_t——附加压应力分布系数，可由 $\frac{x}{b}$ 和 $\frac{z}{b}$ 值查表 1-9。

这里要注意：该表中 x 有正、负之分，坐标原点取在荷载强度的零点，M 点在坐标原点靠荷载位置同一边时 x 为正，处于相反一边时 x 为负。

三角形分布荷载下的压应力系数 α_t 表 1-9

z/b \ x/b	-1.5	-1.0	-0.5	0	0.25	0.50	0.75	1.0	1.5	2.0	2.5
0	0	0	0	0	0.25	0.50	0.75	0.50	0	0	0
0.25	—	—	0.001	0.075	0.256	0.480	0.643	0.424	0.015	0.003	—
0.50	0.002	0.003	0.023	0.127	0.263	0.410	0.477	0.353	0.056	0.017	0.003
0.75	0.006	0.016	0.042	0.153	0.248	0.335	0.361	0.293	0.108	0.024	0.009
1.0	0.014	0.025	0.061	0.159	0.223	0.275	0.279	0.241	0.129	0.045	0.013
1.5	0.020	0.048	0.096	0.145	0.178	0.200	0.202	0.185	0.124	0.062	0.041
2.0	0.033	0.061	0.092	0.127	0.146	0.155	0.163	0.153	0.108	0.069	0.050
3.0	0.050	0.064	0.080	0.096	0.103	0.104	0.108	0.104	0.090	0.071	0.050
4.0	0.051	0.060	0.067	0.075	0.078	0.085	0.082	0.075	0.073	0.060	0.049
5.0	0.047	0.052	0.057	0.059	0.062	0.063	0.063	0.065	0.061	0.051	0.047
6.0	0.041	0.041	0.050	0.051	0.052	0.053	0.053	0.053	0.050	0.050	0.045

3. 梯形分布荷载

这种荷载可视为由均布荷载和三角形荷载两部分组成。对土中任意点的压应力，可先分别按式(1-8)和式(1-9)算得，再叠加即可。

【例题 1-6】 如图 1-18 所示，宽为 4m 的条形基础承受偏心荷载，已知基底压力强度 $p_{max} = 450$kPa，$p_{min} = 200$kPa，求图中 a、b、c、d、e 各点的竖向附加压应力，其中 c 点在基础中线上，其他相邻各点间的距离均为2m。

解：可将梯形荷载分解为一个 $p_1 = p_{\min} = 200$(kPa)的均布荷载和另一个 $p_2 = p_{\max} - p_{\min} = 250$(kPa)的三角形荷载(图1-18)，先分别计算各点的压应力。

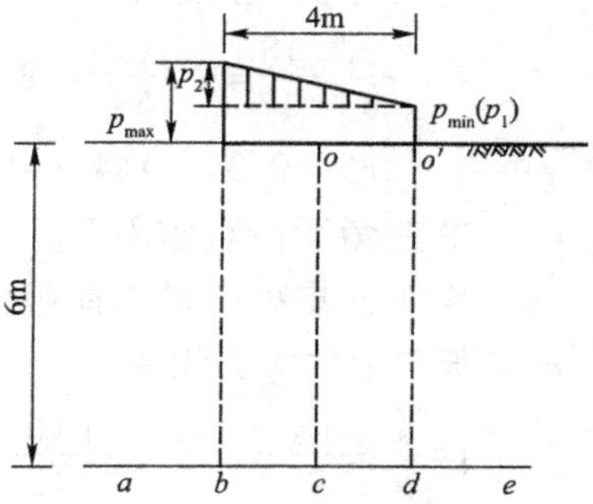

图1-18　例题1-6图

(1)均布荷载 p_1 作用下(坐标原点在 o 点)

a 点：由 $\frac{z}{b} = \frac{6}{4} = 1.5$ 和 $\frac{x}{b} = \frac{4}{4} = 1$ 查表1-8，得 $\alpha_s = 0.21$，故 a 点应力 $\sigma_{z1} = \alpha_s p_1 = 0.21 \times 200 = 42$(kPa)；

其他各点应力列表计算，见表1-10。

(2)三角形荷载作用下(坐标原点在 o' 点)

a 点：由 $\frac{z}{b} = \frac{6}{4} = 1.5$ 和 $\frac{x}{b} = \frac{+6}{4} = 1.5$ 查表1-9，得 $\alpha_t = 0.124$，故 a 点应力为 $\sigma_{z2} = \alpha_t p_2 = 0.124 \times 250 = 31$(kPa)；

其他各点应力列表计算，见表1-11。

然后将以上两个计算结果叠加，即得梯形荷载下各点的压应力。叠加结果见表1-12。

表1-10

计　算　点	a	b	c	d	e
z/b	1.5				
x/b	1.0	0.5	0	0.5	1.0
α_s	0.21	0.33	0.40	0.33	0.21
$\sigma_{z1} = \alpha_s p_1 = 200\alpha_s$(kPa)	42.0	66.0	80.0	66.0	42.0

表1-11

计　算　点	a	b	c	d	e
z/b	1.5				
x/b	1.5	1.0	0.5	0	-0.5
α_t	0.124	0.185	0.200	0.145	0.096
$\sigma_{z2} = a_t p_2 = 200\alpha_t$(kPa)	31.0	46.3	50.0	36.3	24.0

表1-12

计　算　点	a	b	c	d	e
$\sigma_z = \sigma_{z1} + \sigma_{z2}$(kPa)	73.0	112.3	130.0	102.3	66.0

【例题1-7】　路堤尺寸如图1-19所示，已知填土重度为18.0kN/m³，求图中 m、n 两点的附加压应力。

解：(1) m 点的附加压应力　按第三节介绍的原理，由于该点位于路堤底面，其压应力等于该点上路基填土的自重压力，故 $\sigma_z = \gamma h = 18 \times 8 = 144$(kPa)。

(2) n 点应力　由于路堤荷载为梯形，可视为 $p = \gamma h = 144$(kPa)的均布荷载与左右两个最大荷载强度 $p = 144$(kPa)的三角形荷载三部分所组成。

①均布荷载作用下。

$\frac{z}{b}=\frac{18}{9}=2$，$\frac{x}{b}=0$ 查表1-8，得 $\alpha_s=0.31$，则

$\sigma_{z1}=0.31\times144=44.6(\text{kPa})$

②三角形荷载作用下。

由于 n 点处于梯形荷载中点下，所以两侧三角形荷载对 n 点所产生的应力相等。

由 $\frac{z}{b}=\frac{18}{9}=2$，$\frac{x}{b}=\frac{+16.5}{12}=1.375$，查表1-9，经过内插得 $\alpha_t=0.139$，则

$$\sigma_{z2}=\sigma_{z3}=\alpha_t p=0.139\times144=20(\text{kPa})$$

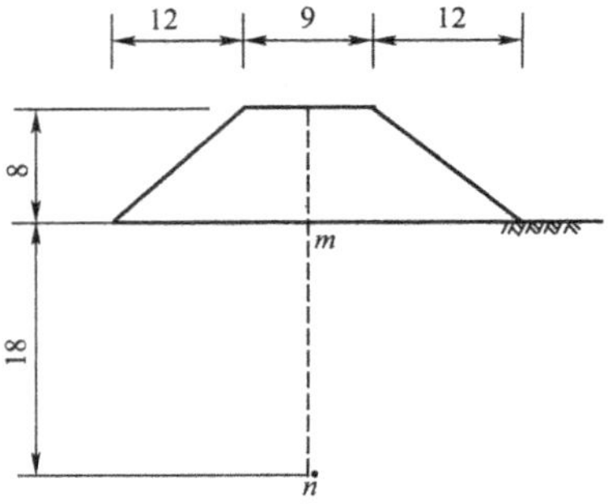

图1-19 例题1-7图
（尺寸单位：m）

将上述结果叠加，可得 n 点的附加压应力：

$$\sigma_z=44.6+2\times20=84.6(\text{kPa})$$

三、局部面积荷载下的附加压应力

当局部面积分布荷载作用在地基表面时，土中附加压应力与计算点的空间坐标有关，理论上称为空间问题。

1. 圆形均布荷载中点下的附加压应力（图1-20）

$$\sigma_z=\left\{1-\left[\frac{1}{\left(1+\left(\frac{r}{z}\right)^2\right)}\right]^{\frac{3}{2}}\right\}p \qquad [1\text{-}10a)]$$

或

$$\sigma_z=\alpha_0 p \qquad [1\text{-}10b)]$$

$$\alpha_0=1-\left[\frac{1}{\left(1+\left(\frac{r}{z}\right)^2\right)}\right]^{\frac{3}{2}}$$

式中：p——均布荷载强度，kPa；

r——圆的半径，m；

z——计算点深度，m；

α_0——应力系数，由 $\frac{z}{r}$ 值可查表1-13。

表1-13

$\frac{z}{r}$	0	0.25	0.5	0.75	1.00	1.25	1.50	1.75	2.00	2.50
α_0	1.000	0.986	0.901	0.784	0.646	0.524	0.424	0.346	0.284	0.200
$\frac{z}{r}$	3	4	5	6	7	8	9	10	20	30
α_0	0.146	0.087	0.057	0.040	0.030	0.023	0.018	0.015	0.003	0.001

2. 矩形面积均布荷载中点下的附加压应力(图 1-21)

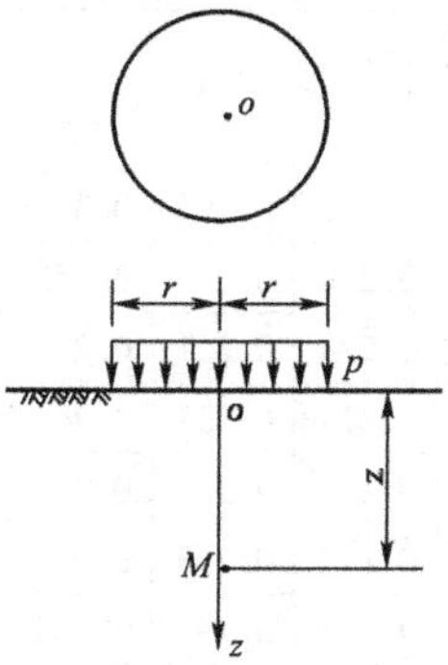

图 1-20　圆形均布荷载中点下的压应力

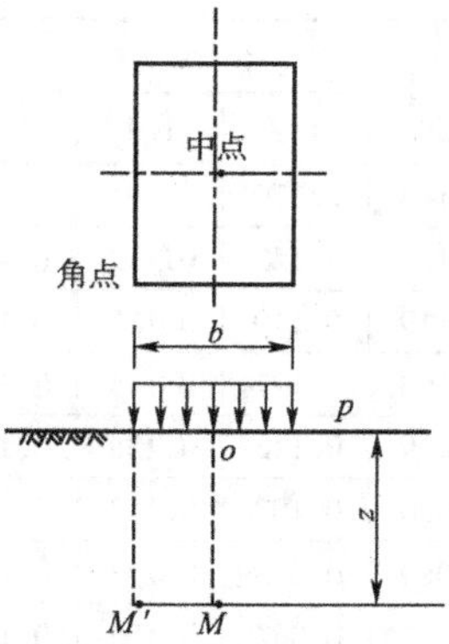

图 1-21　矩形面积均布荷载下的压应力

$$\sigma_z = \frac{2}{\pi}\left[\arctan\frac{n}{2m\sqrt{1+n^2+4m^2}} + \frac{2mn}{\sqrt{1+n^2+4m^2}}\left(\frac{1}{1+4m^2}+\frac{1}{n^2+4m^2}\right)\right]p \quad [1\text{-}11a)]$$

或

$$\sigma_z = \alpha_c p \quad [1\text{-}11b)]$$

$$\alpha_c = \frac{2}{\pi}\left[\arctan\frac{n}{2m\sqrt{1+n^2+4m^2}} + \frac{2mn}{\sqrt{1+n^2+4m^2}}\left(\frac{1}{1+4m^2}+\frac{1}{n^2+4m^2}\right)\right]$$

$$m = \frac{z}{b}, n = \frac{l}{b}$$

式中:p——荷载强度,kPa;

z——计算点深度,m;

l——矩形荷载长边,m;

b——矩形荷载短边,m;

α_c——压应力系数,由$\frac{z}{b}$、$\frac{l}{b}$值可查表 1-14。

矩形面积均布荷载中点下的压应力系数 α_c　　表 1-14

z/b	矩形基础长宽比 l/b											
	1.0	1.2	1.4	1.6	1.8	2.0	2.4	2.8	3.2	3.6	4.0	5.0
0.0	1.000	1.000	1.000	1.000	1.000	1.000	1.000	1.000	1.000	1.000	1.000	1.000
0.1	0.980	0.984	0.986	0.987	0.987	0.988	0.988	0.989	0.989	0.989	0.989	0.989
0.2	0.960	0.968	0.972	0.974	0.975	0.976	0.976	0.977	0.977	0.977	0.977	0.977
0.3	0.880	0.899	0.910	0.917	0.920	0.923	0.925	0.928	0.928	0.929	0.929	0.929
0.4	0.800	0.830	0.848	0.859	0.866	0.870	0.875	0.878	0.879	0.880	0.880	0.881
0.5	0.703	0.741	0.765	0.781	0.791	0.799	0.810	0.812	0.814	0.816	0.817	0.818
0.6	0.606	0.651	0.682	0.703	0.717	0.727	0.737	0.746	0.749	0.751	0.753	0.754
0.7	0.527	0.574	0.607	0.630	0.648	0.660	0.674	0.685	0.690	0.692	0.694	0.697
0.8	0.449	0.496	0.532	0.558	0.578	0.593	0.612	0.623	0.630	0.633	0.636	0.639
0.9	0.392	0.437	0.473	0.499	0.520	0.536	0.559	0.572	0.579	0.584	0.588	0.592
1.0	0.334	0.378	0.414	0.441	0.463	0.482	0.505	0.520	0.529	0.536	0.540	0.545
1.1	0.295	0.336	0.369	0.396	0.418	0.436	0.462	0.479	0.489	0.496	0.501	0.508
1.2	0.257	0.294	0.325	0.352	0.374	0.392	0.419	0.437	0.449	0.457	0.462	0.470
1.3	0.229	0.262	0.293	0.318	0.339	0.357	0.384	0.403	0.416	0.424	0.431	0.440
1.4	0.201	0.232	0.260	0.284	0.304	0.321	0.350	0.369	0.383	0.393	0.400	0.410
1.5	0.180	0.209	0.235	0.258	0.277	0.294	0.322	0.341	0.356	0.366	0.374	0.385
1.6	0.160	0.187	0.210	0.232	0.251	0.267	0.294	0.314	0.329	0.340	0.348	0.360

续上表

z/b	矩形基础长宽比 l/b											
	1.0	1.2	1.4	1.6	1.8	2.0	2.4	2.8	3.2	3.6	4.0	5.0
1.7	0.145	0.170	0.191	0.212	0.230	0.245	0.272	0.292	0.307	0.317	0.326	0.340
1.8	0.130	0.153	0.173	0.192	0.209	0.224	0.250	0.270	0.285	0.296	0.305	0.320
1.9	0.119	0.140	0.159	0.177	0.192	0.207	0.233	0.251	0.263	0.278	0.288	0.303
2.0	0.108	0.127	0.145	0.161	0.176	0.189	0.214	0.233	0.241	0.260	0.270	0.285
2.1	0.099	0.116	0.133	0.148	0.163	0.176	0.199	0.220	0.230	0.244	0.255	0.270
2.2	0.090	0.107	0.122	0.137	0.150	0.163	0.185	0.208	0.218	0.230	0.239	0.256
2.3	0.083	0.099	0.113	0.127	0.139	0.151	0.173	0.193	0.205	0.216	0.226	0.243
2.4	0.077	0.092	0.105	0.118	0.130	0.141	0.161	0.178	0.192	0.204	0.213	0.230
2.5	0.072	0.085	0.097	0.109	0.121	0.131	0.151	0.167	0.181	0.192	0.202	0.219
2.6	0.066	0.079	0.091	0.102	0.112	0.123	0.141	0.157	0.170	0.184	0.191	0.208
2.7	0.062	0.073	0.084	0.095	0.105	0.115	0.132	0.148	0.161	0.174	0.182	0.199
2.8	0.058	0.069	0.079	0.089	0.099	0.108	0.124	0.139	0.152	0.163	0.172	0.189
2.9	0.054	0.064	0.074	0.083	0.093	0.101	0.117	0.132	0.144	0.155	0.163	0.180
3.0	0.051	0.060	0.070	0.078	0.087	0.095	0.110	0.124	0.136	0.146	0.155	0.172
3.2	0.045	0.053	0.062	0.070	0.077	0.085	0.098	0.111	0.122	0.133	0.141	0.158
3.4	0.040	0.048	0.055	0.062	0.096	0.076	0.088	0.100	0.110	0.120	0.128	0.144
3.6	0.036	0.042	0.049	0.056	0.062	0.068	0.080	0.090	0.100	0.109	0.117	0.133
3.8	0.032	0.038	0.044	0.050	0.056	0.062	0.072	0.082	0.091	0.100	0.107	0.123
4.0	0.029	0.035	0.040	0.046	0.051	0.056	0.066	0.075	0.084	0.090	0.095	0.113
4.2	0.026	0.031	0.037	0.042	0.048	0.051	0.060	0.069	0.077	0.084	0.091	0.105
4.4	0.024	0.029	0.034	0.038	0.042	0.047	0.055	0.063	0.070	0.077	0.084	0.098
4.6	0.022	0.026	0.031	0.035	0.039	0.043	0.051	0.058	0.065	0.072	0.078	0.091
4.8	0.020	0.024	0.028	0.032	0.036	0.040	0.047	0.054	0.060	0.067	0.072	0.085
5.0	0.019	0.022	0.026	0.030	0.033	0.037	0.044	0.050	0.056	0.062	0.067	0.079

桥梁墩台基础底面多呈矩形,上式在实际计算中用得最多。

3. 矩形面积均布荷载角点下的附加压应力

如图 1-20 所示,当 M' 点在矩形角点下离地面深度 z 处时,作用于该点上的竖向附加压应力 σ_z 可按下式计算:

$$\sigma_z = \frac{1}{2\pi}\left[\frac{lbz(l^2+b^2+2z^2)}{(l^2+z^2)(b^2+z^2)\sqrt{l^2+b^2+z^2}} + \arctan\frac{lb}{z\sqrt{l^2+b^2+z^2}}\right]p \quad [1\text{-}12a)]$$

或

$$\sigma_z = \alpha_a p \quad [1\text{-}12b)]$$

$$\alpha_a = \frac{1}{2\pi}\left[\frac{lbz(l^2+b^2+2z^2)}{(l^2+z^2)(b^2+z^2)\sqrt{l^2+b^2+z^2}} + \arctan\frac{lb}{z\sqrt{l^2+b^2+z^2}}\right]$$

式中:α_a——压应力系数,可由$\frac{l}{b}$、$\frac{z}{b}$值查表 1-15;

其他符号意义同前。

矩形均布面积荷载角点下的压应力系数 α_a　　表 1-15

z/b \ l/b	1.0	1.2	1.4	1.6	1.8	2.0	3.0	4.0	5.0	6.0	10.0
0.0	0.250	0.250	0.250	0.250	0.250	0.250	0.250	0.250	0.250	0.250	0.250
0.2	0.249	0.249	0.249	0.249	0.249	0.249	0.249	0.249	0.249	0.249	0.249
0.4	0.240	0.242	0.243	0.243	0.244	0.244	0.244	0.244	0.244	0.244	0.244
0.6	0.223	0.228	0.230	0.232	0.232	0.233	0.234	0.234	0.234	0.234	0.234
0.8	0.200	0.208	0.212	0.215	0.217	0.218	0.220	0.220	0.220	0.220	0.220
1.0	0.175	0.185	0.191	0.196	0.198	0.200	0.203	0.204	0.204	0.205	0.205
1.2	0.152	0.163	0.171	0.176	0.179	0.182	0.187	0.188	0.189	0.189	0.189
1.4	0.131	0.142	0.151	0.157	0.161	0.164	0.171	0.173	0.174	0.174	0.174
1.6	0.112	0.124	0.133	0.140	0.145	0.148	0.157	0.159	0.160	0.160	0.160
1.8	0.097	0.108	0.117	0.124	0.129	0.133	0.143	0.146	0.147	0.148	0.148
2.0	0.084	0.095	0.103	0.110	0.116	0.120	0.131	0.135	0.136	0.137	0.137
2.2	0.073	0.083	0.092	0.098	0.104	0.108	0.121	0.125	0.126	0.127	0.128
2.4	0.064	0.073	0.081	0.088	0.093	0.098	0.111	0.116	0.118	0.118	0.119
2.6	0.057	0.065	0.073	0.079	0.084	0.089	0.102	0.107	0.110	0.111	0.112
2.8	0.050	0.058	0.065	0.071	0.076	0.081	0.094	0.100	0.102	0.104	0.105
3.0	0.045	0.052	0.058	0.064	0.069	0.073	0.087	0.093	0.096	0.097	0.099
3.2	0.040	0.047	0.053	0.058	0.063	0.067	0.081	0.087	0.090	0.092	0.093
3.4	0.036	0.042	0.048	0.053	0.057	0.061	0.075	0.081	0.085	0.086	0.088
3.6	0.033	0.038	0.043	0.048	0.052	0.056	0.069	0.076	0.080	0.082	0.084
3.8	0.030	0.035	0.040	0.044	0.048	0.052	0.065	0.072	0.075	0.077	0.080
4.0	0.027	0.032	0.036	0.040	0.044	0.047	0.060	0.067	0.071	0.073	0.076
4.2	0.025	0.029	0.033	0.037	0.041	0.044	0.056	0.063	0.067	0.070	0.072
4.4	0.023	0.027	0.031	0.034	0.038	0.041	0.053	0.060	0.064	0.066	0.069
4.6	0.021	0.025	0.028	0.032	0.035	0.038	0.049	0.056	0.061	0.063	0.066
4.8	0.019	0.023	0.026	0.029	0.032	0.035	0.046	0.053	0.058	0.060	0.064
5.0	0.018	0.021	0.024	0.027	0.030	0.033	0.044	0.050	0.055	0.057	0.061

4. 用角点法计算土中任意点的附加压应力

实际工作中，有时需要计算地面上任意点下深为 z 处的 M 点的应力，可以采用下述方法求解。

如图 1-22a)所示，当 O 点在矩形面积的边缘上时，求 O 点下深度 z 处的 M 点的应力时，可以把荷载分成 I、II 两块，使 O 点成为它们共同的角点，再按式(1-12)求出 M 点由每一部分荷载所产生的应力，然后叠加之，即得要求的应力。但要注意，此时查 α_a 所用的 l、b，不是指矩形 $ABCD$ 的尺寸，而应是每一小块荷载的长度和宽度。

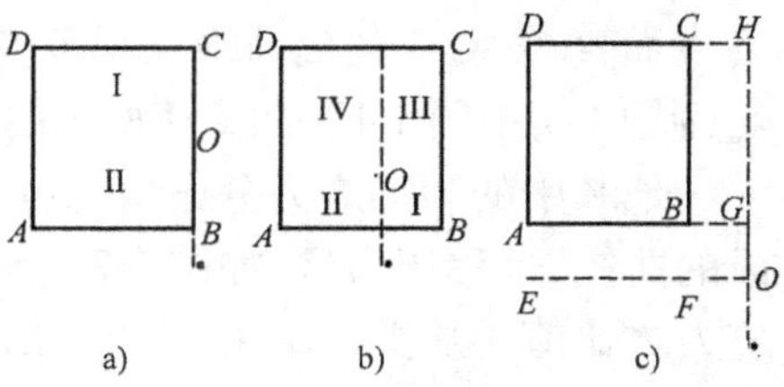

图 1-22　角点法的应用

当 O 点在荷载面积以内时，如图 1-22b)所示，可把面积分成四块，使 O 点成为它们共同的角点，同样可利用上述原理求得 M 点的应力。

当 O 点在荷载作用面积以外时，可按图 1-22c)把面积分成①$EOHD$、②$FOHC$、③$EOGA$、④$FOGB$ 四块，然后用下式求得 M 点的应力：

$$\sigma_z = (\alpha_{EOHD} - \alpha_{FOHC} - \alpha_{EOGA} + \alpha_{FOGB})p$$

这种先把所求应力点化成荷载的角点，再利用式(1-12)，并结合叠加原理计算应力的方法，一般称为角点法。

【例题 1-8】 作用于图 1-23 所示矩形面积上的均布荷载强度为 $p = 100$kPa，试求：

(1)中点 O 及其以下深为 $z = 6$m 和 $z = 12$m 处(点 c、d)的附加压应力；

(2)E 点下 $z = 6$m 和 $z = 12$m 处(点 e、f)的附加压应力。

解：(1)中点下各点的应力列表计算，见表 1-16。

由计算结果可绘出 σ_z 的分布曲线，如图 1-23 中曲线Ⅰ。

(2)E 点下各点应力将面积分成 $EFDA$ 和 $BCFE$ 两块，它们都是边长为 6m 的正方形，E 点为它们的共同角点。

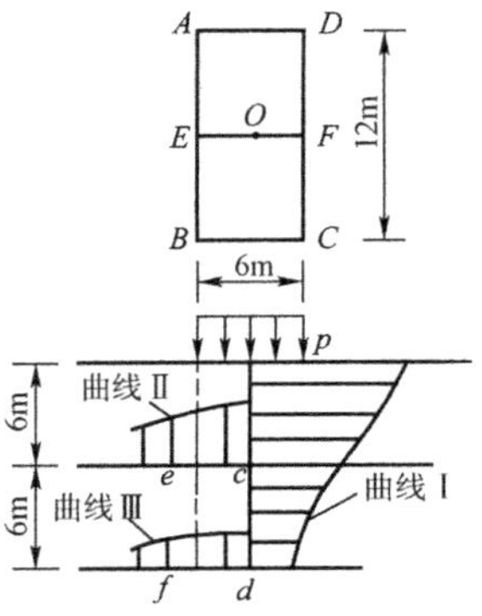

图 1-23　例题 1-8 图

e 点：$\dfrac{z}{b} = \dfrac{6}{6} = 1$，$\dfrac{l}{b} = 1$，查表 1-15 得，$\alpha_a = 0.175$，则

$$\sigma_z = 2\alpha_a p = 2 \times 0.175 \times 100 = 35.0(\text{kPa})$$

f 点：$\dfrac{z}{b} = \dfrac{12}{6} = 2$，$\dfrac{l}{b} = 1$，查表 1-15 得，$\alpha_a = 0.084$，则

$$\sigma_z = 2 \times 0.084 \times 100 = 16.8(\text{kPa})$$

表 1-16

点　　号	z(m)	$\dfrac{z}{b}$	$\dfrac{l}{b}$	α_c	$\sigma_z = \alpha_c p$(kPa)
O	0	0	2	1.0	100
c	6	1		0.482	48.2
d	12	2		0.189	18.9

通过计算可以得出，矩形面积均布荷载下土中竖向附加压应力的分布规律为：①应力随深度的增加而减小；②离荷载面积中心点越远，应力值越小，但不能由此得出结论：地基表面任意点下的竖向附加压应力都是上部大、下部小，因为附加压应力上大下小只针对荷载面积范围内各点而言；③对于超出荷载面积范围的地面以下各点，其竖应力随深度增加而变化的规律，将与例题 1-5 中图 1-12 曲线 II 所示的应力分布曲线相似。

地基中的附加应力分布情况也可用应力等值线表示，它是由附加压应力值相同的各点连成的曲线，也称压力泡，如图 1-24 所示。曲线上所注数值为该线上各点附加压应力与基底压应力之比值。从图 1-24 中可以看出，当点的深度超过基础宽度 2 倍时，应力仅相当于基底压应力的 10% 左右。

5. 矩形面积上三角形分布荷载角点下的附加压应力

当矩形面积上竖向荷载沿一个方向呈三角形分布，沿另一方向荷载分布不变时，可设荷载强度最大值为 p，取荷载零值边的角点 O 为坐标原点，如图 1-25 所示，则角点 O 下任意深度 z 处的竖向附加压应力 σ_z 为：

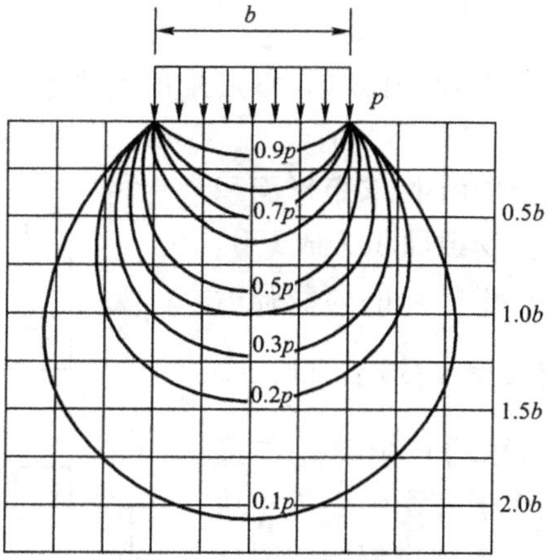

图 1-24 附加压应力等值线

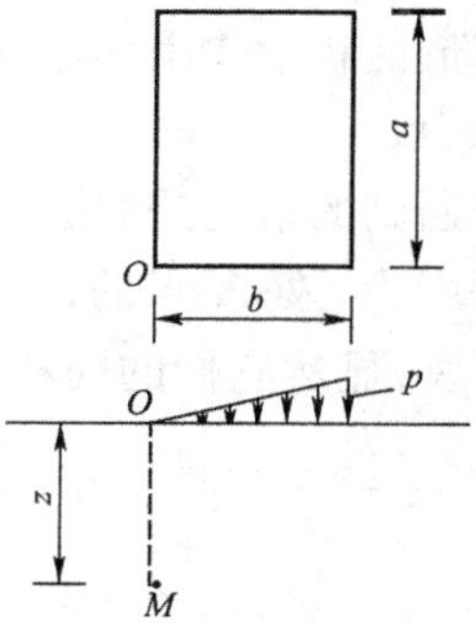

图 1-25 矩形面积上三角形分布荷载

$$\sigma_z = \frac{mn}{2\pi}\left[\frac{1}{\sqrt{m^2+n^2}} - \frac{m^2}{(1+m^2)\sqrt{m^2+n^2+1}}\right]p \qquad [1\text{-}13\text{a})]$$

或

$$\sigma_z = \alpha_t p \qquad [1\text{-}13\text{b})]$$

$$\alpha_t = \frac{mn}{2\pi}\left[\frac{1}{\sqrt{m^2+n^2}} - \frac{m^2}{(1+m^2)\sqrt{m^2+n^2+1}}\right]$$

式中：$m=\frac{z}{b}$，$n=\frac{l}{b}$；

α_t——压应力系数，可由$\frac{z}{b}$、$\frac{l}{b}$值查表 1-17。

矩形面积上三角形分布荷载角点下压应力系数 α_t 表 1-17

l/b z/b	0.2	0.4	0.6	0.8	1.0	1.2	1.4	1.6	1.8	2.0	3.0	4.0	6.0	8.0	10.0
0	0.000	0.000	0.000	0.000	0.000	0.000	0.000	0.000	0.000	0.000	0.000	0.000	0.000	0.000	0.000
0.2	0.022	0.028	0.030	0.030	0.030	0.031	0.031	0.031	0.031	0.031	0.031	0.031	0.031	0.031	0.031
0.4	0.027	0.042	0.049	0.052	0.053	0.054	0.054	0.055	0.055	0.055	0.055	0.055	0.055	0.055	0.055
0.6	0.026	0.045	0.056	0.062	0.065	0.067	0.068	0.069	0.069	0.070	0.070	0.070	0.070	0.070	0.070
0.8	0.023	0.042	0.055	0.064	0.069	0.072	0.074	0.075	0.076	0.076	0.077	0.078	0.078	0.078	0.078
1.0	0.020	0.038	0.051	0.060	0.067	0.071	0.074	0.075	0.077	0.077	0.079	0.079	0.080	0.080	0.080
1.2	0.017	0.032	0.045	0.055	0.062	0.066	0.070	0.072	0.074	0.075	0.077	0.078	0.078	0.078	0.078
1.4	0.015	0.028	0.039	0.048	0.055	0.061	0.064	0.067	0.069	0.071	0.074	0.075	0.075	0.075	0.075
1.6	0.012	0.024	0.034	0.042	0.049	0.055	0.059	0.062	0.064	0.066	0.070	0.071	0.071	0.072	0.072
1.8	0.011	0.020	0.029	0.037	0.044	0.049	0.053	0.056	0.059	0.060	0.065	0.067	0.067	0.068	0.068
2.0	0.009	0.018	0.026	0.032	0.038	0.043	0.047	0.051	0.053	0.055	0.061	0.062	0.063	0.064	0.064
2.5	0.006	0.013	0.018	0.024	0.028	0.033	0.036	0.039	0.042	0.044	0.050	0.053	0.054	0.055	0.055
3.0	0.005	0.009	0.014	0.018	0.021	0.025	0.028	0.031	0.033	0.035	0.042	0.045	0.047	0.047	0.048
5.0	0.002	0.004	0.005	0.007	0.009	0.010	0.012	0.014	0.015	0.016	0.021	0.025	0.028	0.030	0.030
7.0	0.001	0.002	0.003	0.004	0.005	0.006	0.006	0.007	0.008	0.009	0.012	0.015	0.019	0.020	0.021
10.0	0.001	0.001	0.001	0.002	0.002	0.003	0.003	0.004	0.004	0.005	0.007	0.008	0.011	0.013	0.014

6. 矩形面积上梯形分布荷载下的附加压应力

当矩形面积上作用梯形分布荷载时,可利用式(1-12)和式(1-13),按角点法原理求得土中附加压应力。

经常遇到的情况是如图 1-26 所示的梯形荷载作用时,求矩形面积中心下深度为 z 处 M 点的 σ_z。可通过面积中心,把受载面积分成 I、II、III、IV 四块,显然它们的面积大小和形状都相等。设中点的荷载强度为 $p_0 = \frac{p_{max} + p_{min}}{2}$,于是 I、III 面积上荷载可视为由均布荷载 p_0 与 $p_0 - p_{min}$ 负三角形荷载的组合;而 II、IV 面积上的荷载可由均布荷载 p_0 与最大荷载强度为 $p_{max} - p_0$ 的三角形荷载叠加而成。由于面积中心为 4 块等分面积的共同角点,还可看出正、负的三角形荷载大小也相同。因此由正、负三角形荷载所引起的 M 点应力大小相等,符号相反,叠加结果互相抵消。这样 M 点的应力,实际上就等于在均布荷载 p_0 作用下 M 点的应力。这就是说,对矩形面积中点下各点而言,梯形荷载作用下的附加压应力,可用荷载强度等于梯形荷载平均强度的均布荷载下的应力来代替。但必须指出,这里 M 点是在矩形荷载面积的中点下。如果离开这个位置,即应力点不在面积中心下,那就不能用上述简单代替的方法,而仍要按一般的角点法原理叠加计算。

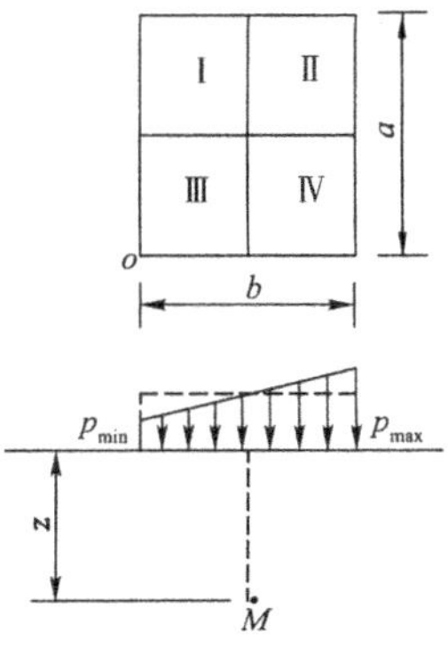

图 1-26 梯形荷载下 M 点的应力

四、建筑物基础下地基压应力的计算

一般建筑物基础底面多埋在地面以下一定的深度处,如图 1-27 所示,其中 h 为基础埋置深度。在这种情况下,传给地基的外荷载并非作用于土体表面,严格地说已不能用上述公式计算土中附加压应力。但考虑到当基础埋置深度不大时,埋置深度对土中应力的影响不大,所以目前仍近似应用以上所介绍的理论成果。但荷载作用在地面下某一深度处和作用于地面所产生的土中附加压应力毕竟有所不同。考虑到在未修建筑物时,地面下深度为 h 处的自重压应力 γh,建筑物建成后,若已知作用于基础底面荷载合力为 N,基底面积为 A,则基底处荷载强度为 $p = \frac{N}{A}$。这时基底处地基土所承受的总压应力 $\sigma = p$,由于该处原作用有土的自重压应力 γh,因此其应力增量为 $p - \gamma h$,该值也就是地基的附加压应力,现用 p_0 表示,即

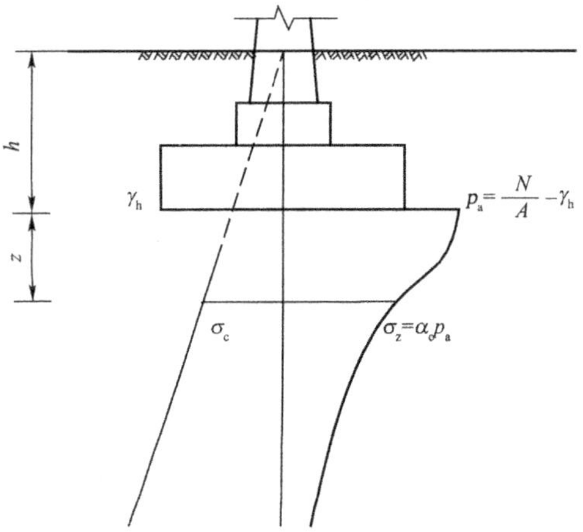

图 1-27 地面下的建筑物基础

$$p_0 = p - \gamma h = \frac{N}{A} - \gamma h, \text{kPa} \tag{1-14}$$

式中:N——作用于基础底面中心的竖荷载,kN;

A——基础底面面积,m^2;

h——基础埋置深度,从地面或河底算起,m;

γ——埋置深度范围内土的重度,kN/m^2。

于是,基础底面中点以下深度为 z 处的附加压应力 σ_z 可按下式计算:

$$\sigma_z = \alpha_c p_0 = \alpha_c \left(\frac{N}{A} - \gamma h \right),\text{kPa} \tag{1-15}$$

式中:α_c——应力系数,见表 1-14,必须注意,这里的 z 应从基础底面算起,而不是地面下的深度,因为荷载是作用在基底平面上。

由于土的自重压应力一般不会引起地基的变形,只有附加压应力才会使地基产生变形。因此,在计算地基应力时,应分别算出土中不同深度处的自重压应力和附加压应力,并将自重压应力分布线和附加压应力分布线分别画在中线的左右两侧,如图 1-27 所示。

【例题 1-9】 某水中基础如图 1-28 所示,基础底面为 6m × 12m 的矩形,作用于基底的中心荷载 N = 17 490kN(只考虑恒载作用,其中包括基础重力及水的浮力),基础埋置深度 h = 3.5m,地基上层为透水的亚砂土,其浮重度为 γ' = 9.31kN/m³,下层为硬塑的黏土,γ = 18.6kN/m³,求基础中心下各点(1、2、3、4、5、6、7)的竖向自重压应力和附加压应力,并绘出自重压应力和附加压应力分布线。

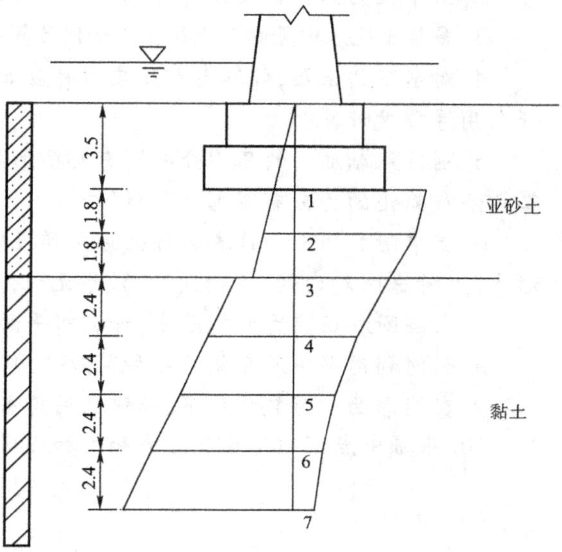

图 1-28　水中基础

解:基础底面积　　$A = 6 \times 12 = 72(m^2)$

基底总应力　　$\sigma = p = \frac{N}{A} = \frac{17\,490}{72} = 242.9(\text{kPa})$

基底自重压应力　　$\sigma_{c1} = \gamma h = 9.31 \times 3.5 = 32.6(\text{kPa})$

基底附加压应力　　$p_0 = p - \gamma h = 210.3(\text{kPa})$

各点自重压应力计算结果见表 1-18。

各点自重压应力计算结果　　表 1-18

点　号	$\frac{l}{b}$	z	$\frac{z}{b}$	α_c	$\sigma_z = \alpha_c p_0$	σ_c
1		0	0	1.0	210.3	32.6
2		1.8	0.3	0.923	194.1	49.3
3		3.6	0.6	0.727	152.9	(66.0)137.0
4	2	6.0	1.0	0.482	101.4	182.2
5		8.4	1.4	0.321	67.5	226.3
6		10.8	1.8	0.224	47.1	270.9
7		13.2	2.2	0.163	34.3	315.6

由各点 σ_c 与 σ_z 的计算结果绘出自重压应力分布线和附加压应力分布线,见图 1-28。

复习思考题

1. 研究土中应力的目的是什么？

2. 土中应力为什么要分自重压应力和附加压应力两部分？

3. 多层土地基中竖向自重压应力如何计算？自重压应力沿深度方向的分布线有什么特点？

4. 对水下的土层，计算自重压应力时应如何采用它的重度值？对砂类土及饱和软黏土为什么用浮重度计算？

5. 刚性基础底面的压力分布图有哪些形状？与哪些因素有关？实用中采用怎样的简化计算方法？简化的力分布图形是怎样的？

6. 土中附加压应力计算为什么可用弹性理论成果？为什么可将地基土体假定为“直线变形体”？什么叫均匀的、各向同性的、半无限体？

7. 求解附加压应力的问题中，什么叫平面问题？什么叫空间问题？

8. 如何利用书中所介绍的几种荷载作用下的公式和应力系数表计算土中附加压应力？

9. 在矩形面积荷载作用下，如何利用角点法求土中任意点的附加压应力？

10. 基础中点下的自重压应力和附加压应力如何计算？分布图有何特点？

习　题

1. 某处土层的剖面如图1-29所示，其中γ_1、γ_2为天然重度，γ_3、γ_4、γ_5为饱和重度，若水下土（透水）均考虑水的浮力，求各层面的竖向自重压应力，并画出自重压应力分布线。

2. 如图1-30所示的矩形基础长10m，宽4m，$N = 12000$kN，试绘①偏心距$e_0 = 0$；②$e_0 = 0.5$m时基底压应力分布图；若要求p_{max}不超过360kPa，求e_0。

3. 在地面上有两个集中力：$P_1 = 20$MN，$P_2 = 30$MN。求图1-31中M点的竖向附加压应力σ_z。

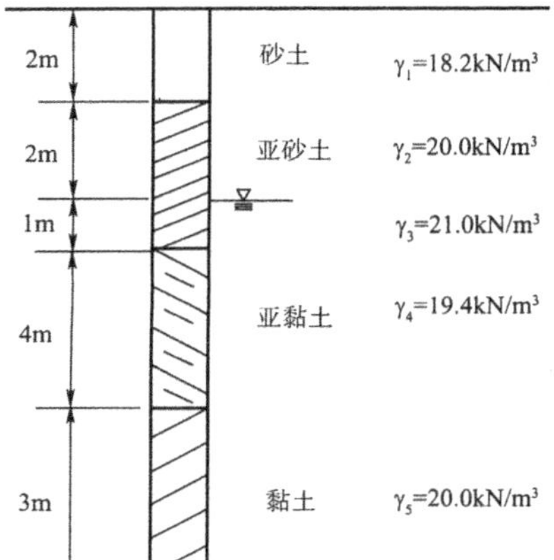

图1-29　习题1图

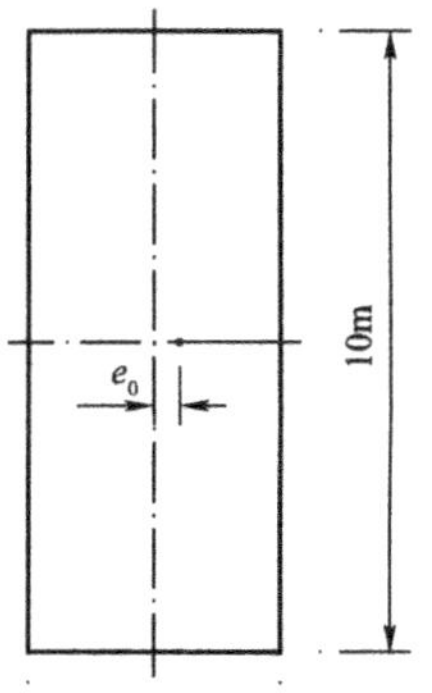

图1-30　习题2图

4. 均布条形荷载如图 1-32 所示，已知地基土的重度 $\gamma=19\text{kN/m}^3$，均布荷载 $q=200\text{kPa}$，求 M 点的竖向自重压应力、附加压应力和总应力值。

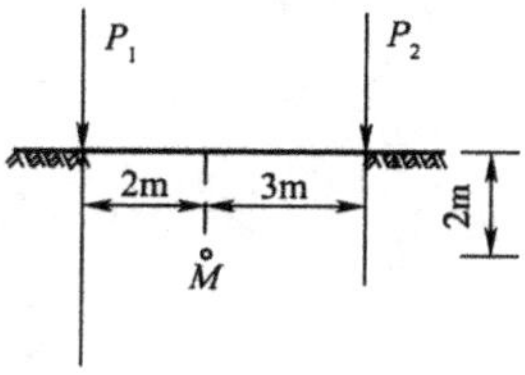

图 1-31　习题 3 图

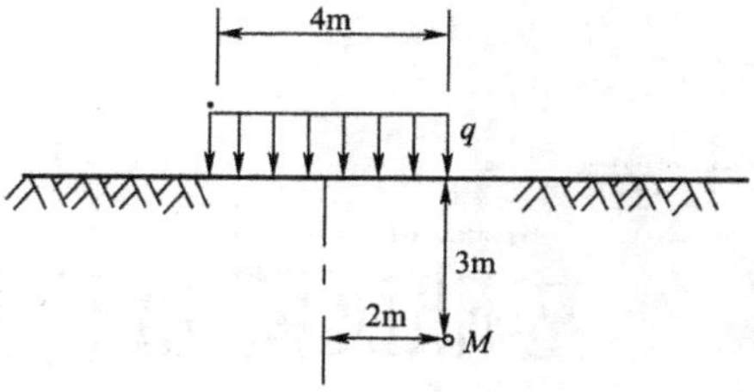

图 1-32　习题 4 图

5. 三角形条形荷载如图 1-33 所示，试求 M_1、M_2 点的附加压应力 σ_z。

6. 作用于地面上 4m×6m 矩形面积上的均匀荷载为 p，求深度为 7.0m 和 14.0m 时，面积中点和下角点下的附加压应力 σ_z。

7. 在如图 1-34 所示的矩形面积 $ABCD$ 上，作用均布荷载 $p=150\text{kPa}$，求 H 点下深为 2m 处的附加压应力 σ_z。

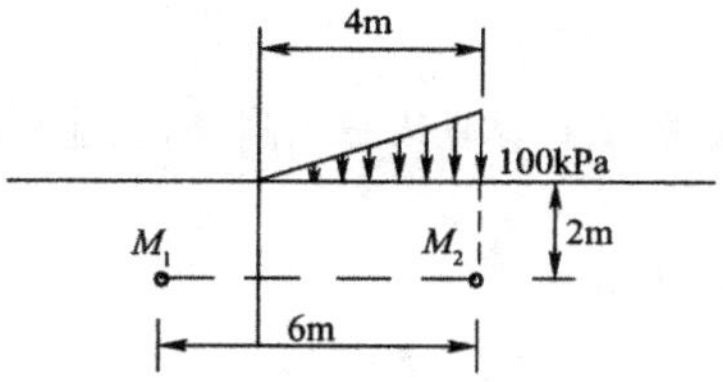

图 1-33　习题 5 图

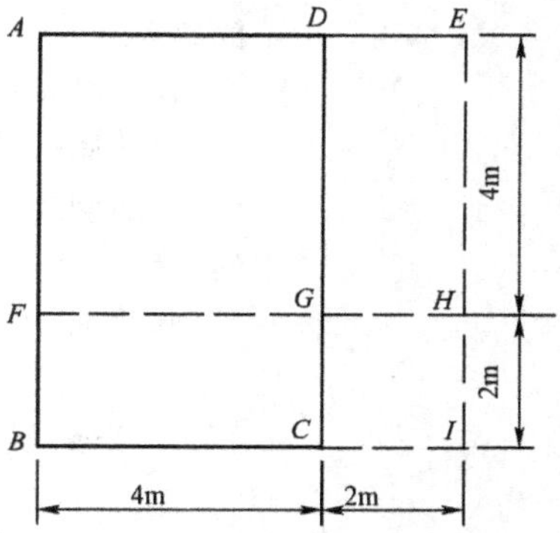

图 1-34　习题 7 图

8. 某水中基础，底面为 4m×8m 的矩形，作用于基础底面上的中心荷载合力 $Q=9600\text{kN}$（已考虑水的浮力），地基土层情况如图 1-35 所示，其中 γ_f 值均为饱和重度，试列表计算基底中心下各点（0、1、2、…、8）的竖向自重压应力 σ_c 和附加压应力 σ_z，并绘出它们的分布线（算 σ_c 时，本题均考虑水的浮力。）

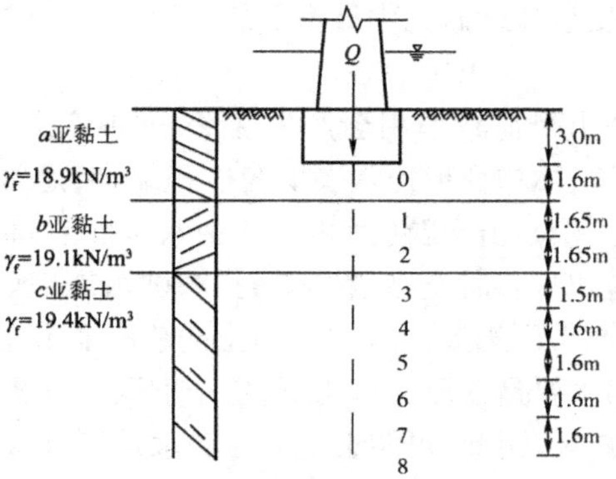

图 1-35　习题 8 图

第二章

基础沉降量计算

教学要求

1. 解释土的三相体的压缩变形特点及土和水不可压缩的假定；

2. 解释室内固结试验原理，压缩曲线、压缩模量及土的弹性变形和残余变形的概念；

3. 描述现场荷载试验，分析应力沉降曲线、变形模量、变形模量与压缩模量间的关系；

4. 通过太沙基一维固结模型，描述饱和土体渗透固结的概念、有效压力、孔隙水压力及固结度的概念及其发展规律；

5. 说明沉降计算原理，应用分层总和法计算基础总沉降量，描述沉降与时间的关系；

6. 完成固结试验并整理试验结果。

●第一节　概　　述●

土体在外荷载作用下会产生压缩变形，道路或桥梁的建造必然引起地基的沉降，正常情况下，随着时间的推移沉降会趋于稳定。如果在工程完工后经过相当长的时间沉降仍未稳定，则会影响道路或桥梁的正常使用，特别是有较大的不均匀沉降，将会对结构产生附加压应力，影响其安全使用。

在上部结构荷载的作用下，地基产生沉降变形的根本原因是土具有可变形的性能，而土的压缩性大小及其特征是土变形性能研究中最重要的内容。土体的变形或沉降是同土的压缩性能密切相关的。

与其他材料一样，地基土受荷载作用会产生变形，这种变形一般包括体积变形和形状变形。对地基土这种材料来说，体积变形通常表现为体积缩小，通常，把土在外力作用下体积缩小的特性称为土的压缩性。土是由土粒（固相）、土中水（液相）和土中气（气相）组成，土粒组成空间土骨架，当土处于饱和状态时，土颗粒之间孔隙被水充满。研究表明，当压力在100～600kPa时，土颗粒与水本身的压缩量是很小的，与土的总压缩量相比，大约占0.3%左右，可以忽略不计。因此，土的压缩主要是在压力作用下，由于土颗粒位置发生重新排列导致的土孔隙体积的减小和水的排出的结果，因此，可假设土颗粒和水是不可压缩的。

对于黏性土，由于其透水性低，在荷载作用下孔隙水只能慢慢排除。因此，当荷载作用在以黏性土为主的地基上时，地基的沉降不会立即完成，而是随着孔隙水的缓慢排除而逐渐完成，因而需要计算沉降随时间的变化。对无黏性土，在外荷载作用下，孔隙水的排出是很快的，因此，在荷载作用下地基的沉降很快就能完成。

●第二节　固 结 试 验●

一、试 验 方 法

在试验室用固结仪（亦称压缩仪）进行固结试验是研究土的压缩性的最基本的办法。

图 2-1 是固结仪的示意图。固结试验时，用金属环刀切取保持天然结构的原状土样，并置于圆桶形压缩容器的刚性护环内，土样上下各垫有一块透水石，土样受压后土中水可自由排出。由于金属环刀和刚性护环的限制，土样在压力作用下只可能发生竖向变形，而无侧向变形。在侧限条件下对土样分级施加竖向压力，测记每级压力下不同时间的土样竖向变形（压缩量）Δh_t 以及压缩稳定时的变形量 Δh（图 2-2），据此计算并绘制不同压力 p 时的 Δh_t-t 和 Δh-p 关系曲线或者孔隙比 e 与压力 p 的关系曲线。

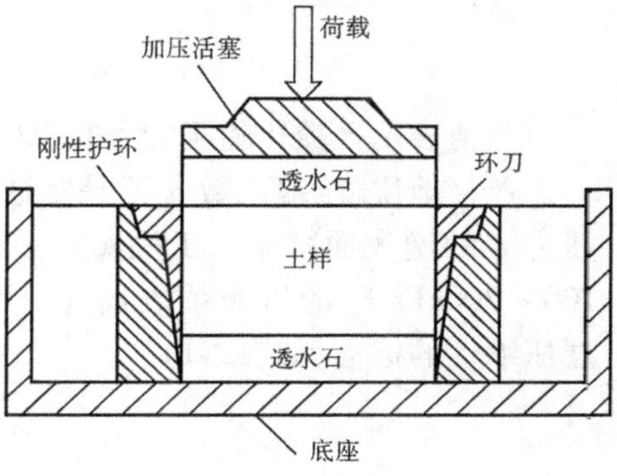

图 2-1　侧限固结试验示意图

在实际地基常遇到的压力范围内，土颗粒本身的压缩量很小，故常忽略不计，则土样的压缩变形便为孔隙体积的减小，通过下列运算可建立压缩变形 Δh 与孔隙比变化 Δe 的关系。根据图示土体单元并假设 $V_s=1$，可得：

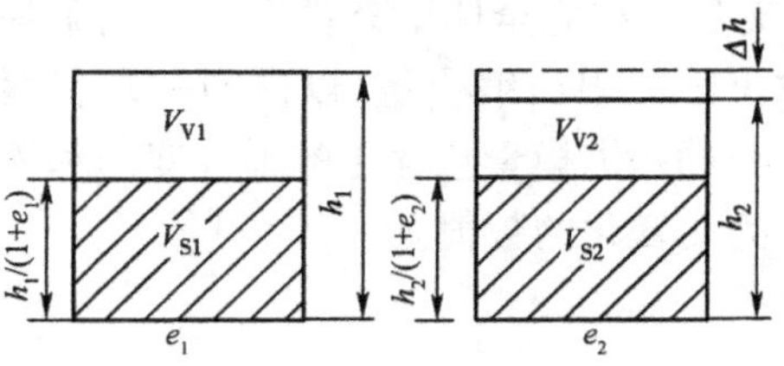

图 2-2　侧限条件下土样高度变化与孔隙比变化的关系（土样横截面面积不变）

$$V_{v1}=e_1\cdot V_{s1}=e_1$$

$$V_{v2}=e_2\cdot V_{s2}=e_2$$

$$\because \quad V_{s1}=V_{s2}$$

$$\therefore \quad \frac{\Delta h}{h_1}=\frac{e_1-e_2}{1+e_1}=\frac{\Delta e}{1+e_1} \tag{2-1}$$

或

$$\Delta e=\frac{\Delta h}{h_1}(1+e_1) \tag{2-2}$$

二、压缩曲线与压缩系数

整理压缩试验结果时，首先要根据试验前土样的重度、含水率及土粒重度等指标求出天然孔隙比 $e_0\left(即\ e_0=\frac{\rho_s(1+w_0)}{\rho}-1\right)$，然后按式(2-2)求出每级荷载下压缩稳定时的孔隙比，绘制 e-p 压缩曲线，如图 2-3 所示。这是目前工程中常用的表示土体压缩特性的一种关系曲线，它是用普通尺度的直角坐标系统表示的。在实用中还有另一种表示压缩曲线的方法，即半对数直角坐标系统的 e-$\ln p$ 曲线。

在假定土体为各向同性的线弹性前提下，压缩曲线所反映的非线性压缩规律被简化成线性的关系，即在一般的压力变化范围内，用一段割线近似代替该段曲线，此时则有：

$$e_1 - e_2 = a(p_1 - p_2) \tag{2-3}$$

式(2-3)就是土的压缩定律的表达式。用文字表述为：当压力变化不大时，孔隙比变化与压力变化成正比。比例常数是割线的斜率，称为土的压缩系数，因此单位为1/kPa。

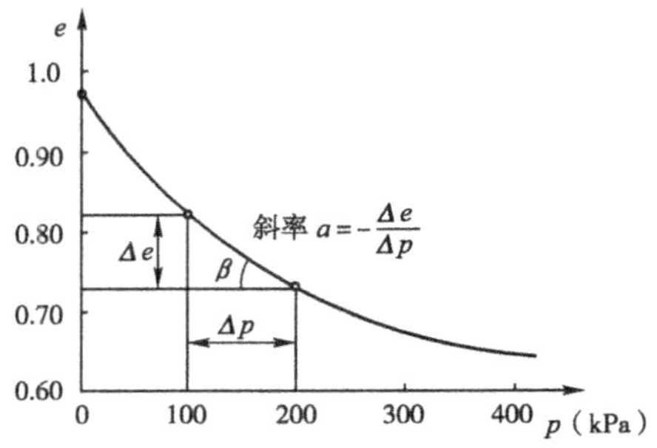

图2-3　土的压缩曲线

$$a = \tan\beta = -\frac{\Delta e}{\Delta p} \tag{2-4}$$

负值表示孔隙比随压应力的增加而减小。

严格地说，压缩系数 a 不是常数，一般随压力 p 的增大而减小。工程实用上常以 p = 100～200kPa 时的压缩系数 a_{1-2} 作为评价土层压缩性的标准，如表2-1。

土的压缩性　　表2-1

压缩性	a_{1-2}(单位1/kPa)
高压缩性	$\geqslant 0.05\times10^{-2}$
中压缩性	$0.05\times10^{-2}\sim0.01\times10^{-2}$
低压缩性	$<0.01\times10^{-2}$

三、压缩模量

实际上，土不是完全弹性材料，土的变形包含可以恢复的弹性变形和不能恢复的塑性变形。弹性模量是弹性材料侧限条件下的应力与应变的比值，由 e-p 曲线也可得到类似弹性模量的一个衡量土压缩性的指标——压缩模量 E_s，它的定义是土在完全侧限条件下的竖向附加应力增量与相应的应变增量的比值。压缩模量 E_s，亦称土的侧限压缩模量，以便与一般材料在无侧限条件下简单拉伸或压缩时的弹性模量相区别。土的压缩模量包含土的弹性变形和塑性变形。与压缩系数 a 一样，压缩模量 E_s 也是一个随压力而变化的数值。

由式(2-2)可得某一级压力增量下的竖向应变 ε_z 为：

$$\varepsilon_z = \frac{\Delta h}{h_1} = \frac{\Delta e}{1 + e_1} \tag{2-5}$$

综合式(2-3)、式(2-5)可得：

$$p_2 - p_1 = \frac{1 + e_1}{a}\varepsilon_z$$

取

$$E_s = \frac{1 + e_1}{a} \tag{2-6}$$

式中：E_s——土的压缩模量，kPa或MPa；

a——土的压缩系数，kPa^{-1}或MPa^{-1}；

e_1——对应初始压力 p_1 下的孔隙比。

当用 a_{1-2} 代入式(2-6)求 E_s 时，所得的压缩模量为 $E_{s(1-2)}$，实用上它常作为常数用于估算地基的沉降量。

压缩模量 E_s 是土的压缩性指标的又一个表达式，它反映了土体抵抗变形的能力，其单位为 kPa 或 MPa。由式(2-6)知，压缩模量 E_s 与压缩系数 a 成反比，E_s 越大，a 就越小，土的压缩性就越低，所以，E_s 也具有划分土压缩性高低的功能。一般认为，$E_s < 4\text{MPa}$ 时为高压缩性土；$E_s > 15\text{MPa}$ 时为低压缩性土；$E_s = 4 \sim 15\text{MPa}$ 时属中压缩性土。

土的压缩模量用在不考虑土侧向变形的地基沉降计算中。实际上，只有少数情况下地基中土压应力与应变完全与侧限条件下土压缩试验土样的压应力与应变情况相同，如：当地基可压缩土层厚度与荷载面积尺寸相比相对比较小，如 $h/b \leqslant 0.5$ 时，称为薄压缩土层，可近似将荷载看作是水平向无限均布。

四、土的弹性变形和残余变形

在进行室内试验过程中，当压力加到某一数值 p_i（如图 2-4 中 e-p 曲线的 b 点）后，逐级卸压，土样将发生回弹，土体膨胀，孔隙比增大，若测得回弹稳定后的孔隙比，则可绘制相应的孔隙比与压力的关系曲线（图中虚线 bc），称为回弹曲线。

由图 2-4 可见，卸压后的回弹曲线 bc 并不沿压缩曲线 ab 回升，而要平缓得多，这说明土受压缩发生变形，卸压回弹，但变形不能全部恢复，其中可恢复的部分称为弹性变形，不能恢复的称为残余变形，而土的压缩变形以残余变形为主。

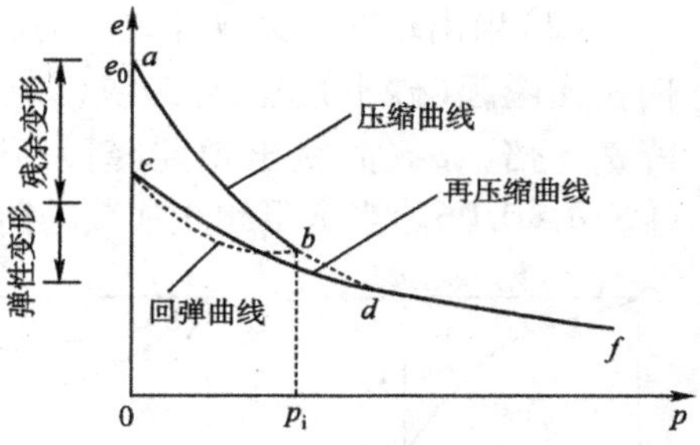

图 2-4　土的回弹与再压缩曲线

若再重新逐级加压，则可测得土的再压缩曲线如图中 cdf 段所示，其中，df 段就像是 ab 段的延续，犹如没有经过卸压和再加压过程一样。土在重复荷载作用下，在加压与卸压的每一重复循环过程中都将走新的路线，形成新的滞后环。其中的弹性变形与残余变形的数值逐渐减小，残余变形减小得更快，土重复次数足够多时，变形为纯弹性，土体达到弹性压密状态。在半对数曲线中也同样可以看到这种现象。

●第三节　荷 载 试 验●

固结试验简单易行，但所需土样是在现场取样得到，在现场取样、运输、室内试件制作等过程中，不可避免地对土样产生了不同程度的扰动。试验时的各种试验条件（如侧限条件、加荷速率、排水条件、温度以及土样与环刀之间的摩擦力等）也不可能做到完全与现场天然土的实际情况相同，可见，室内固结试验得到的压缩指标不能完全反映现场天然土的压缩性。因此，必要时，需要在现场进行荷载试验。

一、试 验 方 法

荷载试验通常是在基础底面高程处或需要进行试验的土层高程处进行，当试验土层顶面具有一定埋深时，需要挖试坑，试验示意图如图 2-5 所示。试坑尺寸以能设置试验装置，便于操作为宜，当试坑深度较大时，确定试坑宽度时还应考虑避免坑外土体对试验结果产生影响，

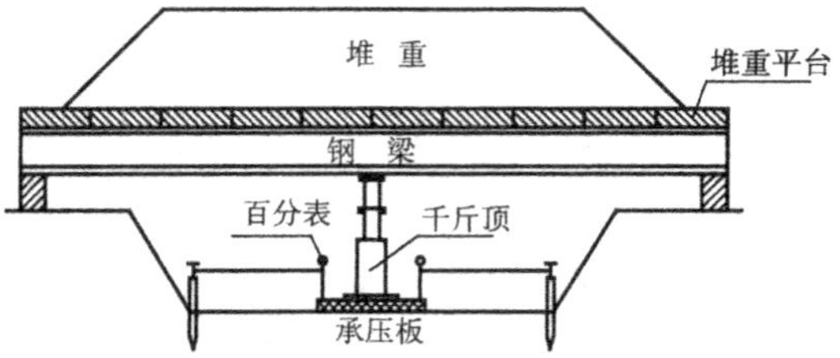

图 2-5 荷载试验示意图

一般规定试坑宽度不应小于 $3b$（b 为承压板的宽度或直径）。试验点一般布置在勘查取样的钻孔附近。承压板的面积一般为 0.25 ~ 1.0m^2，挖试坑和放置试验设备时必须注意保持试验土层的原状土结构和天然湿度，试验土层顶面一般采用不超过 20mm 厚的粗砂、中砂找平。

试验加荷标准：第一级荷载（包括设备重力）应接近所卸除的自重压应力，其相应的沉降不计，以后每级荷载增量对较软的土采用 10 ~ 25kPa，对较密实的土采用 50kPa。加荷次数不应小于 8 级，最终施加的荷载应接近土的极限荷载，并不小于荷载设计值的两倍。荷载试验的观测标准如下：

（1）每级加载后，按间隔 10min、10min、10min、15min、15min，以后每间隔半小时读一次沉降，当连续两小时内每小时的沉降量小于 0.1mm 时，可以认为变形已趋于稳定，可加下一级荷载。

（2）当出现有下列现象之一时，即可认为土已达到极限状态：①承压板周围土有明显的侧向挤出隆起（砂土）或发生裂纹（黏性土和粉土）；②沉降急剧增大（本级沉降量大于前一级沉降量 5 倍），p-S 曲线出现陡降段；③在某一级荷载下，24h 内沉降速率不能达到稳定标准；④$S/b \geq 0.06$。当满足终止加载的前三个条件之一时，其对应的前一级荷载为极限荷载。

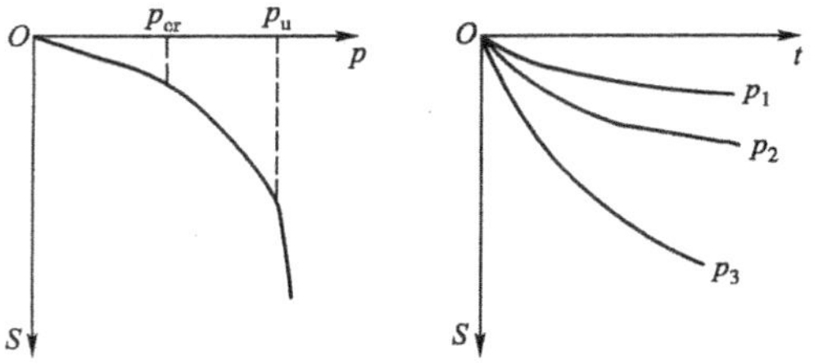

图 2-6 荷载试验的 p-S 曲线和 S-t 曲线

根据沉降观测记录并进行修正后（即 p-S 曲线的直线段应通过坐标原点），可以绘制荷载与相应沉降量的关系曲线以及每一级荷载下沉降量与时间的关系曲线（曲 S-t 线），如图 2-6 所示。

从同一荷载下沉降与时间的关系来看，不同的土在变形过程中所反映的特征也是不一样的，砂土的沉降很快就达到稳定，而饱和黏土却很慢。

应该注意：由于试验时承压板的面积有限，压力的影响深度只限于承压板下不厚的土层，影响深度约为（1.5 ~ 2）b，不能完全反映压缩层土的性质。因此，在利用荷载试验资料研究地基的压缩性特别是在确定土的承载力时，应根据具体情况分析利用试验成果。必要时应在地基主要压缩层范围内的不同深度上进行荷载试验。

二、变 形 模 量

土的变形模量是指土体在无侧限条件下的应力与应变的比值，并以符号 E_0 表示。E_0 的大小值可由荷载试验结果求得，在 p-S 曲线的直线段或接近于直线段任选一段压力 p 和它对应的沉降 S，利用弹性力学公式，反求出地基的变形模量。

$$E_0 = \omega(1-\mu^2)\frac{pb}{S} \tag{2-7}$$

式中：ω——沉降影响系数，方形承压板 $\omega = 0.88$，圆形承压板 $\omega = 0.79$；

b——承压板的边长或直径，m；

μ——土的泊松比，一般为 0.2 ~ 0.4；

p——荷载,取直线段内的荷载值,一般取比例极限荷载 p_{cr},kPa;

S——荷载 p 对应的沉降量,mm;

E_0——土的变形模量,kPa 或 MPa。

有时 p-S 曲线并不出现直线段,建议对中、高压缩性粉土取 $S=0.02b$ 及对应的荷载 p;对低压缩性粉土、黏性土、碎石土及砂土,可取 $S=(0.01\sim0.015)b$ 及其对应的荷载 p 代入上式计算 E_0。

荷载试验在现场进行,对地基扰动较小,土中压应力状态在承载板较大时与实际基础情况比较接近,测出的指标能较好地反映土的压缩性质。但荷载试验工作量大,时间长,所规定沉降稳定标准带有较大的近似性,据有些地区的经验,它所反映的土的固结程度通常仅相当于实际建筑施工完毕时的早期沉降。此外,荷载试验的影响深度一般只能达$(1.5\sim2)b$,对于深层土,可在钻孔内用小型承压板借助钻杆进行深层荷载试验。但由于在地下水位以下清理孔底困难和受力条件复杂等因素,数据不准确。故国内外常用旁压或触探试验测定深层土的变形模量。

三、变形模量和压缩模量之间的关系

荷载试验确定土的变形模量是在无侧限条件即单向受力条件下的压应力与应变的比值,而室内压缩试验是确定的压缩模量在完全侧限条件下的土压应力与应变的比值。利用三向压应力条件下的广义虎克定律可以分析两者之间的关系。根据广义虎克定律,在三向压应力作用下的竖向应变分别为:

$$\varepsilon_z=\frac{1}{E_0}[\sigma_z-\mu(\sigma_x+\sigma_y)]$$

对室内侧限压缩条件下土样有 $\sigma_z=p,\varepsilon_x=\varepsilon_y=0,\sigma_x=\sigma_y=k_0\sigma_z=k_0p,k_0=\frac{\mu}{1-\mu}$,代入上式得:

$$\varepsilon_z=\frac{p}{E_0}\left(1-\frac{2\mu^2}{1-\mu}\right)$$

即

$$E_0=\frac{p}{\varepsilon_z}\left(1-\frac{2\mu^2}{1-\mu}\right)$$

由前面式(2-5)、式(2-6)知道,压缩试验土样在压力增量 $\Delta p=p$ 作用下的竖向应变 ε_z 为:

$$\varepsilon_z=\frac{\Delta e}{1+e_1}=\frac{a}{1+e_1}p=\frac{p}{E_s}$$

$$E_0=\left(1-\frac{2\mu^2}{1-\mu}\right)E_s$$

令 $\beta=\left(1-\frac{2\mu^2}{1-\mu}\right)$,上式改写为:

$$E_0=\beta E_s \tag{2-8}$$

必须指出,上式只不过是 E_0 与 E_s 之间的理论关系。实际上,由于现场荷载试验测定 E_0 和室内压缩试验测定 E_s 时,各有些无法考虑到的因素,使得上式不能准确反映 E_0 与 E_s 之间的实际关系。这些因素主要是:压缩试验的土样容易受到较大的扰动(尤其是低压缩性土);

荷载试验与压缩试验的加荷速率、压缩稳定标准都不一样；μ 值不易精确确定等。根据统计资料，E_0 值可能是 E_s 的几倍，一般说来，土越坚硬则倍数越大，而软土的 E_0 值与 E_s 值比较接近。

四、弹性理论法计算沉降

弹性理论方法假定地基为半无限直线变形体，应用布辛尼斯克的竖向位移解答，在荷载作用面积范围内积分得到地基最终沉降量的表达式。

若在地基表面作用一竖向集中力 P 计算，计算地面某点（其坐标为 $z=0,R=r$）的沉降为：

$$S=\omega=\frac{P(1-\mu^2)}{\pi E_0 r} \tag{2-9}$$

若在地基表面局部面积 F 上作用着分布荷载 $p_0(x,y)$，则地面上任一点的沉降可由式（2-9）积分而得：

$$S=(x,y)=\frac{1-\mu^2}{\pi E_0}\iint_A \frac{p_0(x,y)\mathrm{d}F}{r}$$

上式的求解与基础刚度、形状、尺寸大小及计算点位置等因素有关。一般求解后可写成：

$$S=\frac{p_0 b\omega(1-\mu^2)}{E_0} \tag{2-10}$$

式中：p_0——基底附加压应力；

b——矩形基础的宽度或圆形基础的直径；

μ、E_0——分别为土的泊松比和变形模量；

ω——沉降影响系数。

弹性理论方法计算沉降的正确性，往往取决于 E_0 选取正确与否。一般都是假定在整个地基土层中不变，这只有当地基土层比较均匀时才是近似的。实际地基土的 E_0 随着深度是变化的。弹性理论方法的压缩层厚度理论上是无穷大，这与实际不符。但由于它的计算过程简单，所以还是常用作一般的沉降计算。

●第四节　分层总和法计算沉降●

由于地基通常是由不同的土层所组成，而且引起地基变形的压力在地基中沿深度分布也有变化，工程中常用单向压缩分层总和法进行计算，即在地基可能产生压缩的深度内，按土的特性和压应力状态的变化划分成若干层，分别求出各分层的压应力，然后用压应力—应变关系式求出各分层的变形量，再总和起来作为地基的最终沉降量。

一、几点假定

（1）分层总和法的基本假定是各薄层土均在无侧膨胀条件下发生竖向的压缩变形。根据这个假定，可以采用压缩试验成果计算各薄层土的压缩量。

（2）按基础中点垂线上的附加压应力计算土的压缩变形。

(3)只计算“压缩层”范围内土的压缩量。所谓“压缩层”，就是指基础底面以下地基中需要计算变形的那部分土层(即土层中有显著变形部分)。这是鉴于一般地基土层虽然可能很厚，但基础下土中附加压应力是随着深度的增加而减少，到一定深度后，附加压应力已不大，相应的变形也已很小，计算基础沉降可以将其忽略不计。所以，从基础底面到该深度之间的土层，就称之为“压缩层”，压缩层底部的深度，称为压缩层的计算深度。

二、薄层压缩量计算公式

某一薄土层的平均自重压应力为 σ_c(即 p_1)，建筑物荷载作用下其压应力增加到 p_2(p_2 为平均自重压应力与平均附加压应力之和)时，参照式(2-2)可知：

$$\Delta S_i = \Delta h = \frac{e_{1i} - e_{2i}}{1 + e_{1i}} h_i \tag{2-11}$$

式中：h_i——第 i 个薄压缩层厚度，m；

e_{1i}——第 i 个薄压缩层中部自重压应力值相对应孔隙比，即用初始压应力 p_1 的均值从土的压缩曲线上查得的孔隙比；

e_{2i}——第 i 个薄压缩层内中部自重压应力和附加压应力之和相对应的孔隙比；即用最终压应力 p_2 的均值从土的压缩曲线上查得的孔隙比。

然而，大多数地基的可压缩土层厚度常常大于基础宽度很多，实际中无限分布的均布荷载也是不存在的，因而竖向附加压应力沿深度和水平方向都是变化的，因而地基的变形也不是唯一的。

三、计算方法与步骤

(1)计算作用于基础底面上由恒载所产生的压应力 $p = \frac{N}{F}$、自重压应力 γh 及基底处附加压应力 $p_0 = p - \gamma h$，注意其中 h 应从地面或原河底算起。对于水下的土，γ 一般均用浮重度 γ' 计算，对于 $I_L < 1$ 的黏土，可用天然重度。

(2)划分薄层，并计算各薄层界面处的自重压应力和附加压应力，绘出压应力分布线。薄层厚度通常取 $0.4b$(基础厚度)。但不同土层的界面或潜水位面，均必须为薄层的分界面，此时，薄层的厚度可能略小于 $0.4b$，也可能大于 $0.4b$。计算自重压应力时，重度的选取原则同上。压缩层下限处要求 $\sigma_{zi}/\sigma_{ci} < 0.1 \sim 0.2$(土质软弱时取小值)。

(3)计算各薄层的 σ_{ci} 与 σ_{zi} 值。取薄层顶面与底面压应力的平均值，算得 $p_{1i} = \sigma_{ci}$ 和 $p_{2i} = \sigma_{ci} + \sigma_{zi}$；按相应土质的固结试验成果获得 e_{1i} 和 e_{2i} 或 E_{si} 值。

(4)用公式 $\Delta S_{ii} = \frac{e_{1i} - e_{2i}}{1 + e_{1i}} h_i$ 或式 $\Delta S_{ii} = \frac{\sigma_{zi}}{E_{si}} h_i$ 计算各薄层的压缩量。

(5)用下式计算基础的总沉降量。

$$s = \psi_s s' = \psi_s \sum_{i=1}^{n} \frac{e_{1i} - e_{2i}}{1 + e_{1i}} h_i \tag{2-12}$$

或

$$s = \psi_s \sum_{i=1}^{n} \frac{\sigma_{zi}}{E_{si}} h_i \tag{2-13}$$

上述公式中：ΔS_{ii}——第 i 个薄土层的压缩量；

s'——各薄土层土的压缩量之和；

n——薄土层的层数；

h_i——第 i 个薄土层的厚度，cm；

σ_{ci}——第 i 个薄土层的平均自重压应力，kPa；

σ_{zi}——第 i 个薄土层的平均附加压应力，kPa；

e_{1i}——第 i 个薄土层对应于 $P_{1i}=\sigma_{ci}$ 作用下的孔隙比；

e_{2i}——第 i 个薄土层对应于 $P_{2i}=\sigma_{ci}+\sigma_{zi}$ 作用下的孔隙比；

ψ_s——沉降计算经验系数，按地区建筑经验确定，如缺乏资料可参考表 2-2；

E_{si}——第 i 个薄土层的压缩模量，取土的自重压应力与自重压应力和附加压应力之和的压力段计算。

沉降计算经验系数 ψ_s　　表 2-2

E_s(MPa)	$1<E_s\leqslant4$	$1<E_s\leqslant7$	$7<E_s\leqslant15$	$15<E_s\leqslant20$	>20
ψ_s	1.8～1.1	1.1～0.8	0.8～0.4	0.4～0.2	0.2

应当指出，按上述方法计算的沉降值其精度还不高，因为计算中有一些简化假定（包括压应力和沉降计算两方面）并不能完全符合实际情况，特别是压缩性指标取用是否恰当，对结果有很大的影响。计算中所采用的试验系数的近似性，也会影响到计算的精确性。所以国家对已建成的重要建筑物有计划地进一步进行沉降观测，将具有很重要的意义。可用测得的数据与计算结果相比较，在这些资料有了大量积累以后，就能通过系统分析、研究和统计，进一步修正和完善现有的计算方法，从而提高计算的精确度。

【例题 2-1】 计算例题 1-9 中基础的沉降量。已知地基中两层土的 e-p 曲线如图 2-7 所示。

解：(1) 计算基底总压应力、自重压应力和附加压应力，见例题 1-9。

(2) 分薄层 $0.4b=0.4\times6=2.4$m，基底下亚砂土层厚 3.6m，宜分两层，每层 1.8m，以下黏土层每薄层均取 2.4m，如图 1-28 所示。各薄层界面处自重压应力与附加压应力的计算见例题 1-9，结果填入表 2-3 中。因黏土为硬塑、致密，可视为不透水，故用天然重度值计算自重压应力，不考虑水的浮力。

(3) 计算各薄层的平均压应力值：σ_{ci}、σ_{zi} 及 $\sigma_{ci}+\sigma_{zi}$，列入表 2-3 中。

(4) 按式 (2-11) 计算各薄层的压缩值，其中 e_{1i} 和 e_{2i} 按各薄层的 $\sigma_{ci}(p_{1i})$ 和 $\sigma_{ci}+\sigma_{zi}(p_{2i})$，从图 2-7 中相应的压缩曲线中查得。计算结果均列入表 2-3 中。

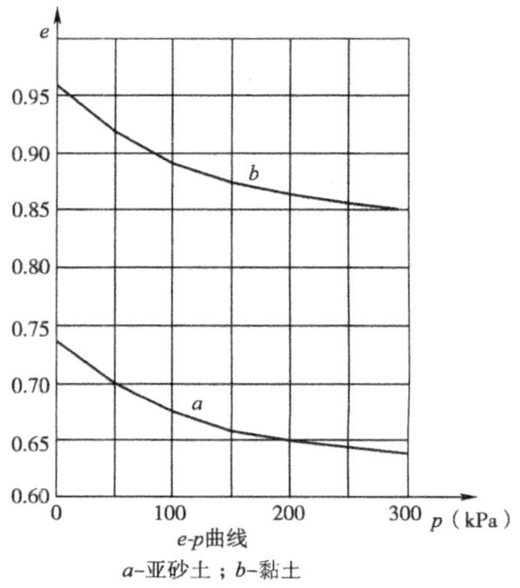

图 2-7　例题 2-1 图

(5) 确定压缩层的计算深度 z_n。

计算下限处（7 点）$\sigma_z/\sigma_c=34.3/315.6=0.11<0.2$，满足要求。

$$z_n = 2\times1.8 + 4\times2.4 = 13.2(\mathrm{m})$$

(6)确定沉降计算经验系数 ψ_s,计算基础的总沉降量。

例题 2-1 计算结果表

表 2-3

土名	点号	自重压应力(kPa)	附加压应力(kPa)	各层平均压应力 σ_{ci}(kPa)	σ_{zi}(kPa)	$\sigma_{ci}+\sigma_{zi}$(kPa)	e_{1i}	e_{2i}	$e_{1i}-e_{2i}$	$\frac{e_{1i}-e_{2i}}{1+e_{1i}}$	各薄层厚度 h_{1i}(cm)	$\Delta S_i=\frac{e_{1i}-e_{2i}}{1+e_{1i}}h_i$(cm)	$E_{si}=\frac{\sigma_{2i}}{\frac{e_{1i}-e_{2i}}{1+e_{1i}}}$(kPa)
亚黏土	1	32.6	210.3	41.0	202.2	243.2	0.710	0.644	0.066	0.0386	180	6.95	5238
	2	49.3	194.1	57.7	173.5	231.2	0.695	0.645	0.050	0.0295	180	5.31	5881
	3	137.0	152.9	159.5	127.2	286.7	0.875	0.853	0.022	0.0117	240	2.82	10872
黏土	4	182.2	101.4	204.2	84.5	288.7	0.866	0.852	0.014	0.0075	240	1.80	11267
	5	226.3	67.5	248.6	57.3	306.1	0.859	0.850	0.009	0.0048	240	1.15	11937
	6	270.9	47.1	293.5	40.7	334.2	0.851	0.845	0.006	0.0032	240	0.77	14688
	7	315.6	34.3										

先求地基压缩层范围内各层土的压缩模量 E_{si},由式 $E_s=\dfrac{(p_2-p_1)(1+e_1)}{e_1-e_2}$,$E_{si}=\dfrac{\sigma_{zi}}{\dfrac{e_{1i}-e_{2i}}{1+e_{1i}}}$,计算结果列入表 2-3 中。

压缩层的压缩模量取厚度的加权平均值为:

$$E_s=\sum_{i=1}^{n}E_{si}h_i/z_n=\frac{(5.24+5.88)\times1.8+(10.87+11.27+11.94+14.69)\times2.4}{13.2}$$

$$=9.02(\mathrm{MPa})$$

由算得之 E_{si} 值,参照表 2-2 取 $\psi_s=0.7$,于是沉降量为:

$$S=\psi_s\sum_{i=1}^{n}\frac{e_{1i}-e_{2i}}{1+e_{1i}}h_i=0.7\times18.8=13.2(\mathrm{cm})$$

四 、规范推荐公式

《公路桥涵地基与基础设计规范》(JTG D63—2007)推荐的计算公式如下:

$$s=\psi_s s'=\psi_s\sum_{i=1}^{n}\frac{p_0}{E_{si}}(z_i\overline{\alpha}_i-z_{i-1}\overline{\alpha}_{i-1})\tag{2-14}$$

推导过程为:

(1)分层总和法计算第 i 层土的压缩量公式。

$$S'_i=\frac{\overline{\sigma}_{zi}h_i}{E_{si}}$$

由图 2-8 可见,上式右端分子 $\overline{\sigma}_{zi}h_i$ 等于第 i 层土的附加压应力面积 $A_{aa'b'b}$。

(2)附加压应力面积 $A_{aa'b'b}=A_{okb'b}-A_{oka'a}$。

其中:$A_{okb'b}=\int_0^{z_i}\sigma_z\mathrm{d}z=\sigma_i z_i$

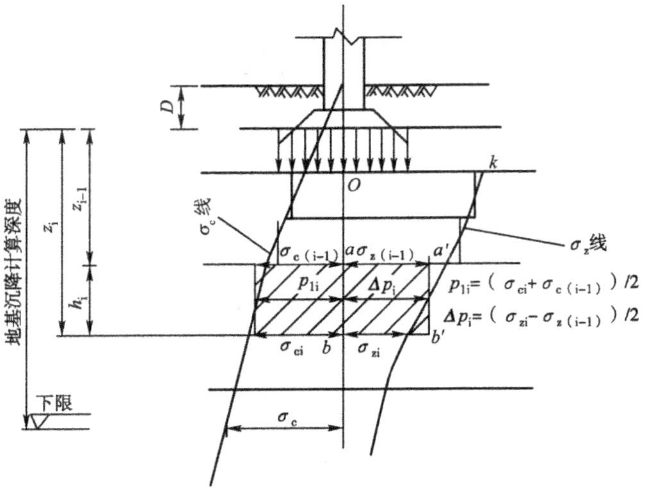

图 2-8

$$A_{oka'a} = \int_0^{z_{i-1}} \sigma_z dz = \sigma_{i-1} z_{i-1}$$

故 $S'_i = \dfrac{A_{aa'b'b}}{E_{si}} = \dfrac{A_{okb'b} - A_{oka'a}}{E_{si}} = \dfrac{\overline{\sigma}_i z_i - \overline{\sigma}_{i-1} z_{i-1}}{E_s i}$ (a)

式中：$\overline{\sigma}_i$——深度 z_i 范围内的平均附加压应力；

$\overline{\sigma}_{i-1}$——深度 z_{i-1} 范围内的平均附加压应力。

(3)为计算方便，引入平均附加压应力系数 $\overline{\alpha}$(按表 2-5 取值)：$\overline{\alpha}$ 为平均附加压应力 $\overline{\sigma}$ 与基础底面处的附加压应力 p_0 之比，即

$$\overline{\alpha}_i = \frac{\sigma_i}{p_0}, 即\ \overline{\sigma}_i = p_0 \overline{\alpha}_i \quad (b)$$

$$\overline{\alpha}_{i-1} = \frac{\sigma_{i-1}}{p_0}, 即\ \overline{\sigma}_{i-1} = p_0 \overline{\alpha}_{i-1} \quad (c)$$

$\overline{\alpha}$ 见表 2-5。

(4)计算第 i 层土的压缩量。将式(b)与式(c)代入式(a)得：

$$S'_i = \frac{1}{E_{si}}(p_0 \overline{\alpha}_i z_i - p_0 \overline{\alpha}_{i-1} z_{i-1}) = \frac{p_0}{E_{si}}(z_i \overline{\alpha}_i - z_{i-1}\overline{\alpha}_{i-1})$$

(5)计算地基总沉降量。

$$S' = \sum_{i=1}^{n} s'_i = \sum_{i=1}^{n} \frac{p_0}{E_{si}}(z_i \overline{\alpha}_i - z_{i-1}\overline{\alpha}_{i-1})$$

地基沉降计算深度的确定，在《公路桥涵地基与基础设计规范》(JTG D63—2007)中分两种情况。

(1)无相邻荷载的基础中点下。

$$z_n = b(2.5 - 0.4\ln b)$$

式中：b——基础宽度，m，适用于1～30m范围。

(2)存在相邻荷载影响。

在这种情况下，应符合下式要求：

$$\Delta s'_n \leqslant 0.025\sum_{i=1}^{n}\Delta S'_i$$

式中：$\Delta s'_n$——在计算深度 z_n 处，向上取计算厚度为 Δz 的薄土层的计算沉降值，Δz 可按表2-4选用；

$\Delta S'_i$——在计算深度范围内，第 i 层土的计算沉降量。

在计算深度范围内存在基岩时，z_n 可取至基岩表面；当存在较厚的坚硬黏性土层，其孔隙比小于0.5，压缩模量大于50MPa，或存在较厚的密实砂卵石层，其压缩模量大于80MPa时，z_n 可取至该层土表面。

计算层厚度 Δz 值　　表2-4

基础宽度 b(m)	$b \leqslant 2$	$2 < b \leqslant 4$	$4 < b \leqslant 8$	$b > 8$
Δz(m)	0.3	0.6	0.8	1.0

【例题2-2】　用规范法求例题2-1中的基础沉降量。

解：由题知：$z_n = 13.2\text{m} > b(2.5 - 0.4\ln b) = 10.7\text{m}$（地基沉降计算深度满足要求）

$z_1 = 3.6\text{m}$　　　　$z_2 = 3.6 + 9.6 = 13.2\text{m}$

$\frac{l}{b} = \frac{12}{6} = 2.0$　　　$\frac{z_1}{b} = \frac{3.6}{6} = 0.6$　　　查表2-5知：$\bar{\alpha}_1 = 0.906$

$\frac{l}{b} = \frac{12}{6} = 2.0$　　　$\frac{z_2}{b} = \frac{13.2}{6} = 2.2$　　　查表2-5知：$\bar{\alpha}_2 = 0.511$

由例题2-1计算知：

$$\bar{E}_{s1} = \frac{5.24 + 5.88}{2} = 5.56(\text{MPa})$$

$$\bar{E}_{s2} = \frac{10.87 + 11.27 + 11.94 + 14.69}{4} = 12.19(\text{MPa})$$

$$E_{si} = \sum_{i=1}^{n}E_{si}h/z_n = \frac{(5.24 + 5.88) \times 1.8 + (10.87 + 11.27 + 11.94 + 14.69) \times 2.4}{13.2}$$

$$= 9.02(\text{MPa})$$

由算得之 E_{si} 查表2-2，得 $\psi_s = 0.7$。

$$s = \psi_s s' = \psi_s\sum_{i=1}^{n}\frac{p_0}{E_{si}}(z_i\bar{\alpha}_i - z_{i-1}\bar{\alpha}_{i-1})$$

$$= 0.7 \times \left[\frac{210.3}{5.56 \times 10^3} \times 3.6 \times 0.906 + \frac{210.3}{12.19 \times 10^3} \times (13.2 \times 0.511 - 3.6 \times 0.906)\right]$$

$$= 0.7 \times [0.123 + 0.017 \times (6.745 - 3.262)]$$

$$= 0.127(\text{m})$$

矩形面积上均布荷载作用下中点平均附加压应力系数 $\bar{\alpha}$ 　　表 2-5

z/b \ l/b	1.0	1.2	1.4	1.6	1.8	2.0	2.4	2.8	3.2	3.6	4.0	5.0	≥10
0.0	1.000	1.000	1.000	1.000	1.000	1.000	1.000	1.000	1.000	1.000	1.000	1.000	1.000
0.1	0.997	0.998	0.998	0.998	0.998	0.998	0.998	0.998	0.998	0.998	0.998	0.998	0.998
0.2	0.987	0.990	0.991	0.992	0.992	0.992	0.993	0.993	0.993	0.993	0.993	0.993	0.993
0.3	0.967	0.973	0.976	0.978	0.979	0.979	0.980	0.980	0.981	0.981	0.981	0.981	0.981
0.4	0.936	0.947	0.953	0.956	0.958	0.965	0.961	0.962	0.962	0.963	0.963	0.963	0.963
0.5	0.900	0.915	0.924	0.929	0.933	0.935	0.937	0.939	0.939	0.940	0.940	0.940	0.940
0.6	0.858	0.878	0.890	0.898	0.903	0.906	0.910	0.912	0.913	0.914	0.914	0.915	0.915
0.7	0.816	0.840	0.855	0.865	0.871	0.876	0.881	0.884	0.885	0.886	0.887	0.887	0.888
0.8	0.775	0.801	0.819	0.831	0.839	0.844	0.851	0.855	0.857	0.858	0.859	0.860	0.860
0.9	0.735	0.764	0.784	0.797	0.807	0.813	0.821	0.826	0.829	0.830	0.831	0.830	0.836
1.0	0.698	0.728	0.749	0.764	0.775	0.783	0.792	0.798	0.801	0.803	0.804	0.806	0.807
1.1	0.663	0.694	0.717	0.733	0.744	0.753	0.764	0.771	0.775	0.777	0.779	0.780	0.782
1.2	0.631	0.663	0.686	0.703	0.715	0.725	0.737	0.744	0.749	0.752	0.754	0.756	0.758
1.3	0.601	0.633	0.657	0.674	0.688	0.698	0.711	0.719	0.725	0.728	0.730	0.733	0.735
1.4	0.573	0.605	0.629	0.648	0.610	0.672	0.687	0.696	0.701	0.705	0.708	0.711	0.714
1.5	0.548	0.580	0.604	0.622	0.637	0.648	0.664	0.673	0.679	0.683	0.686	0.690	0.693
1.6	0.524	0.556	0.580	0.599	0.613	0.625	0.641	0.651	0.658	0.663	0.666	0.670	0.675
1.7	0.502	0.533	0.558	0.577	0.591	0.603	0.620	0.631	0.638	0.643	0.646	0.651	0.656
1.8	0.482	0.513	0.537	0.556	0.571	0.588	0.600	0.611	0.619	0.624	0.629	0.633	0.638
1.9	0.463	0.493	0.517	0.536	0.551	0.563	0.581	0.593	0.601	0.606	0.610	0.616	0.622
2.0	0.446	0.475	0.499	0.518	0.533	0.545	0.563	0.575	0.584	0.590	0.594	0.600	0.606
2.1	0.429	0.459	0.482	0.500	0.515	0.528	0.546	0.559	0.567	0.574	0.578	0.585	0.591
2.2	0.414	0.443	0.466	0.484	0.499	0.511	0.530	0.543	0.552	0.558	0.563	0.570	0.577
2.3	0.400	0.428	0.451	0.469	0.484	0.496	0.515	0.528	0.537	0.544	0.548	0.554	0.564
2.4	0.387	0.414	0.436	0.454	0.469	0.481	0.500	0.513	0.523	0.530	0.535	0.543	0.551
2.5	0.374	0.401	0.423	0.441	0.455	0.468	0.486	0.050	0.509	0.516	0.522	0.530	0.539
2.6	0.362	0.389	0.410	0.428	0.442	0.473	0.473	0.487	0.496	0.504	0.509	0.518	0.528
2.7	0.351	0.377	0.398	0.416	0.430	0.461	0.461	0.474	0.484	0.482	0.497	0.506	0.517
2.8	0.341	0.366	0.387	0.404	0.418	0.449	0.449	0.463	0.472	0.480	0.486	0.495	0.506
2.9	0.331	0.356	0.377	0.393	0.407	0.438	0.437	0.451	0.461	0.469	0.475	0.485	0.496

续上表

z/b \ l/b	1.0	1.2	1.4	1.6	1.8	2.0	2.4	2.8	3.2	3.6	4.0	5.0	≥10
3.0	0.322	0.346	0.366	0.383	0.397	0.409	0.429	0.441	0.451	0.459	0.465	0.474	0.487
3.1	0.313	0.337	0.357	0.373	0.387	0.398	0.417	0.430	0.440	0.448	0.454	0.464	0.477
3.2	0.305	0.328	0.348	0.364	0.377	0.389	0.407	0.420	0.431	0.439	0.445	0.455	0.468
3.3	0.297	0.320	0.339	0.355	0.368	0.379	0.397	0.411	0.421	0.429	0.436	0.446	0.460
3.4	0.289	0.312	0.331	0.346	0.359	0.371	0.388	0.402	0.412	0.420	0.427	0.437	0.452
3.5	0.282	0.304	0.323	0.338	0.351	0.362	0.380	0.393	0.403	0.412	0.418	0.429	0.444
3.6	0.276	0.297	0.315	0.330	0.343	0.354	0.372	0.385	0.395	0.403	0.410	0.421	0.436
3.7	0.269	0.290	0.308	0.323	0.335	0.346	0.364	0.377	0.387	0.395	0.402	0.413	0.429
3.8	0.263	0.284	0.301	0.316	0.328	0.339	0.356	0.369	0.379	0.388	0.394	0.405	0.422
3.9	0.257	0.277	0.294	0.309	0.321	0.332	0.349	0.362	0.372	0.380	0.387	0.398	0.415
4.0	0.251	0.271	0.288	0.302	0.311	0.325	0.342	0.355	0.365	0.373	0.379	0.391	0.408
4.1	0.246	0.265	0.282	0.296	0.308	0.318	0.335	0.348	0.358	0.366	0.372	0.384	0.402
4.2	0.241	0.260	0.276	0.290	0.302	0.312	0.328	0.341	0.352	0.359	0.366	0.377	0.396
4.3	0.236	0.255	0.270	0.284	0.296	0.306	0.322	0.335	0.345	0.353	0.359	0.371	0.390
4.4	0.231	0.250	0.265	0.278	0.290	0.300	0.316	0.329	0.339	0.347	0.353	0.365	0.384
4.5	0.226	0.245	0.260	0.273	0.285	0.294	0.310	0.323	0.333	0.341	0.347	0.359	0.378
4.6	0.222	0.240	0.255	0.268	0.279	0.289	0.305	0.317	0.327	0.335	0.341	0.353	0.373
4.7	0.218	0.235	0.250	0.263	0.274	0.284	0.299	0.312	0.321	0.329	0.336	0.347	0.367
4.8	0.214	0.231	0.245	0.258	0.269	0.279	0.294	0.306	0.316	0.324	0.330	0.342	0.362
4.9	0.210	0.227	0.241	0.253	0.265	0.274	0.289	0.301	0.311	0.319	0.325	0.337	0.357
5.0	0.206	0.223	0.237	0.249	0.260	0.269	0.284	0.296	0.306	0.313	0.320	0.332	0.352

• 第五节　饱和土体渗透固结的概念 •

饱和黏土在压力作用下，孔隙水将随时间的迁延而逐渐被排除，同时孔隙体积也随着减小，这一过程称为饱和土的渗透固结。渗透固结所需时间的长短与土的渗透性和土层厚度有关，土的渗透性越小、土层越厚，孔隙水被挤出所需的时间就越长。

饱和土的渗透固结，可借助所示的弹簧—活塞模型来说明，如图 2-9 所示。在一个盛满水的圆桶中，装一个带有弹簧的活塞，弹簧表示土的颗粒骨架，容器内的水表示土中的自由水，带孔的活塞则表征土的渗透性。由于模型中只有固、液两相介质，则对于外力 σ_z 作用只能是水与弹簧两者来共同承担。设其中弹簧承担的压力为有效压应力 σ'，圆桶中的水承担的压力为孔隙水压力 u，按照静力平衡条件，应有：

$$\sigma_z = \sigma' + u \quad (2\text{-}15)$$

很明显，式(2-15)的物理意义是土的孔隙水压力与有效压应力对外力的分担作用，它与时间有关。

(1)当 $t=0$ 时，即活塞顶面骤然受到压力 σ_z 作用的瞬间，水来不及排出，弹簧没有变形和受力，附加压应力 σ_z 全部由水来承担，即：$u=\sigma_z, \sigma'=0$。

(2)当 $t>0$ 时，随着荷载作用时间的迁延，水受到压力后开始从活塞排水孔中排出，活塞下降，弹簧开始承受压力 σ'，并逐渐增长；而相应地 u 则逐渐减小。总之，$u+\sigma'=\sigma_z$，而 $u<\sigma_z, \sigma'>0$。

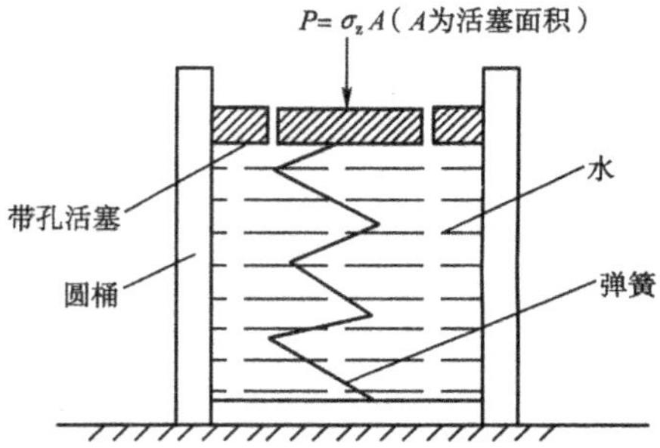

图 2-9　饱和土体固结模型

(3)当 $t\to\infty$ 时(代表"最终"时间)，水从排水孔中充分排出，孔隙水压力完全消散，活塞最终下降到 σ_z 全部由弹簧承担，饱和土的渗透固结完成。即：$\sigma_z=\sigma', u=0$。

可见，饱和土的渗透固结也就是孔隙水压力逐渐消散和有效压应力相应增长的过程。

固结度是指地基在荷载作用下，经历某一时间后产生固结沉降量与最终固结沉降量之比值，表示时间所产生的固结程度。即

$$U = \frac{S_{ct}}{S_\infty} \quad (2\text{-}16)$$

对于单向固结情况，由于土层的固结沉降与该层的有效压应力面积成正比，所以将某一时刻的有效压应力面积图和最终有效压应力面积之比，称为土层单向固结的平均固结度 U_t。用公式表示为：

$$U_t = 1 - \frac{\int_0^H u \mathrm{d}z}{\int_0^H \sigma_z \mathrm{d}z} \quad (2\text{-}17)$$

式中：u——深度 z 处某一时刻的孔隙水压，kPa；

σ_z——深度 z 处的竖向附加压应力(即 $t=0$ 时该深度处的起始孔隙水压力)，kPa。

●第六节　由沉降观测值推算最终沉降(简介)●

一、计算沉降与实测沉降的差异

地基沉降是土力学中重要的研究课题之一。自从太沙基(1923 年)提出一维固结理论以来，地基沉降的理论研究已有很大的发展。很多学者提出了基于这种理论的沉降计算方法。前面几节的分层总和法和规范所规定的平均附加压应力系数法都是此类方法。这些方法具有简便、直观、计算参数少且易取得，因而在实际工程中得到广泛应用。

然而，太沙基一维固结理论与基于这种理论的分层总和法都有很多基本假设不完全符合实际情况，计算得出的最终沉降量与实际最终沉降量往往存在一定差异，这在软土地区的沉降计算时尤其明显。20 世纪 80 年代以来，我国在软土地区修建了许多高等级公路，有些公路因

沉降过大而导致路面开裂或桥头错台，造成巨大损失。在软土地区修建的高等级公路的沉降计算量与实际沉降量的差异日益引起人们的重视。

目前的沉降计算中主要存在以下几个问题：

(1)应力和变形的关系。前述的有关地基土中的压应力和变形的计算中，都是假设地基为直线变形体，从而直接应用弹性理论的解答。实践表明，在遇到荷载较大及高压缩性的软土时这种方法不可靠。土体非线性和非弹性的特点导致使用弹性理论解答的不准确。

(2)土压缩性指标的选定。由于压缩性指标选用不当，使得沉降计算失去意义。土的压缩性指标应该能反映土在天然状态下受到荷载后的实际变形特征。在目前的试验技术条件下，室内试验与荷载试验时地基土所保持的压应力状态和变形条件都和实际情况有所区别，必然造成变形计算时的误差。

(3)边界条件的确定。沉降计算理论是假定土体一维固结沉降，而实际的边界更为复杂。

采用沉降理论计算，对于压缩性大的地基，计算值一般小于实际沉降；对于压缩性小的地基，计算值一般大于实际沉降。

二、由沉降观测值推算最终沉降

土的压缩变形随时间的变化过程不仅在室内试验时观测到，而且在实际工程中也可以通过实测沉降随时间的变化而得到。由于固结理论的假定条件和确定计算指标的试验方面技术上的问题，使实测和了解实际工程中的这一过程在某种意义上常较室内试验或理论计算的推测更为重要。分析实测的沉降—时间关系，不仅可以验证理论计算的正确程度，还可以通过实测资料的积累，找出具有一定实用价值的变形规律，特别是希望能够估计建筑物最终沉降量的大小和达到这一沉降值的时间。此外，了解竣工以后的沉降发展趋势对于上部结构的安全使用也是十分重要的。为此，估计施工期完成的沉降量就显得很有实际意义，这种估计，当资料齐全时，实测沉降与时间关系常可较室内试验结果的推算更为直接和正确。

为了便于使用实测资料，常对实测的沉降—时间关系（S-t 曲线）采取经验估算方法，即 S-t 为曲线选配适当的数学函数方程，然后再进行计算。这里不再作详细介绍，需要时查阅有关资料。

复习思考题

1. 土的压缩变形过程为什么可视为土的孔隙比随压应力增加而逐渐减小的过程？

2. 何谓压缩曲线？它是怎样获得的？有什么用？

3. 什么是土的压缩系数？它怎样反映土的压缩性？一种土的压缩系数是否为常数？它的大小还与什么条件有关？

4. 什么是土的弹性变形和残余变形，两者有何关系？

5. 什么是变形模量？它怎样反映土的变形性质？同一种土的变形模量是否为常量？

6. 分层总和法的基本假定是什么？为什么计算结果精确度不高？

7. 什么叫有效压力和中性压力？在饱和土体固结过程中它们是怎样变化的？

习　题

1. 钻孔土样的固结试验记录如表 2-6 所示，试绘制压缩曲线，计算各土层的 α_{1-2} 及相应的压缩模量 E_s，并评定各土层的压缩特性。

土样的压缩试验记录　　表 2-6

压力(kPa)		0	50	100	200	300	400
孔隙比	1 号土样	0.982	0.964	0.952	0.936	0.924	0.919
	2 号土样	1.190	1.065	0.995	0.905	0.850	0.810

2. 试用规范法计算第一章习题 8 中的基础沉降量。各土层的固结试验结果见表 2-7。

土样的固结试验记录　　表 2-7

压力(kPa)		0	50	100	200	300	400
孔隙比	1 号土样	0.942	0.885	0.837	0.799	0.783	0.776
	2 号土样	0.889	0.858	0.814	0.798	0.789	0.785
	3 号土样	0.829	0.788	0.757	0.748	0.743	0.741

第三章 土的强度与地基承载力

教学要求

1. 描述土的剪切变形特点、土的强度理论及强度指标，三种剪切试验方法；
2. 分析判断土中应力的极限平衡条件，解释三轴剪切试验原理；
3. 完成直接剪切试验，并整理试验结果；
4. 描述地基的破坏模式、破坏变形阶段及临界荷载的确定方法；
5. 用太沙基理论公式计算极限荷载；能应用规范公式确定地基容许承载力。

• 第一节 概　　述 •

土体在荷载作用下，不仅会产生压缩变形，而且还可能出现剪切变形。这种变形的特征是土体中的一部分与另一部分之间沿着某一滑裂面发生相对滑移。剪切变形的不断发展，可使土体遭到破坏。如图 3-1 所示，由于土体失稳，路堤出现滑坡、路堑边坡发生坍塌及挡土墙产生倾覆和滑动；而地基的失稳，则可导致建筑物倾倒和破坏（图中虚线表示剪切滑裂面）。这种由剪切变形导致土体发生破坏的现象，叫做土体丧失了稳定性。显然，发生这种现象的危害性比压缩变形要严重得多。其主要原因是土的强度不够。因此，为了保证路基和建筑物地基具有足够的稳定性，必须研究土的强度问题。

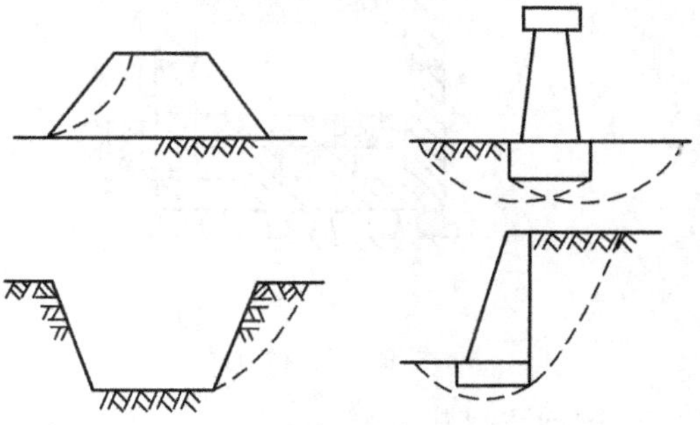

图 3-1　土体丧失稳定性

土的强度问题，实质上就是土的抗剪强度问题。

土的抗剪强度就是土体抵抗剪切破坏的极限能力，它的大小等于土中一部分相对另一部分产生相对滑移时，存在于滑裂面上的最大剪应力值。土中剪应力达到该值时的应力状态，常称为极限平衡状态。

• 第二节 土的强度与直剪试验 •

一、直剪试验与库伦公式

研究土的抗剪强度问题的基本出发点是把土视作破坏前不变形的刚塑体，其应力—应变曲线上的屈服应力在物理意义上便与土的抗剪强度等同。为了确定土的这个“临界应力”，必须进行试验，通过试验可确定土的强度变化规律。强度确定方法与变形问题一样，也是分室内试验与现场测定两种类型。直剪试验是其中最基本的室内试验，其试验方法按加荷方式分为应变式和应力式两类，前者是以等速推动剪切盒使土样受剪，后者则是分级施加水平剪力于剪力盒使土样受剪。我国目前普遍应用的是应变式直剪仪。如图 3-2 所示，剪力盒分上盒和下盒两部分，试验时先用插销将上、下盒位置固定起来，用环刀切取原状土样（一般环刀高 2 ~ 2.5cm，横截面积 A 为 30cm^2 或 32.2cm^2），把土样推入剪力盒内后，拔去插销，通过传压活塞向土样施加竖向力 N。这样土样上承受的平均压应力为 $\sigma = \frac{N}{A}$。然后在下盒上施加水平力，水平力由小到大逐步增加，上、下盒间随之产生相对移动，使土样受剪，直到土样被剪坏，即测得其最大的水平力 T_{max}。剪坏时土样剪切面上的平均极限剪应力为 $\tau_f = \frac{T_{max}}{A}$，也即在压应力 σ 作用下土的抗剪强度为 τ_f。例如，当剪应力—剪切位移曲线出现峰值时（图 3-2），取峰值剪应力为破坏时的剪应力 τ_f，当无峰值时可取对应于剪切位移 $\lambda = 6$mm 时的剪应力作为 τ_f 等。整个试验共需取 4 ~ 5 个相同的土样，在不同的竖向压力下剪切。这样，对应于几个不同的压应力 σ_1、σ_2、σ_3…，可以得到相应的抗剪强度 τ_{f1}、τ_{f2}、τ_{f3}…。试验结果表明，抗剪强度与作用在剪切面上的压应力呈线性关系。取压应力 σ 为横坐标，抗剪强度 τ_f 为纵坐标，按所得的试验数据，先在图上点出 4 ~ 5 点，然后通过点群重心可绘出一条直线，如图 3-3 所示，称为抗剪强度线，以近似地表示 σ-τ_f 的关系。

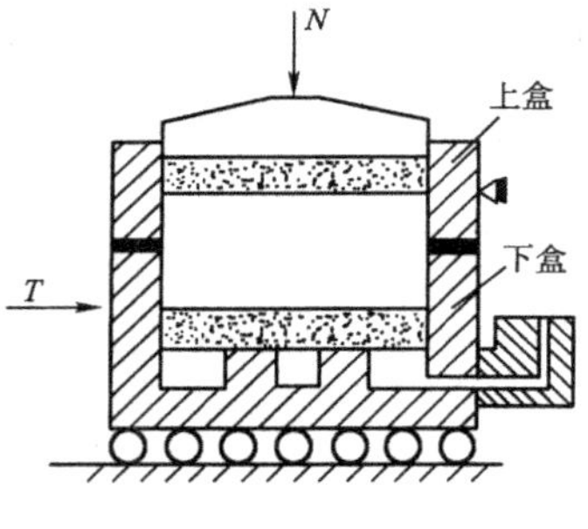

图 3-2　剪力盒

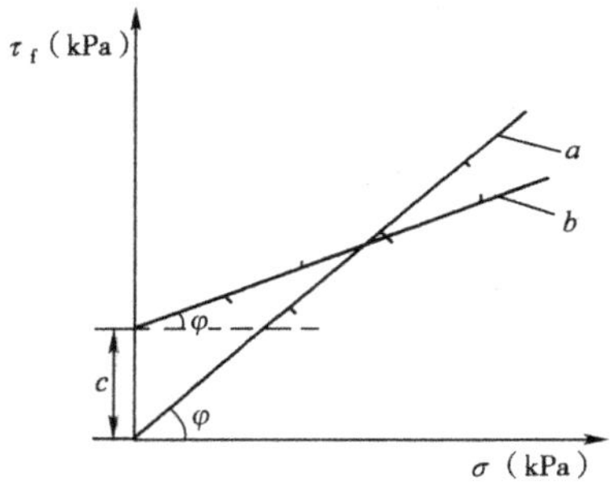

图 3-3　抗剪强度线

a-砂土；*b*-黏性土

抗剪强度表达式为：

砂性土　　$\tau_f = \sigma \tan\varphi$　　[3-1a)]

黏性土　　$\tau_f = c + \sigma \tan\varphi$　　[3-1b)]

式中：c——土的黏聚力，kPa，图 3-3 中的 τ_f-σ 直线在纵轴上的截距；

φ——土的内摩擦角，即 τ_f-σ 直线与横轴的夹角；

$\tan\varphi$——土体的内摩擦系数，τ_f-σ 直线的斜率。

式[3-1a)]、式[3-1b)]就是土体的强度规律的数学表达式。在 18 世纪 70 年代由库伦提出，所以也称库伦公式。它表明在一般的荷载范围内土的抗剪强度与法向应力之间呈直线关系，其中，c、φ 被称为土的强度指标。两个世纪以来，尽管土的强度问题的研究已得到很大发展，但这个最基本的关系式仍广泛应用于理论研究和工程实践，而且也能满足一般工程的精度要求。

二、强度指标 c、φ 的影响因素

强度指标 c、φ 反映土的抗剪强度变化的规律性，按照库伦定律，对于某一种土，它们是作为常数来使用的，实际上它们是随着具体试验条件变化的，不完全是常数，对于洁净的干砂，黏聚力 $c=0$，因此有式[3-1a)]，其实非干砂土也可以有一些很小的黏聚力（一般不超过9.81kPa），这或者是由于砂土中夹有一些黏土颗粒，或者是因为砂土处于潮湿（但不是饱和）状态，由于毛细水的作用而形成黏聚力，砂土的内摩擦角 φ 值取决于砂粒间的摩擦阻力以及联锁作用。一般中砂、粗砂、砾砂的 $\varphi=32°\sim40°$；粉砂、细砂的 $\varphi=28°\sim36°$。孔隙比越小时，φ 越大。但是，含水饱和的粉砂、细砂很容易失去稳定，因此必须采取慎重的态度，有时取 $\varphi=20°$左右。

关于黏性土的抗剪强度，主要是黏聚力 c 的问题。这里包括：①由于土粒间水膜与相邻土粒之间的分子引力所形成之黏聚力，通常称之为“原始黏聚力”，当土被压密时，土粒间的距离减小，原始黏聚力随之增大，当土的天然结构被破坏时，将丧失原始黏聚力的一部分，但会随着时间而恢复其中的一部分；②由于土中化合物的胶结作用而形成的黏聚力，通常称为“固化黏聚力”，当土的天然结构被破坏时，即丧失这一部分黏聚力，而且短期内不能恢复。

黏性土的抗剪强度指标的变化范围很大，与土的种类有关，并且与土的天然结构是否被破坏，试样在法向压力下的排水固结，试验方法等因素有关。大致可以认为黏性土的黏聚力从小于9.81kPa到近似为200kPa以上。

三、直剪试验的三种方法及适用性

直接剪切试验目前依然是室内最基本的抗剪强度测定方法。试验和工程实践都表明土的抗剪强度与土受力后的排水固结状况有关，因而在工程设计中所需要的强度指标试验方法必须与现场的施工加荷实际相符合。如软土地基上快速堆填路堤，由于加荷速度快，地基土体渗透性低，则这种条件下的强度和稳定问题是处于不能排水条件下的稳定分析问题，它就要求室内的试验条件能模拟实际加荷状况，即在不能排水的条件下进行剪切试验。但是直剪仪的构造却无法做到任意控制土样是否排水的要求，为了在直剪试验中能考虑这类实际需要，很早以来便通过采用不同的加荷速率来达到排水控制的要求，这便是直剪试验中三种不同的试验方法——快剪、固结快剪和慢剪的出发点。

1. 快剪

竖向压力施加后立即施加水平剪力进行剪切，快速（剪切速率0.8mm/min）把土样剪破，一般从加荷到剪坏只用几分钟。由于剪切速率快，可认为土样在这样短暂的时间内没有排水固结或者说模拟了“不排水”剪切情况。当地基土排水不良，工程施工进度又快，土体将在没有固结的情况下承受荷载时宜用此法。

2. 固结快剪

竖向压力施加后，给以充分时间使土样排水固结。固结终了后再施加水平剪力，快速地（剪切速率0.8mm/min）把土样剪坏，即剪切时模拟不排水条件。当建筑物在施工期间允许土体充分排水固结，但完工后可能有突然增加的荷载作用时宜用此法。

3. 慢剪

竖向压力施加后，让土样排水固结，固结后以慢速（剪切速率0.04mm/min）施加水平剪力，使土样在受剪过程中一直有充分的时间排水固结。当地基排水条件良好（如砂土或砂土中夹有薄黏性土层），土体易在较短时间内固结，工程的施工进度较慢且使用中无突然增加的荷载时可选用此法。

上述三种试验方法对黏性土是有意义的，但效果要视土的渗透性大小而定。对于非黏性土，由于土的渗透性很大，即使快剪也会产生排水固结，所以常只采用一种剪切速率进行“排水剪”试验。

●第三节　极限平衡条件与三轴剪切试验●

一、极限平衡条件

根据库伦定律和试验作出的强度破坏线（图3-3）不难看出，它是代表着土体的一种受剪破坏的极限状态。如果已知地基中某点可能发生剪切破坏面的位置，在该面上作用着法向压应力 σ 以及剪应力 τ，那么当 $\tau<\tau_f=c+\sigma\tan\varphi$ 时，可以肯定该平面强度是足够的，剪应力与剪切变形成正比，称之为弹性平衡；而当 $\tau=\tau_f$ 时，该平面即将破坏，称为极限平衡状态。但地基中任意点可能发生剪切破坏面的位置一般不能预先确定，而且该点往往处于双向应力状态或三向应力状态时，这就无法直接利用上述简单的关系，来判断它是否已达到极限平衡状态。为了解决这个问题，我们先引用材料力学中应力状态原理和应力圆的概念，然后结合库伦公式，找出极限平衡条件。

由材料力学双向应力状态的分析原理可知：物体在外荷载作用下，内部各点任意方向平面上一般都作用有两个应力分量，即正应力 σ 和剪应力 τ，平面方位变化，σ、τ 值也随着发生变化，但总能找到两个相互垂直的面，这两个面上的剪应力为零，其正应力称为主应力，分别用 σ_1 和 σ_3 表示。这两个面则称为主应力面。若已知土中某点的主应力面位置和主应力大小如图3-4所示，则通过该点任意平面 m-n 上的 σ、τ，可根据静力平衡条件得到。

$$\sigma=\frac{\sigma_1+\sigma_3}{2}+\frac{\sigma_1-\sigma_3}{2}\cos2\alpha \qquad [3\text{-}2a)]$$

$$\tau=\frac{\sigma_1-\sigma_3}{2}\sin2\alpha \qquad [3\text{-}2b)]$$

式中：α——任意平面 m-n 与最大主应力面间的夹角。

任意点的应力状态可用应力圆表示，如图3-5中 M 点的坐标，即代表图3-4中斜面上的应力。这就是说，当土中某点的主应力值已知时，可以画出应力圆，而该点任意方向平面上的应力值（包括正应力和剪应力），都可从这个应力圆上找到。

根据土的强度条件，土中某点只要有任何一个方向平面上的剪应力达到土的抗剪强度，即说明该点已处于极限平衡状态。因此，可把土的抗剪强度线与反映土中某点应力状态的应力圆画在同一坐标图上，如图3-6和图3-7所示。这样某点的应力状态将可能有下述三种情况：

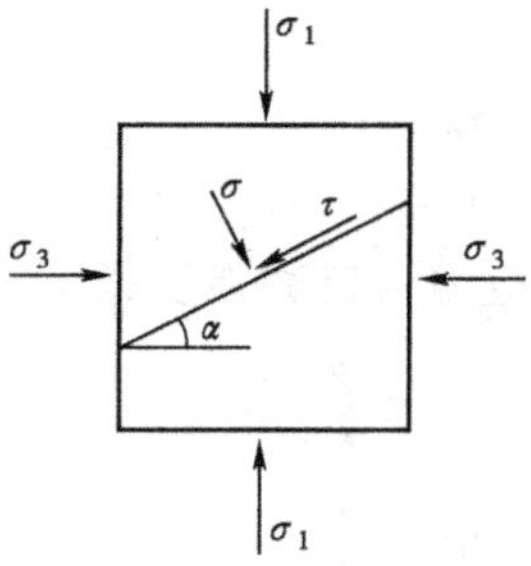

图 3-4　某点主应力面

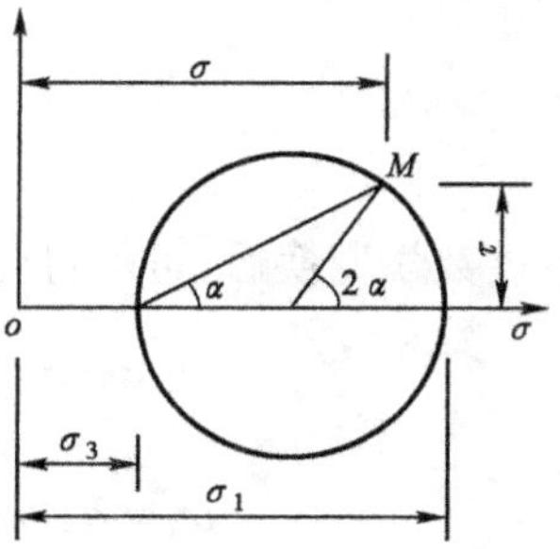

图 3-5　应力圆

(1)抗剪强度线与应力圆不相遇。这说明该点任意方向平面上的剪应力均小于对应的抗剪强度($\tau<\tau_f$)。因此,该点的强度是足够的,土体中这一点处于弹性平衡状态。

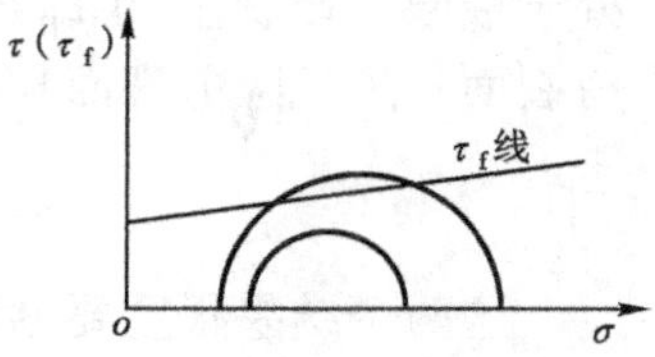

图　3-6

(2)抗剪强度线与应力圆相割。这表示该点已有一部分平面上的剪应力达到或超过了土的抗剪强度($\tau\geqslant\tau_f$)。即土体已经破坏(但土中剪应力不可能超过抗剪强度,因为抗剪强度等于土体被剪坏时的极限剪应力值,所以抗剪强度线与应力圆相割的情况实际上不存在)。

(3)抗剪强度与应力圆相切于 Q 点[图 3-7a)]。这意味着对应于 Q 点的平面 m-n[图 3-7b)]上剪应力已等于土的抗剪强度,可见该点应力已处于极限平衡状态,m-n 面是最危险的滑裂面。

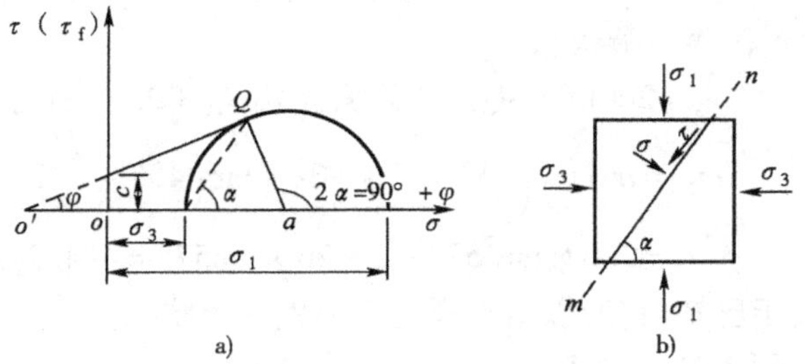

图　3-7

由此可以认定:土中某点处于极限平衡状态时,抗剪强度线应与应力圆相切。利用两者相切的几何关系,从图 3-7a)中可以看出存在以下关系:

$$\sin\varphi=\frac{a\overline{Q}}{ao'}$$

$$a\overline{Q}=\frac{\sigma_1-\sigma_3}{2}$$

$$ao'=\frac{c}{\tan\varphi}+\frac{\sigma_1+\sigma_3}{2}$$

$$\sin\varphi=\frac{\dfrac{\sigma_1-\sigma_3}{2}}{\dfrac{c}{\tan\varphi}+\dfrac{\sigma_1+\sigma_3}{2}}$$

$$\sin\varphi = \frac{\sigma_1 - \sigma_3}{\sigma_1 + \sigma_3 + \dfrac{2c}{\tan\varphi}}$$

上式经过数学变换后，可得符合极限平衡条件时的主应力与抗剪强度指标间的关系如下：

$$\sigma_1 = \sigma_3\tan^2\left(45° + \frac{\varphi}{2}\right) + 2c \cdot \tan\left(45° + \frac{\varphi}{2}\right) \qquad [3\text{-}3a)]$$

$$\sigma_3 = \sigma_1\tan^2\left(45° - \frac{\varphi}{2}\right) - 2c \cdot \tan\left(45° - \frac{\varphi}{2}\right) \qquad [3\text{-}3b)]$$

这就是说，当土的 c、φ 已知，而土中某点的主应力符合式[3-3a)]或式[3-3b)]时，该点必处于极限平衡状态，也即该点必有一个平面上的剪应力等于土的抗剪强度，该平面即为最危险剪裂面。最危险剪裂面与最大主应力面的夹角为 α，由应力圆中可知 $2\alpha = 90° + \varphi$，所以：

$$\alpha = 45° + \frac{\varphi}{2} \qquad (3\text{-}4)$$

这两个结果很重要，后面讨论挡土墙土压力时也将用到。

这样对于地基中的任意点，可以先根据荷载作用情况，求出其应力 σ_z、σ_x 和 τ，再利用材料力学公式求得主应力 σ_1 和 σ_3 值及主应力面的位置（具体公式可参见材料力学）。在已知土的 c、φ 值的情况下，根据 σ_1、σ_3 值看是否符合式(3-3)，就能判断该点应力是否处于极限平衡状态。如按 σ_1 和 σ_3 值绘出应力圆，并绘上抗剪强度线，也可很方便地判断出该点的应力状态。

【例题 3-1】 某土样 $\varphi = 24°$，$c = 20\text{kPa}$，承受大小主应力分别为 $\sigma_1 = 500\text{kPa}$，$\sigma_3 = 200\text{kPa}$，试判断该土样是否达到极限平衡状态。

解：已知最小主应力 $\sigma_3 = 200\text{kPa}$，将已知数据代入式[3-3a)]，得最大主应力的计算值为：

$$\begin{aligned}\sigma_1 &= \sigma_3\tan^2\left(45° + \frac{\varphi}{2}\right) + 2c \cdot \tan\left(45° + \frac{\varphi}{2}\right)\\ &= 200 \times \tan^2 57° + 2 \times 20 \times \tan 57° = 474.2 + 61.6 = 535.8(\text{kPa})\end{aligned}$$

σ_1 的计算结果大于已知值，所以该土样处于弹性平衡状态。

上述计算也可用式[3-3b)]进行。

如果用图解法，则会得到莫尔应力圆与强度线相离的结果。

二、三轴剪切试验

抗剪强度指标的测定方法有多种，目前室内最常用的是直剪试验与三轴剪切试验。直剪试验的优点是仪器构造简单，操作方便，主要缺点是土样在无侧限条件下受力及不能控制排水条件、剪切面人为规定及剪切面上的应力分布不均匀等。因此，后来又根据极限平衡原理发展了三轴剪切试验。

1. 基本原理

三轴剪切仪构造如图 3-8 所示。试验前先切取一个直径约为 5cm，高为直径两倍的圆柱形土样，装在橡皮模内，然后将它放入透明的密闭器（压力筒）中，土样两端有透水石，并有管道通出，用以量测孔隙水压力。管道上还设闭启阀，用来控制土样的排水。土样顶端有传力杆。试验开始时先将液体或气体压入压力筒，使土样周围在三个互相垂直的方向均承受相等

的压力 p_c，这时土样中任何方向平面上都不存在剪应力。然后通过传力杆由小到大施加竖压力，使土样中出现剪应力，并逐渐增大，直到土样破坏时，测得相应的竖向力 Q。分析破坏时作用于土样上的应力，显然水平向周围压应力为最小主应力，即 $\sigma_3 = p_c$，竖向应力则为最大主应力，即 $\sigma_1 = p_c + \frac{Q}{A}$，其中 A 为土样水平截面积。由土样破坏时所得的值可以画出一个应力圆。三轴剪切试验需要取三个以上的土样，每个土样施加不同的周围压力 p_c，重复上述步骤，直至土样破坏，就能得到相应的最大和最小主应力值，这样就可画出三个以上的应力圆。根据土体处于极限平衡状态时土的抗剪强度线与应力圆相切的原理，作这些应力圆的公切线，即为该土的抗剪强度线，由此可测得土的强度指标 c、φ 值，如图 3-9 所示。

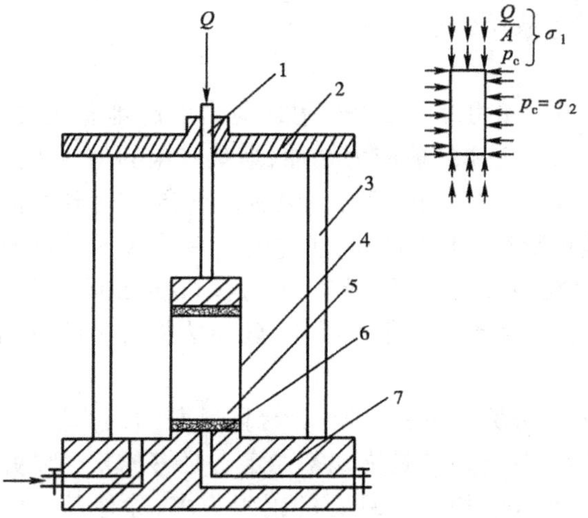

图 3-8 三轴剪切仪构造示意图

1-传力杆;2-顶盘;3-压力筒;4-橡皮膜;5-土样;6-透水石;7-底盘

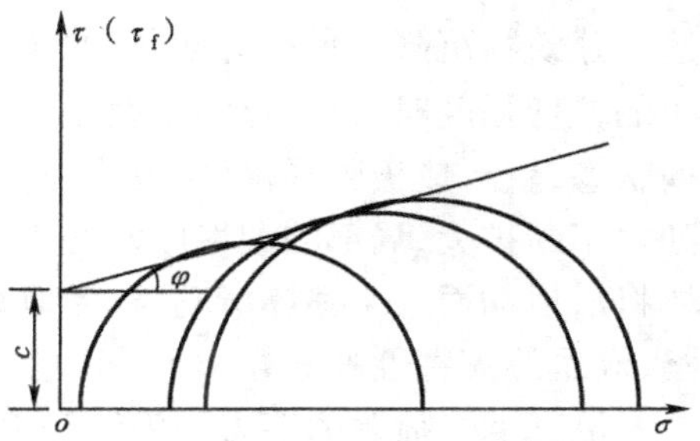

图 3-9 强度包线

三轴剪切试验的主要优点是：①可以控制土样的排水固结条件；②能测量试样两端的孔隙水压力，从而可算得有效应力；③试样的应力条件比较明确，有利于理论分析。此外，土样剪坏时，对较硬黏土还可观测到倾斜的剪裂面，另外也不存在直接剪切试验中的那些缺点。但其试验设备和操作比直接剪切试验均较复杂，所以没有广泛应用，但正日益受到人们的重视。

2. 三种试验方法

三轴剪力仪由于土样和压力室均可分别形成各自的封闭系统（通过相关的管路和阀门），因此，它可控制试验时土中的排水条件。根据土样固结排水的不同条件，三轴试验可分为下列三种基本方法。

1）不固结不排水剪（UU 试验）

先向土样施加周围压力 σ_3，随后即施加竖向应力 σ_1 直至剪坏。在施加 σ_3 和 σ_1 的过程中，自始至终关闭排水阀门，不允许土中水排出，即在施加周围压力和剪切力时均不允许土样发生排水固结。这样从开始加压直至试样剪坏全过程中土中含水率保持不变。这种试验方法所对应的实际工程条件相当于饱和软黏土中快速加荷时的应力状况。

2）固结不排水剪（CU 试验）

试验时先对土样施加周围压力 σ_3，并打开土样顶板与排水管的通路开关，使土样在 σ_3 作用下充分排水固结。在确认土样的固结已经完成后，关闭通路开关，施加竖向偏应力 σ_1，使土样在不能向外排水的条件下受剪直至破坏为止。

三轴“CU”试验是经常要做的工程试验，它适用的实际工程条件常常是一般正常固结土层竣工时或以后受到大量、快速的活荷载或新增加的荷载的作用时所对应的受力情况。

3）固结排水剪（CD 试验）

在施加 σ_3 和 σ_1 的全过程中，土样始终是排水状态，土中孔隙压力始终处于消散为零的状态，为此，整个试验过程中，包括加周围压力 σ_3 后的固结以及加竖向偏应力 σ_1 后的受剪，排水阀门甚至包括孔隙压力阀门一直是打开着的。

● 第四节　地基承载力 ●

地基承受建筑物荷载的作用后，内部应力发生变化。一方面，附加应力引起地基土变形，造成建筑物沉降。另一方面，附加应力引起地基内土体的剪应力增加，当某一点的剪应力达到土的抗剪强度时，这一点的土就处于极限平衡状态。若土体中某一区域内各点都达到极限平衡状态，就形成极限平衡区，或称为塑性区。如荷载继续增大，地基内极限平衡区的发展范围随之不断扩大，局部的塑性区发展成为连续贯穿到地表的整体滑动面。这时，基础下一部分土体将沿滑动面产生整体滑动，称为地基失去稳定。如果这种情况发生，建筑物将发生严重的塌陷、倾倒等灾害性的破坏。

地基承受荷载的能力称为地基承载力。通常分为两种：一种称为极限承载力，它是指地基即将丧失稳定性时的承载力；另一种称为承载力容许值，它是指地基稳定有足够的安全度并且变形控制在建筑物容许范围内时的承载力。影响地基极限承载力的因素很多，除地基土的性质外，还与基础的埋置深度、宽度、形状有关。承载力容许值则还与建筑物的结构特性等因素有关。因此，地基承载力与通常所说的材料的“容许强度”或构件的“承载力”的概念有很大的区别。

一、地基剪切破坏的三个变形阶段

地基从开始发生变形到失去稳定（破坏）的发展过程，可利用现场荷载试验来说明。图3-10表示由荷载试验测得的 p-S 曲线。典型的 p-S 曲线［图 3-10a）］可以分成压密阶段（a 点以前）、局部剪切变形阶段（ab）和整体剪切破坏阶段（b 以后）。

（1）压密阶段：相应于 p-S 曲线上的 a 点以前，p-S 近于直线关系。此阶段地基中各点的剪应力均小于地基土的抗剪强度，地基土处于弹性平衡状态，如图 3-10b）所示。基础沉降的主要原因是土颗粒互相挤密、空隙减小，地基土产生压缩变形。

（2）局部剪切阶段：相应于 p-S 曲线上的 ak 段。在此阶段，变形的增加率随荷载的增加而增大，p-S 曲线向下弯曲。其原因是在地基土中的局部区域内发生剪切变形，如图 3-10c）所示。这些区域称为塑性变形区。随着荷载的增加，地基土中塑性变形区的范围逐渐增大。

（3）破坏阶段：相应于 p-S 曲线上的 b 点以后。当荷载增加到某一极限时，地基变形突然增大，说明地基土中的塑性变形区已形成了与地面贯通的连续滑动面，如图 3-10d）所示，地基土向基础一侧或两侧挤出，地面隆起，地基整体失稳，基础急剧下沉。

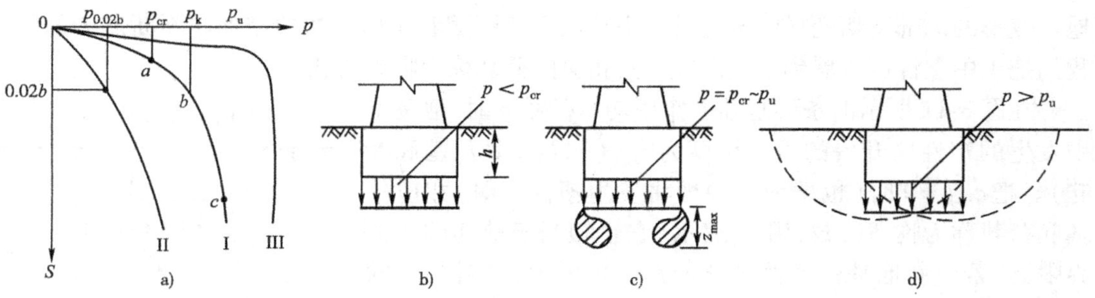

图 3-10　地基变形的三个阶段

a) p-S 曲线;b)压密阶段;c)局部剪切阶段;d)破坏阶段

p-S 曲线中的 a 和 b 点是变形由一个阶段过渡到另一个阶段的两个特征分界点。a 点对应的荷载 p_a 是地基中即将出现塑性变形区的荷载,称为临塑荷载;b 点对应的荷载 p_u 是地基将要发生整体剪切破坏的荷载,称为极限荷载。显然以 p_u 作为地基的承载力容许值是极不安全的,而将临塑荷载作为地基的承载力容许值有时又偏于保守,因为荷载 p 大于 p_a 时,只要保证塑性区最大深度不超过某一界限,地基就不会形成连通的滑动面,就不会发生整体剪切破坏。实践表明,地基土中塑性变形区的最大深度 z_{max} 达到 1/4 ~ 1/3 的基础宽度时,地基仍是安全的。与塑性区最大深度 z_{max} 相对应的荷载强度称为临界荷载。

在基础设计中,要求地基压应力的计算值不超过地基承载力容许值。地基承载力容许值的确定一般可通过如下三种途径:①利用现场荷载试验成果;②利用理论公式;③按公路桥涵设计规范方法。

二、现场荷载试验确定地基承载力容许值

关于荷载试验,第二章中已作了介绍,现在主要说明如何利用荷载试验所得的 p-S 曲线来确定地基的承载力容许值。

对于密实砂土、一般硬黏土等低压缩性土,其 p-S 曲线通常有较明显的直线段,如图 3-10a)中的曲线 I,一般可用直线段末端 a 点所对应的临塑荷载 p_a 作为地基的承载力容许值。

对于稍松的砂土、新填土、可塑性黏土等中高压缩性土,其 p-S 曲线没有明显的直线段和转折点,如图 3-10a)中的曲线 II,这种地基上的建筑物沉降量很大,故用相对沉降量进行控制。一般采用压缩变形量为 $0.02b$(b 为荷载板边长或直径)所对应的荷载 $p_{0.02b}$ 作为地基的承载力容许值。

对于少数硬黏土,临塑荷载 p_a 接近极限荷载 p_k,如图 3-10a)中的曲线 III,可取 p_k/K(K 为安全系数,取 $K=2\sim3$)作为地基的承载力容许值。

但应指出,地基承载力还与基础的形状、底面尺寸、埋置深度等有关,由于荷载试验的承压板尺寸远小于实际地基的底面尺寸,因此,用上述方法确定的地基承载力容许值是偏于保守的。

三、理论公式法确定地基承载力容许值

荷载作用下地基变形的发展经历三个阶段,即压密阶段、局部剪切变形阶段及破坏阶段。

地基变形的局部剪切变形阶段也是土中塑性区范围随着作用荷载的增加而不断发展的阶段，我们把土中塑性区发展到不同深度时其相应的荷载称为临界荷载。

在图 3-11 所示的条形基础上作用均布荷载 p 时，地基土中发生的塑性区开展的最大深度为 z_{max}（注意 z 是从基底计起）。把 $z_{max}=0$ 时（也即地基中即将发生塑性区时）相应的基底荷载称为临塑荷载，用 p_{cr} 表示（它也相当于前述的比例界限）。若允许地基中塑性区开展到一定范围，这时相应的荷载称为临界荷载，如相应于 $z_{max}=\dfrac{b}{4}$ 时的临界荷载用 $p_{\frac{1}{4}}$ 表示。

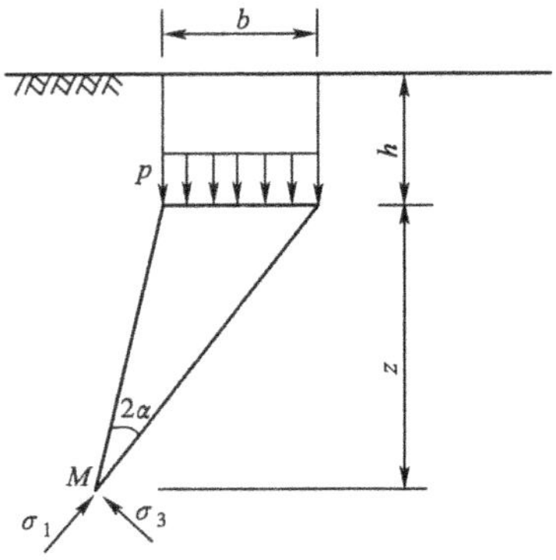

图 3-11 均布荷载下塑性区示意图

在实践中，可以根据建筑物的不同要求，用临塑荷载或临界荷载作为地基承载力容许值，如我国《工业与民用建筑地基基础设计规范》就是用临界荷载 $p_{\frac{1}{4}}$ 作为地基土的承载力容许值。下面介绍临塑荷载及临界荷载的理论计算公式。

1. 塑性区边界方程

在推导临塑荷载及临界荷载公式时，先要求得土中塑性区边界的表达式。如图 3-11 所示，在地基表面作用条形均布荷载 p，计算土中任意点 M 由 p 引起的最大与最小主应力 σ_1 及 σ_3 时，可按下列公式计算：

$$\sigma_1=\frac{p}{\pi}(2\alpha+\sin 2\alpha)$$

$$\sigma_3=\frac{p}{\pi}(2\alpha-\sin 2\alpha)$$

若考虑土体重力的影响时，则 M 点由土体重力产生的竖向应力为 $\sigma_{cz}=\gamma z$，水平向应力为 $\sigma_{cx}=\zeta\gamma z$。若假定土的侧压力系数 $\zeta=1$，则土的重力产生的压应力将如同静水压力一样在各个方向是相等的，均为 γz。这样，如图 3-11 所示情况，当考虑土的重力时，M 点的最大与最小主应力为：

$$\sigma_1=\frac{p}{\pi}(2\alpha+\sin 2\alpha)+\gamma(h+z) \qquad [3\text{-}5a)]$$

$$\sigma_3=\frac{p}{\pi}(2\alpha-\sin 2\alpha)+\gamma(h+z) \qquad [3\text{-}5b)]$$

计算基底下深度 z 处 M 点的主应力时，可将作用在基底水平面上的荷载（包括作用在基底的均布荷载 p，以及基础两侧埋置深度 h 范围内土的自重压力 γh）分解为两部分，即无限均布荷载 γh 以及基底范围内的均布荷载（$p-\gamma h$）。这样，由土自重作用在 M 点产生的主应力为 $\gamma(h+z)$。由此可知，当基础有埋置深度时，土中任意点 M 的主应力为：

$$\sigma_1=\frac{p-\gamma h}{\pi}(2\alpha+\sin 2\alpha)+\gamma(h+z) \qquad [3\text{-}6a)]$$

$$\sigma_3=\frac{p-\gamma h}{\pi}(2\alpha-\sin 2\alpha)+\gamma(h+z) \qquad [3\text{-}6b)]$$

若 M 点位于塑性区的边界上，它就处于极限平衡状态。根据土体强度理论中的公式，知道土中某点处于极限平衡状态时，其主应力间应满足下述条件：

$$\sin\varphi = \frac{\frac{1}{2}(\sigma_1 - \sigma_3)}{\frac{1}{2}(\sigma_1 + \sigma_3) + c \cdot \cot\varphi}$$

将式[3-6a)]、式[3-6b)]代入上式整理后得：

$$z = \frac{p - \gamma h}{\gamma \pi}\left(\frac{\sin 2\alpha}{\sin\varphi} - 2\alpha\right) - \frac{c \cdot \cot\varphi}{\gamma} - h \tag{3-7}$$

式(3-7)就是土中塑性区边界线的表达式。式中 b、p、h、γ、c、φ 为定值时，M 点的位置(由 z、α 确定)如符合上式，则该点处于极限平衡状态。所以式(3-7)称为塑性区的边界方程。

2. 临塑荷载及临界荷载计算

在条形均布荷载 p 作用下，计算地基中塑性区开展的最大深度 z_{max} 值时，根据极值条件有：

$$\frac{dz}{d\alpha} = 0$$

将式(3-7)代入上式，得

$$2\alpha = \frac{\pi}{2} - \varphi \tag{3-8}$$

将上式中的 2α 代入式(3-7)，得到地基中塑性区开展最大深度的表达式：

$$z_{max} = \frac{p - \gamma h}{\gamma \pi}\left[\cot\varphi - \left(\frac{\pi}{2} - \varphi\right)\right] - \frac{c \cdot \cot\varphi}{\gamma} - h \tag{3-9}$$

由上式可得到相应的基底均布荷载 p 的表达式：

$$p = \frac{\pi}{\cot\varphi + \varphi - \frac{\pi}{2}}\gamma z_{max} + \frac{\cot\varphi + \varphi + \frac{\pi}{2}}{\cot\varphi + \varphi - \frac{\pi}{2}}\gamma h + \frac{\pi \cdot \cot\varphi}{\cot\varphi + \varphi - \frac{\pi}{2}} \cdot c \tag{3-10}$$

式(3-10)是计算临塑荷载及临界荷载的基本公式。

如令 $z_{max} = 0$，代入式(3-10)，则得其相应的临塑荷载计算公式为：

$$p_{cr} = \gamma h N_q + c N_c \tag{3-11}$$

$$N_q = \frac{\cot\varphi + \varphi + \frac{\pi}{2}}{\cot\varphi + \varphi - \frac{\pi}{2}}$$

$$N_c = \frac{\pi \cdot \cot\varphi}{\cot\varphi + \varphi - \frac{\pi}{2}}$$

若地基中允许塑性区开展的深度 $z_{max} = \frac{b}{4}$（b 为基础宽度），代入式(3-10)，则得其相应的临界荷载 $p_{\frac{1}{4}}$ 的计算公式为：

$$p_{\frac{1}{4}} = \frac{1}{2}\gamma b N_r + \gamma h N_q + c N_c \tag{3-12}$$

式中：$N_r = \dfrac{\pi}{4\left(\cot\varphi + \varphi - \dfrac{\pi}{2}\right)}$；

N_q、N_r、N_c——承载力系数，它只与土的内摩擦角 φ 有关，可从表3-1查用；

其他符号意义同前。

临塑荷载 p_{cr} 及临界荷载 $p_{\frac{1}{4}}$ 的承载力系数 N_r、N_q、N_c 值 表3-1

φ(°)	N_r	N_q	N_c	φ(°)	N_r	N_q	N_c
0	0	1.00	3.14	22	0.61	3.44	6.04
2	0.03	1.12	3.32	24	0.72	3.87	6.45
4	0.06	1.25	3.51	26	0.84	4.37	6.90
6	0.10	1.39	3.71	28	0.98	4.93	7.40
8	0.14	1.55	3.93	30	1.15	5.59	7.95
10	0.18	1.73	4.17	32	1.34	6.35	8.55
12	0.23	1.94	4.42	34	1.55	7.21	9.22
14	0.29	2.17	4.69	36	1.81	8.25	9.97
16	0.36	2.43	5.00	38	2.11	9.44	10.80
18	0.43	2.72	5.31	40	2.46	10.84	11.73
20	0.51	3.06	5.66	45	3.66	15.64	14.64

通过上述临塑荷载及临界荷载计算公式的推导过程，可以看到这些公式是建立在下述假定基础上的：

（1）计算公式适用于条形基础。这些计算公式是从平面问题的条形均布荷载情况下导得的，若将它近似地用于矩形基础，其结果是偏于安全的。

（2）计算土中由自重产生的主应力时，假定土的侧压力系数 $\zeta = 1$，这是与土的实际情况不符，但这样可使计算公式简化。

（3）在计算临界荷载 $p_{\frac{1}{4}}$ 时，土中已出现塑性区，但这时仍按弹性理论计算土中应力，这在理论上是相互矛盾的，其所引起的误差是随着塑性区范围的扩大而加大。

3. 极限荷载计算

在土力学中，采用理论方法计算极限荷载的公式很多，它们基本上分成两种类型：

1）按照极限平衡理论求解

根据极限平衡理论，假定地基土是刚塑体，计算土中各点达到极限平衡时的应力及滑动面方向，由此解得基底的极限荷载。这个方法由于在求解时数学上遇到很大困难，目前尚无严格的一般解析解，仅能对某些边界条件比较简单的情况求得其解析解。

2）按照假定滑动面方法求解

这种方法是先假定在极限荷载作用时土中滑动面的形状，然后根据滑动土体的静力平衡条件求解极限荷载。按这种方法得到的极限荷载公式比较简单，使用方便，目前在实践中得到较多的应用。

因为在实际中遇到的情况比较复杂，按极限平衡理论计算极限荷载时，无法求得其解析解，而只能用数值计算方法来求解，这就使计算的工作量很大，在实践中应用很不方便。而按照假定滑动面法得到的极限荷载公式在应用上就比较方便。这类极限荷载计算公式很多,目前也没有得到一致公认的公式,对这些公式的评价,一方面要看它所假定的滑动面与实际是否相符,另外还牵涉到如何选用土的强度指标。本节仅象征性地介绍一种太沙基(K. Terzaghi)公式以作参考。

太沙基假定基础是条形基础,均布荷载作用,且基础底面是粗糙的。当地基发生滑动时,滑动面的形状是:两端为直线,中间为曲线,左右对称,如图 3-12 所示。将滑动土体分为三个区:I 区——即位于基础底面下的土楔$aa'b$。由于土体与基础粗糙的底面之间存在很大的摩擦阻力,此区的土体不发生剪切位移,处于弹性压密状态,滑动面与基础底面之间的夹角为土的内摩擦角 φ。II 区——对称位于 I 区左右下方,其滑动面为对数螺旋线 bc 或 bd。I 区正中底部的 b 点处对数螺旋线的切线方向为竖向,c 点处对数螺旋线的切线方向与水平线夹角为 $45° - \frac{\varphi}{2}$。III 区——对称位于 II 区左右,呈等腰三角形,其滑动面为斜向平面 ce 或 df,该斜面与水平地面的夹角也为 $45° - \frac{\varphi}{2}$。

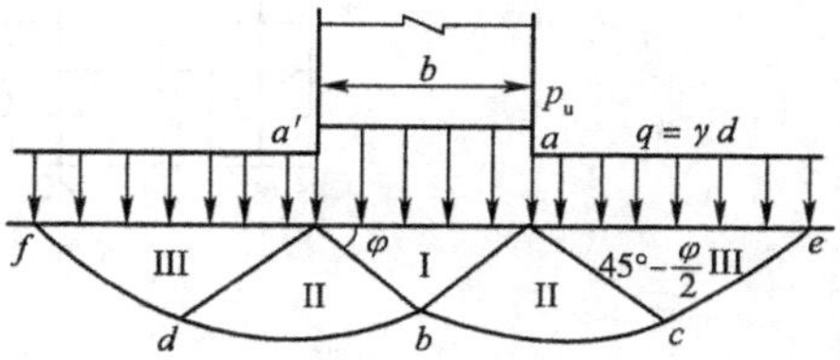

图 3-12 太沙基公式地基滑动面

太沙基认为在均匀分布的极限荷载 p_u 作用下,地基处于极限平衡状态时作用于 I 区土楔上的诸力包括:土楔 $a'ba$ 顶面的极限荷载 p_{u0}、土楔 $a'ba$ 的自重、土楔斜面 $a'b$、ab 上作用的黏聚力 c 的竖向分力和 II 区、III 区土体滑动时对斜面 $a'b$、ab 的被动土压力的竖向分力。太沙基根据作用于 I 区土楔上的诸力在竖直方向的静力平衡条件,求得极限荷载 p_u 的公式为:

$$p_u = \frac{1}{2}\gamma b N_r + cN_c + \gamma h N_q \tag{3-13}$$

式中:N_r,N_c,N_q——承载力系数,仅与地基土的内摩擦角 φ 值有关,可查专用的承载力系数图 3-13 中的曲线(实线)确定;

其他符号意义同前。

式(3-13)适用的条件是:地基土较密实且地基土产生完全剪切整体滑动破坏,即荷载试验结果 p-S 曲线上有明显的第二拐点的情况,如图 3-10a)中曲线 I 所示。如果地基土松软,荷载试验结果 p-S 曲线上就会没有明显的拐点,如图 3-10a)中曲线 II 所示,太沙基称这类情况为局部剪损,此时极限荷载按下式计算:

$$p_u = \frac{1}{2}\gamma N_r' + \frac{2}{3}cN_c' + \gamma h N_q' \tag{3-14}$$

式中:N_r',N_c',N_q'——局部剪损时的承载力系数,也仅与地基土的内摩擦角 φ 值有关,可查专用的承载力系数图 3-13 中的曲线(虚线)确定。

【例题 3-2】 某条形基础,基础宽 $b = 3\text{m}$,埋置深度 $h = 2\text{m}$,作用在基础底面的均布荷载 $p = 200\text{kPa}$。已知土的内摩擦角 $\varphi = 18°$,黏聚力 $c = 16\text{kPa}$,重度 $\gamma = 18\text{kN/m}^3$。求其临塑荷载 p_{cr}及临界荷载 $p_{\frac{1}{4}}$及极限荷载 p_u。

解:已知土的内摩擦角 $\varphi = 18°$,由表 3-1 查得承载力系数 $N_r = 0.43$,$N_q = 2.72$,$N_c = 5.31$。由式(3-11)得临塑荷载为:

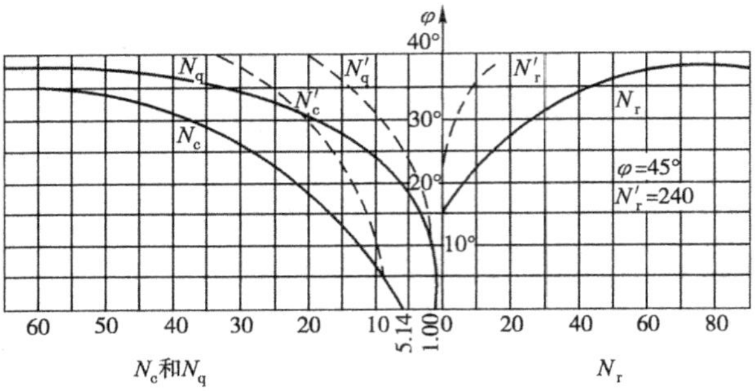

图 3-13 太沙基公式的承载力系数

$$p_{cr}=N_q\gamma h+N_c c=2.72\times18\times2+5.31\times16=182.88(\text{kPa})$$

由式(3-12)得临界荷载 $p_{\frac{1}{4}}$ 为：

$$p_{\frac{1}{4}}=\frac{1}{2}N_r\gamma b+N_q\gamma h+N_c c=\frac{1}{2}\times0.43\times18\times3+2.72\times18\times2+5.31\times16$$
$$=194.49(\text{kPa})$$

由式(3-13)得临界荷载 p_u 为：

$$p_u=\frac{1}{2}N_r\gamma b+N_q\gamma h+N_c\cdot c=\frac{1}{2}\times5.3\times18\times3+5.9\times18\times2+5.3\times16=440.3(\text{kPa})$$

4. 地基承载力容许值的确定

从荷载试验的 p-S 曲线分析中已经知道：①临塑荷载 p_{cr} 或临界荷载 $p_{\frac{1}{4}}$ 均能作为地基承载力容许值；②极限荷载 p_u 必须具有足够的安全储备，即取 p_u/K 作为地基承载力容许值，其中 K 为安全系数，一般用 2 ~ 4。如果从安全考虑，可取两者的较小值作为地基承载力容许值。

从以上介绍的地基承载力计算公式中可以看出：地基承载力不仅与地基的物理、力学性质指标（如 γ、c、φ 等）有关，而且与基础宽度 b、埋置深度 h 等有关。

以上列举的理论公式虽限于条形荷载，但也可用于矩形或圆形基础，只是结果偏于安全而已。但应注意：①理论公式在导出过程中，作了许多简化和假定，所以计算结果是近似的，仅作为确定地基承载力的参考；②理论公式只考虑了地基土的强度，没有考虑地基土的变形，所以必要时还应验算基础沉降。

四、规范法确定地基承载力容许值

现行的《公路桥涵地基与基础设计规范》(JTG D63—2007)，是根据大量的桥涵工程建筑经验和荷载试验资料，综合理论和试验研究成果，通过统计分析，得出了一般情况下可供采用的地基承载力容许值。确定方法如下。

1. 确定地基土的类别和土的物理状态指标

对一般的黏性土，主要指标是液性指数 I_L 和天然孔隙比 e_0；对砂性土，主要是湿度和相对密度 D_r；对碎石土，主要是按野外现场观察鉴定方法所确定的土的紧密程度；其他土类所需之指标见规范规定。

2. 查取地基承载力容许值 $[f_{a0}]$

当基础宽度 $b\leqslant2$m，基础埋置深度 $h\leqslant3$m 时，地基土的承载力容许值用 $[f_{a0}]$ 表示，可按土的类别和它的物理状态指标,从规范相应的表中查得。现摘选常用土类的$[f_{a0}]$值列于表3-2～表3-8。

1)黏性土

(1)一般黏性土地基按I_L和e值查表3-2。

一般黏性土地基承载力基本容许值$[f_{a0}]$ 表3-2

$[f_{a0}]$ (kPa) \ I_L / e	0	0.1	0.2	0.3	0.4	0.5	0.6	0.7	0.8	0.9	1.0	1.1	1.2
0.5	450	440	430	420	400	380	350	310	270	240	220	—	—
0.6	420	410	400	380	360	340	310	280	250	220	200	180	—
0.7	400	370	350	330	310	290	270	240	220	190	170	160	150
0.8	380	330	300	280	260	240	230	210	180	160	150	140	130
0.9	320	280	260	240	220	210	190	180	160	140	130	120	100
1.0	250	230	220	210	190	170	160	150	140	120	110	—	—
1.1	—	—	160	150	140	130	120	110	100	90	—	—	—

注:①一般黏性土是指第四纪全新世(Q_4)(文化期以前)沉积的黏性土,一般为正常沉积的黏性土。

②土中含有粒径大于2mm的颗粒质量超过全部质量30%以上的,$[f_{a0}]$可酌量提高。

③当$e<0.5$时,取$e=0.5$;$I_L<0$时,取$I_L=0$。此外,超过表列范围的一般性黏土$[f_{a0}]$,可按下式计算:

$$[f_{a0}]=57.22E_s^{0.57}$$

式中:E_s——土的压缩模量,MPa;

$[f_{a0}]$——一般黏性土的承载力容许值,kPa。

(2)新近沉积的黏性土(文化期以来沉积的黏性土)和残积黏性土地基的$[f_{a0}]$,见表3-3。

新近沉积黏性土地基承载力基本容许值$[f_{a0}]$ 表3-3

$[f_{a0}]$ (kPa) \ I_L / e	<0.25	0.75	1.25
≤0.8	140	120	100
0.9	130	110	90
1.0	120	100	80
1.1	110	90	—

(3)老黏性土地基的$[f_{a0}]$,可按土的压缩模量E_{s1-2}确定,见表3-4。

老黏性土的承载力容许值$[f_{a0}]$ 表3-4

E_{S1-2}(MPa)	10	15	20	25	30	35	40
$[f_{a0}]$(kPa)	380	430	470	510	550	580	620

注:①老黏性土是指第四纪晚更新世(Q_3)及其以前沉积的黏性土,一般具有较高的强度和较低的压缩性。

②当老黏性土$E_{S1-2}<10$MPa时,其$[f_{a0}]$按一般黏性土确定。

2)砂土

砂土地基的$[f_{a0}]$可按表3-5选用。

砂土地基承载力基本容许值$[f_{a0}]$ 表 3-5

土 名	$[f_{a0}]$（kPa） 密实程度 / 湿 度	密 实	中 密	稍 密	松 散
砾砂、粗砂	与湿度无关	550	430	370	200
中砂	与湿度无关	450	370	330	150
细砂	水上	350	270	230	100
	水下	300	210	190	—
粉砂	水上	300	210	190	—
	水下	200	110	90	—

3）碎石

碎石地基的$[f_{a0}]$可按表 3-6 选用。

碎石土地基承载力基本容许值$[f_{a0}]$ 表 3-6

$[f_{a0}]$（kPa） 密实程度 / 土 名	密 实	中 密	稍 密	松 散
卵石	1 200 ~ 1 000	1 000 ~ 600	650 ~ 500	500 ~ 300
碎石	1 000 ~ 800	800 ~ 550	550 ~ 400	400 ~ 200
圆砾	800 ~ 600	600 ~ 400	400 ~ 300	300 ~ 200
角砾	700 ~ 500	500 ~ 400	400 ~ 300	300 ~ 200

注：①硬质岩碎石，填充砂土者取高值，由质岩组成，填充黏性土者取低值。

②半胶结的碎石土，可按密实的同类土的$[f_{a0}]$值提高 10% ~30%。

③松散的碎石土在天然河床中很少遇见，需特别注意鉴定。

④漂石、块石的$[f_{a0}]$值，可参照卵石、碎石适当提高。

4）岩石

岩石地基的$[f_{a0}]$可按表 3-7 选用。表中 R 为岩块单轴抗压强度。对复杂的岩层应个别研究确定。

岩石地基承载力基本容许值 $[f_{a0}]$ 表 3-7

$[f_{a0}]$（kPa） 节理发育程度 / 坚硬程度	节理不发育	节理发育	节理很发育
坚硬岩、较硬岩	>3 000	3 000 ~ 2 000	2 000 ~ 1 500
较软岩	3 000 ~ 1 500	1 500 ~ 1 000	1 000 ~ 800
软岩	1 200 ~ 1 000	1 000 ~ 800	800 ~ 500
极软岩	500 ~ 400	400 ~ 300	300 ~ 200

注：①表中数值视岩块强度、厚度、裂隙发育程度等因素适当选用。易软化的岩石及极软岩受水浸泡时，宜用较低值。

②软质岩强度 R 高于 30MPa 者仍按软质岩计。

③岩石已风化成砾、砂、土状的（即风化残积物），可比照相应的土类确定其$[f_{a0}]$。如颗粒间有一定的胶结力，可比照相应的土类适当提高。

5）粉土

粉土地基的$[f_{a0}]$可按 w 和 e 值查表 3-8 选用。

粉土地基承载力基本容许值 $[f_{a0}]$　　表 3-8

$[f_{a0}]$ (kPa) e \ w	10	15	20	25	30	35
0.5	400	380	355	—	—	—
0.6	300	290	280	270	—	—
0.7	250	235	225	215	205	—
0.8	200	190	180	170	165	—
0.9	160	150	145	140	130	125

3. 计算修正后的地基承载力容许值$[f_a]$

已知分散土地基承载力容许值不仅与地基土的性质和状态有关，而且与基础底面尺寸和埋置深度有关（有时还与地面水的深度有关）。因此，当基底宽度 $b>2$m、埋置深度 $h>3$m，分散土地基的承载力容许值应加以修正，修正后的地基承载力容许值$[f_a]$，可按下式计算：

$$[f_a]=[f_{a0}]+k_1\gamma_1(b-2)+k_2\gamma_2(h-3)+\Delta f_{aw},\text{kPa} \tag{3-15}$$

式中：$[f_{a0}]$——按表 3-3 ~ 表 3-8 查得的地基土的承载力容许值，kPa；

b——基础底面短边宽度（或直径），m，当 $b<2$m 时，取 $b=2$m；当 $b>10$m 时，按 $b=10$m 计；

h——基础底面埋置深度，m，对不受水流冲刷的基础，从天然地面算起；对受水流冲刷的基础，则从一般冲刷线算起，位于挖方内的基础，由开挖后的地面算起，若 $h<3$m，取 $h=3$m；当 $h/b>4$ 时，取 $h=4b$；

γ_1——地基持力层土的天然重度，kN/m^3，如持力层在水面以下，且为透水性土时，应按浮重度计算；

γ_2——基底以上土的重度，kN/m^3，对水面以上的土用天然重度，对水面以下的土，当持力层土不透水时，不论基底以上的土是否透水，一律用饱和重度计算，如持力层土透水，则一律用浮重度计算，当基底以上由多层土组成时，应按换算重度 $\gamma_2=\dfrac{\sum\gamma_i h_i}{h_i}$（重度对土层厚度的加权平均值）计算，其中 γ_i、h_i 为基底以上各层土的重度和厚度；

k_1、k_2——基础宽度和埋置深度的修正系数，按持力层土质查表 3-9；

Δf_{aw}——地面水引起的承载力提高值，持力层透水时，$\Delta f_{aw}=0$；持力层不透水时，$\Delta f_{aw}=\gamma_w h_w$（$\gamma_w$ 为水的重度，可按 $\gamma_w=10$kN/m^3 计算，即 $\Delta f_{aw}=10h_w$）；

h_w——平均常水位到一般冲刷线的深度，m。

关于宽度和深度修正问题，有必要指出：从地基强度考虑，基础越宽，承载力越大，但从沉降方面考虑，在荷载强度相同的情况下，基础越宽，沉降越大，这在黏性土和黄土地基上尤为明显，故在表 3-9 中它们的 k_1 均为零，即不作宽度修正。对其他土的宽度修正，也作了一定的限制,如规定 $b>10\text{m}$ 时,仍按 10m 计。

由实测资料表明,当基础相对埋置深度 $\dfrac{h}{b}$ 很大时,地基承载力并不随深度的增加而成正比例增加,所以当 $\dfrac{h}{b}>4$ 时,式(3-15)不适用。

【例题 3-3】 某水中基础,其底面为 4.0m×6.0m 的矩形,埋置深度为 3.5m,平均常水位到一般冲刷线的深度为 2.5m。持力层为黏土,天然孔隙比 $e=0.7$,液性指数 $I_L=0.45$,天然重度 $\gamma=19.0\text{kN/m}^3$。基底以上全为中密的粉砂,其饱和重度 $\gamma_f=20.0\text{kN/m}^3$。试求持力层的地基承载力容许值。

解:持力层属一般黏性土,按其值 e、I_L,查表 3-2 得 $[f_{a0}]=300\text{kPa}$;查表 3-9 得宽度、深度修正系数 $k_1=0$,$k_2=2.5$。由于持力层黏土的 $I_L=0.45<1.0$,呈硬塑状态,可视为不透水,故考虑水深影响,按式(3-15)可算得:

$$[f_a]=[f_{a0}]+k_1\gamma_1(b-2)+k_2\gamma_2(h-3)+10h_w$$

$$=300+0+2.5\times20\times(3.5-3)+10\times2.5=350(\text{kPa})$$

$$\gamma_R[f_a]=350\times1.25=437.5(\text{kPa})$$

注意:上式中因持力层不透水,故 $\gamma_2=\gamma_f=20\text{kN/m}^3$,$h_w$ 为平均常水位到一般冲刷线的深度。

地基土承载力容许值宽度、深度修正系数 k_1、k_2 表 3-9

土类 \ 系数	黏性土				粉土	砂土								碎石土			
	老黏性土	一般黏性土		新近沉积黏性土	—	粉砂		细砂		中砂		砾砂、粗砂		碎石、圆砾、角砾		卵石	
		$I_L\geq0.5$	$I_L<0.5$			中密	密实	中密	密实	中密	密实	中密	密实	中密	密实	中密	密实
k_1	0	0	0	0	0	1.0	1.2	1.5	2.0	2.0	3.0	3.0	4.0	3.0	4.0	3.0	4.0
k_2	2.5	1.5	2.5	1.0	1.5	2.0	2.5	3.0	4.0	4.0	5.5	5.0	6.0	5.0	6.0	6.0	10.0

注:①对于稍松状态的砂土和松散状态的砂、碎石土,k_1、k_2 值可采用表列中密值的 50%。

②强风化和全风化的岩石,可参照所风化成的相应土类取值;其他状态下的岩石不修正。

除一般分散土地基,可用上式计算地基承载力容许值外,还有一种强度低、压缩性高的软土地基,其承载力容许值 $[f_a]$ 应由荷载试验或其他原位测试取得。荷载试验和原位测试有困难时,对于中小桥和涵洞基底未经处理的软土地基可采用以下两种方法确定。

(1)根据原状土天然含水率 w,按表 3-10 确定地基承载力基本容许值 $[f_{a0}]$,然后按式(3-16)计算修正后的地基承载力容许值 $[f_a]$。

$$[f_a]=[f_{a0}]+\gamma_2 h,\text{kPa} \tag{3-16}$$

式中:$[f_{a0}]$——按地基原状土的天然含水率 w 查表 3-10;

γ_2——基底以上土的重度,kN/m^3,地下水位以下为浮重度;

h——基础埋置深度,m,当受水流冲刷时由一般冲刷线算起。

软土地基承载力基本容许值$[f_{a0}]$　　表 3-10

$w(\%)$	36	40	45	50	55	65	75
$[f_{a0}]$(kPa)	100	90	80	70	60	50	40

(2)根据原状土强度指标确定指标软土地基承载力基本容许值$[f_a]$。

$$[f_a]=\frac{5.14}{m}k_pC_u+\gamma_2h,\text{kPa} \tag{3-17}$$

式中:m——抗力修正系数,可视软土灵敏度及基础长宽比等因素选用1.5~2.5;

C_u——地基不排水抗剪强度标准值,kPa;

k_p——系数,$k_p=\left(1+0.2\frac{b}{l}\right)\left(1-\frac{0.4H}{blC_u}\right)$;

b——基础的宽度,m,当有偏心作用时,取$b-2e_b$;

l——垂直于b边的基础长度,m,有偏心作用时,取$l-2e_l$;

H——由作用(标准值)引起的水平力,kN;

e_b、e_l——偏心作用在宽度和长度方向的偏心距;

γ_2、h同前。

4. 地基承载力容许值$[f_a]$的确定

地基承载力容许值$[f_a]$应根据地基受荷载阶段及受荷情况,乘以下列规定的抗力系数γ_R。

1)使用阶段

(1)当地基承受作用短期效应组合或作用效应偶然组合时,可取$\gamma_R=1.25$;但对承载力容许值$[f_a]$小于150kPa的地基,应取$\gamma_R=1.0$。

(2)当地基承受的作用短期效应组合仅包括结构自重、预应力、土重、土侧压力、汽车和人群效应时,应取$\gamma_R=1.0$。

(3)当基础建于经多年压实未遭破坏的旧桥地基(岩石旧桥基除外)上时,不论地基承受的作用情况如何,抗力系数均可取$\gamma_R=1.5$;对$[f_a]$小于150kPa的地基,可取$\gamma_R=1.25$。

(4)基础建于岩石旧桥基上,应取$\gamma_R=1.0$。

2)施工阶段

(1)地基在施工荷载作用下,可取$\gamma_R=1.25$。

(2)当墩台施工期间承受单向推力时,可取$\gamma_R=1.5$。

【例题3-4】 某水中基础(图3-14),其底面为4.0m×10.0m的矩形,埋置深度为2.5m,平均常水位到一般冲刷线的深度为2.5m。持力层为中密细砂,$\gamma_f=20.0\text{kN/m}^3$,下卧层为黏土,试求持力层及下卧层的地基承载力容许值(求下卧层的地基承载力容许值时基础尺寸不变)。若短期效应组合(仅包括结构重力、土重、汽车和人群效应)时的基底最大压应力为298kPa,那么,基底应放置在什么位置?

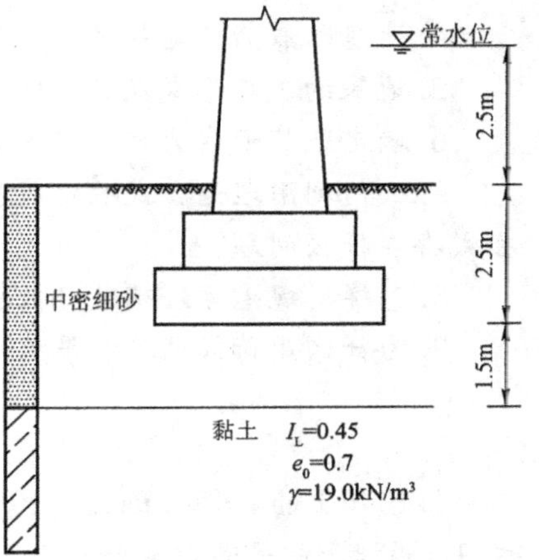

图3-14　水中基础

解:(1)中密细砂的地基承载力容许值。

查表 3-5 可知：$[f_{a0}]=210\text{kPa}$；查表 3-9 得宽度、深度修正系数 $k_1=1.5, k_2=3.0, \gamma_1=\gamma_2=\gamma'=\gamma_f-\gamma_w=20-10=10.0(\text{kN/m}^3)$；$h<3\text{m}$，按 $h=3\text{m}$ 计算，故持力层透水不考虑地面水深影响。

$$[f_a]=[f_{a0}]+k_1\gamma_1(b-2)+k_2\gamma_2(h-3)$$
$$=210+1.5\times10\times(4-2)+3\times10\times(3-3)=240(\text{kPa})$$

(2) 黏土层的地基承载力容许值。

按 e、I_L，查表 3-2 得 $[f_{a0}]=300\text{kPa}$；查表 3-9 得宽、深度修正系数 $k_1=0, k_2=2.5$。由于持力层黏土的 $I_L=0.45<1.0$，呈硬塑状态，可视为不透水，故考虑地面水深影响。

$$[f_a]=[f_{a0}]+k_1\gamma_1(b-2)+k_2\gamma_2(h-3)+10h_w$$
$$=300+0+2.5\times20\times(4-3)+10\times2.5=375(\text{kPa})$$

通过计算可知：中密细砂的地基承载力容许值不能满足要求，基底应放置在黏土层上。

应当指出，全国性规范，无疑要照顾到各地变化极大的土质情况，所以按《公路桥涵地基与基础设计规范》(JTG D63—2007) 方法确定地基承载力容许值，一般具有较大的安全度。如遇特殊地基或重大建筑物，宜在可能范围内，利用多种方法获得的结果，经过综合分析比较，选取比较可靠而合理的承载力容许值，以便更充分地利用和发挥地基的潜力，从而达到更经济、合理的目的。

复习思考题

1. 什么是土的抗剪强度？砂土与黏性土的抗剪强度有何不同？一般土的抗剪强度由哪两部分组成？

2. 土的抗剪强度指标 c、φ 值是否常数？与哪些因素有关？剪切试验方法有哪几种？其试验结果有何区别？主要原因是什么？

3. 何为极限平衡状态？土中某点处于极限平衡状态时，其应力圆与强度线的关系如何？剪切面的方向如何？

4. 地基承载力与地基容许承载力有什么不同？

5. 地基的破坏形式及 p-S 曲线的类型有哪些？

6. 确定地基承载力容许值的方法有哪些？

7. 如何利用理论公式确定地基承载力容许值？地基承载力的大小与哪些因素有关？理论公式存在什么问题？

8. 怎样用规范方法确定分散土地基的承载力容许值？

9. 为什么用荷载试验结果确定地基容许承载力时实用上受到限制？

习　题

1. 已知土的 $c=80\text{kPa}, \varphi=20°$，土中某斜面上的斜应力 $p=120\text{kPa}$，当 p 的方向与该平面成 $\theta=35°$ 时，该平面是否会产生剪切破坏？

2. 某地基土的内摩擦角 $\varphi=20°$，黏聚力 $c=25\text{kPa}$，土中某点的最大主应力为 250kPa，最小主应力为 100kPa，试判断该点的应力状态。

3. 某条形基础承受中心荷载，其底面宽 $b=2\text{m}$，埋置深度 $d=2\text{m}$，地基土的 $\gamma=19\text{kN/m}^3$，摩擦角 $\varphi=25°$，黏聚力 $c=32\text{kPa}$，试用理论公式确定地基承载力容许值。若将基础宽度加大一倍或把基础埋深加大一倍，其值会有何变化？

4. 砂土中某点达到了极限平衡状态时，该点最大剪应力平面上的法向应力为 264kPa，剪应力为 132kPa，试求：

(1) 该点的大小主应力 σ_1 和 σ_3；

(2) 该砂性土的内摩擦角；

(3) 该点剪切破裂面上的法向应力 σ 和剪应力 τ。

5. 某桥墩矩形基础如图 3-15 所示。已知基础底面宽度 $b=5\text{m}$，长度 $l=10\text{m}$，埋置深度 $h=2.5\text{m}$，$N=9600\text{kN}$，$M=3840\text{kN}\cdot\text{m}$，地基土为中密粉砂，饱和重度 $\gamma=20\text{kN/m}^3$，地面水深 2m。试验算地基承载力容许值是否满足要求。

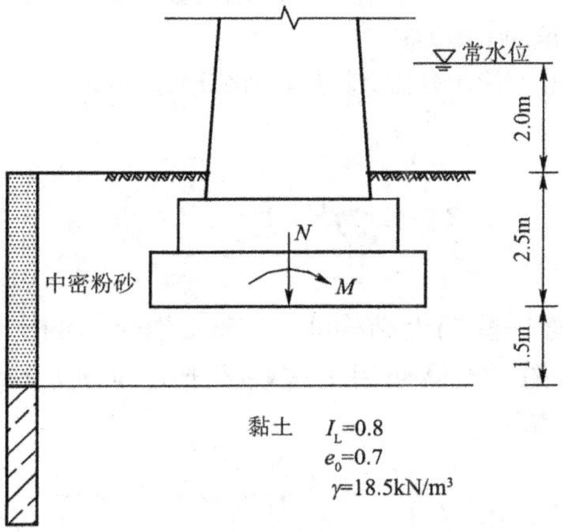

图 3-15　桥墩矩形基础

6. 在上题中其他数值不变，仅把基础埋深增加 1.5m（基础放置在黏土层顶面），再验算地基承载力容许值是否满足要求。

第四章

土　压　力

教学要求

1. 描述土压力的含义、土压力的影响因素及土压力的分类；

2. 会计算静止土压力，会用朗金理论、库伦理论计算简单条件下的主动土压力和被动土压力；

3. 用简化方法计算具有阶梯形、折线式墙背及填土为多层时的挡土墙承受的土压力。

●第一节　概　　述●

在土建工程中，常需设置一些挡土结构物，用来支挡侧向的土体，如图 4-1 中的挡土墙、桥台、驳岸等，均属于这类结构物。土体作用于这些挡土结构物上的侧向压力，通常称为土压力，它是挡土结构物承受的主要荷载。

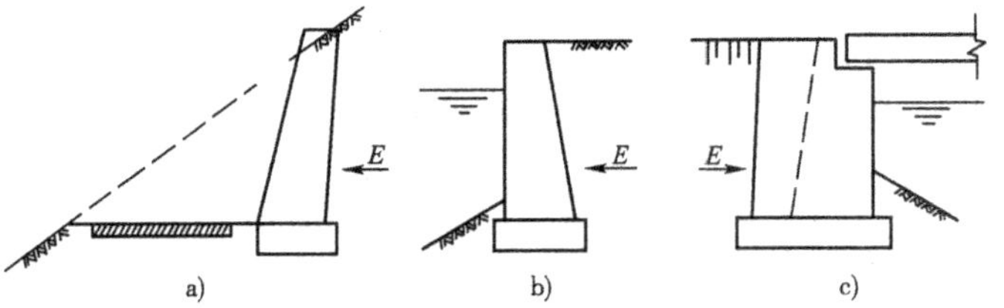

图 4-1　挡土结构物

a）挡土墙；b）驳岸；c）桥台

土压力的大小及其分布规律，不仅与土的性质、挡土墙的刚度及高度等因素有关，而且与挡土墙水平位移的方向及位移量关系很大。采用刚性挡土墙模型，以砂土作为墙后填料进行试验，发现当墙体背离填土方向产生位移时，墙后土压力随位移量增大而逐渐减小，待位移达到一定值时，墙后土体产生滑动面，土压力减至最小值，如图 4-2 和图 4-3b）所示；当墙体推动土产生位移时，墙后土压力随位移量增加而逐渐增大，当位移达到一定值时，墙后土体也将产生滑动面，土压力增至最大值，如图 4-2 和图 4-3c）所示；而墙体未移动时的土压力大小，则介于上述两者之间。实用中，根据挡土墙可能产生位移的方向和墙后填土中不同的应力状态，将土压力分为如下三种。

1. 静止土压力

挡土墙保持初始位置静止不动时，墙后填土对墙背的侧压力，称为静止土压力，如图

4-3a)。作用于每延米挡土墙上的静止土压力的合力用 E_0(kN/m)表示,其大小相当于图 4-2 中 a 点的纵坐标。这时墙后填土中各点均处于弹性平衡状态。嵌于岩基上的挡土墙所承受的土压力,属于这种情况。

2. 主动土压力

挡土墙在墙后填土作用下,背离填土方向发生位移,墙后填土也将随墙体发生位移,土中出现剪应力。随着位移逐渐增大,土中剪应力随之增大,作用于挡土墙上的土压力由静止土压力逐渐减小,当位移达到一定值时,土中剪应力达到极限值(即 $\tau=\tau_f$),土体将处于(主动)极限平衡状态,这时土压力减至最小值。这个最小的土压力称为主动土压力,用 E_a 表示,其大小相当于图 4-2 中 b 点的纵坐标。一般挡土墙和梁桥桥台所承受的土压力属这种情况。

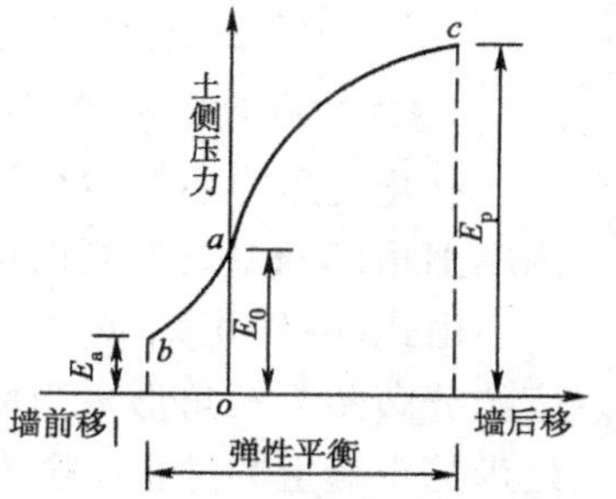

图 4-2　挡土墙位移与土压力的关系

3. 被动土压力

挡土墙在外力作用下,推动土体产生位移,墙后填土也将随墙体发生位移,土中出现剪应力。随着位移的逐渐增大,土中剪应力随之增大,作用于墙上的土压力由静止土压力逐渐增大,当位移达到一定值时,土中剪应力达到极限值(即 $\tau=\tau_f$),土体将处于(被动)极限平衡状态,这时土压力增至最大值。这个最大的土压力称为被动土压力,用 E_p 表示,其大小相当于图 4-2 中 c 点的纵坐标。但永久性结构物一般不采用 E_p 值,因为当墙后填土达到被动极限平衡状态时,挡土结构物的位移将达到墙高的 3% 甚至更大,为一般结构物所不允许。

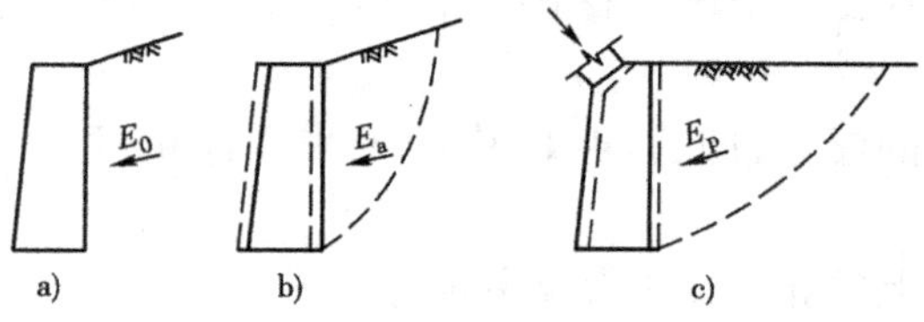

图 4-3　三种土压力

a)静止土压力;b)主动土压力;c)被动土压力

上述三种土压力,各对应挡土墙不同的位移情况,在设计挡土结构物时,究竟采用哪一种土压力,应根据结构物的受力情况、可能产生的位移及填土等具体情况来确定。一般对建于分散土地基上的梁桥桥台或挡土墙,按主动土压力计算;对拱桥桥台应根据受力和填土的压实情况,采用静止土压力或静止土压力加土抗力(土抗力指土体对结构的弹性抗力,与位移成正比,详见第八章);对临时性挡土结构物(如板桩),按其变位和位置的不同,采用主动土压力或静止土压力。

•第二节　静止土压力计算•

在半无限弹性体中,任一竖直面都是对称面,对称面上无剪应力,所以竖直面和水平面都是主应力面。在深度 z 处,由土体自重所引起的竖直和水平应力分别为:$\sigma_z=\gamma z$、$\sigma_x=\sigma_y=\xi\sigma_z=\xi\gamma z$,且都是主应力,如图 4-4a)所示。若将某一竖直面换成挡土墙的墙背,如图 4-4b)中的 AB,墙背静止不动时,墙后填土无侧向位移,说明墙背对墙后填土的作用力强度与该竖直面上原有的水平向应力 σ_x 相同,即

$$p_0=\sigma_x=\xi\sigma_z=\xi\gamma z,\text{kPa} \tag{4-1}$$

式中：p_0——作用于墙背上的静止土压力强度，kPa；

ξ——静止土压力系数；

γ——墙后填土的重度，kN/m^3；

z——计算点离填土表面的深度，m。

静止土压力系数，对正常固结土，$\xi = 1 - \sin\varphi'$，对超固结土，$\xi = \sqrt{1-\sin\varphi'}$，$\varphi'$为土的有效内摩擦角（°）；缺乏资料时可取经验值；沙土 $\xi = 0.34 \sim 0.45$，黏性土 $\xi = 0.5 \sim 0.7$。

由式（4-1）可知，p_0 与 z 成正比，所以 p_0 沿深度的分布图为三角形。当墙高为 H 时，作用于每延米挡土墙上的静止土压力为：

$$E_0 = \frac{1}{2}(\xi\gamma H)H = \frac{1}{2}\xi\gamma H^2, kN/m \quad (4\text{-}2)$$

E_0 的方向水平，作用线通过 p_0 的分布图形心，离墙脚的高度为$\frac{H}{3}$，如图 4-4b）所示。

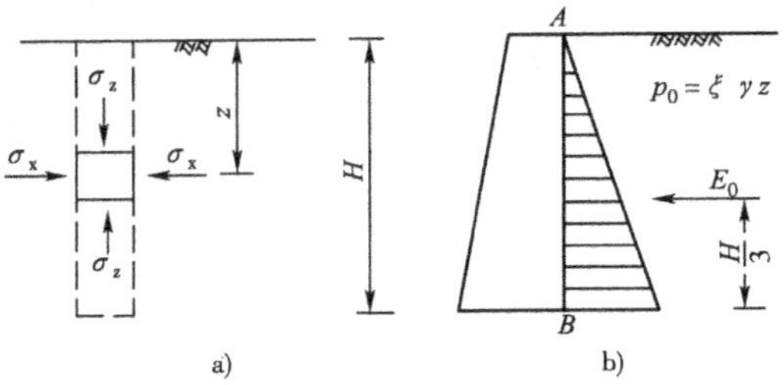

图 4-4　静止土压力

在墙后填土表面作用有均布荷载 q 时，竖向应力为 $\sigma_z = q + \gamma z$，代入式（4-1）得：$p_0 = \xi(q + \gamma z)$，绘出 p_0 的分布图，分布图形的面积即为作用在每延米挡土墙上的合力 E_0，p_0 分布图形心的高度即为合为 E_0 的作用点高度。

在墙后填土中有地下水时，水下土应考虑水的浮力，即式（4-1）中的 γ 采用浮重度 γ' 计算，同时考虑作用在挡土墙上的静水压力。

【例题 4-1】　计算作用在图 4-5 所示挡土墙上的静止土压力及水压力。

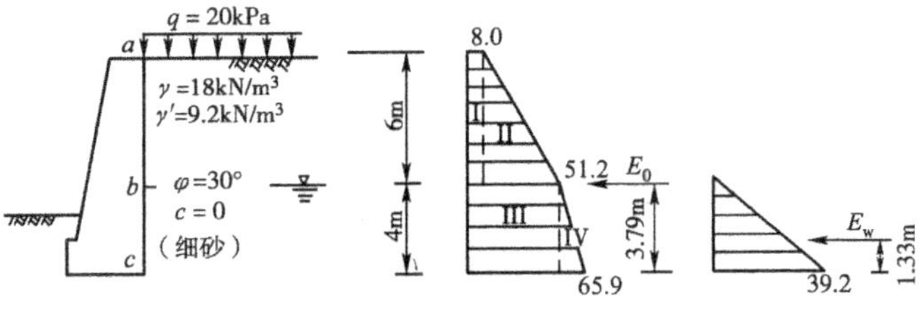

图 4-5　例题 4-1 图（单位：kN/m）

解：（1）求各特征点的竖向应力。

$$\sigma_{za} = q = 20(kPa)$$

$$\sigma_{zb} = q + \gamma_1 h_1 = 20 + 18 \times 6 = 128(kPa)$$

$$\sigma_{zc} = q + \gamma_1 h_1 + \gamma_2 h_2 = 128 + 9.2 \times 4 = 164.8(kPa)$$

（2）求各特征点的土压力强度。

取经验值 $\xi = 0.4$，则

$$p_{0a} = \xi\sigma_{za} = 0.4 \times 20 = 8.0(kPa)$$

$$p_{0b} = \xi\sigma_{zb} = 0.4 \times 128 = 51.2(kPa)$$

$$p_{0c} = \xi\sigma_{zc} = 0.4 \times 164.8 = 65.9(kPa)$$

c 点静水压力：　　$p_{wc} = \gamma_w h_w = 9.8 \times 4 = 39.2(kPa)$

按计算结果绘 p_0 及 p_w 分布图，如图 4-5 所示。

(3)求 E_0 及 E_w。

把 p_0 分布图分为四块(如图 4-5 所示的矩形或三角形),分别求其面积,总和后即得 E_0。

$$E_{01}=p_{01}h_1=8.0\times6=48.0(\text{kN/m})$$

$$E_{02}=\frac{1}{2}(p_{0b}-p_{0a})h_1=\frac{1}{2}\times(51.2-8)\times6=129.6(\text{kN/m})$$

$$E_{03}=p_{0b}h_2=51.2\times4=204.8(\text{kN/m})$$

$$E_{04}=\frac{1}{2}(p_{0c}-p_{0b})h_2=\frac{1}{2}\times(65.9-51.2)\times4=29.4(\text{kN/m})$$

$$E_0=E_{01}+E_{02}+E_{03}+E_{04}=48.0+129.6+204.8+29.4=411.8(\text{kN/m})$$

$$E_w=\frac{1}{2}p_{wc}h_w=\frac{1}{2}\times39.2\times4=78.4(\text{kN/m})$$

(4)求 E_0 和 E_w 作用点的位置。

$$z_c=\frac{\sum E_{0i}\cdot z_{ci}}{\sum E_{oi}}=\frac{E_{01}\left(h_2+\frac{h_1}{2}\right)+E_{02}\left(h_2+\frac{h_1}{3}\right)+E_{03}\cdot\frac{h_2}{2}+E_{04}\cdot\frac{h_2}{3}}{E_0}$$

$$=\frac{48.0\times\left(4+\frac{6}{2}\right)+129.6\times\left(4+\frac{6}{3}\right)+204.8\times\frac{4}{2}+29.4\times\frac{4}{3}}{411.8}$$

$$=3.794(\text{m})$$

$$z_{wc}=\frac{h_w}{3}=1.333(\text{m})$$

(5)E_0 和 E_w 的方向水平(指向挡墙)。

●第三节 朗金土压力理论●

朗金土压力理论提出较早,虽然不够完善,但计算简单,在一定条件下还比较准确,所以目前仍被广泛应用。

朗金土压力理论是从分析挡土结构物后面土体内部因自重产生的应力状态入手,去研究土压力的。在半无限土体中取一竖直切面 AB,如图 4-6a)所示,因竖直面(是对称面)和水平面上均无剪应力,故 AB 面上深度 z 处的单元土体上的竖向应力 σ_z 和水平应力 σ_x 均为主应力。当土体处于弹性平衡状态时,$\sigma_z=\gamma z$,$\sigma_x=\xi\gamma z$,其应力圆如图 4-6d)中的 MN_1 所示,与土的抗剪强度线不相交。在 σ_z 不变的条件下,若 σ_x 逐渐减小,到土体达到极限平衡时,其应力圆将与抗剪强度线相切,如图 4-6d)中的 MN_2 所示,(σ_z 和 σ_x 分别为最大及最小主应力),称为朗金主动极限平衡状态,土体中产生的两组滑动面与水平面成夹角$\left(45°+\frac{\varphi}{2}\right)$,如图 4-6b)所示。在 σ_z 不变的条件下,若 σ_x 不断增大,在土体达到极限平衡时,其应力圆将与抗剪强度线相切,如图 4-6d)中的 MN_3 所示,(但 σ_z 为最小主应力,σ_x 为最大主应力),称为朗金被动极限平衡状态,土体中产生的两组滑动面与水平面成夹角$\left(45°-\frac{\varphi}{2}\right)$,如图 4-6c)所示。

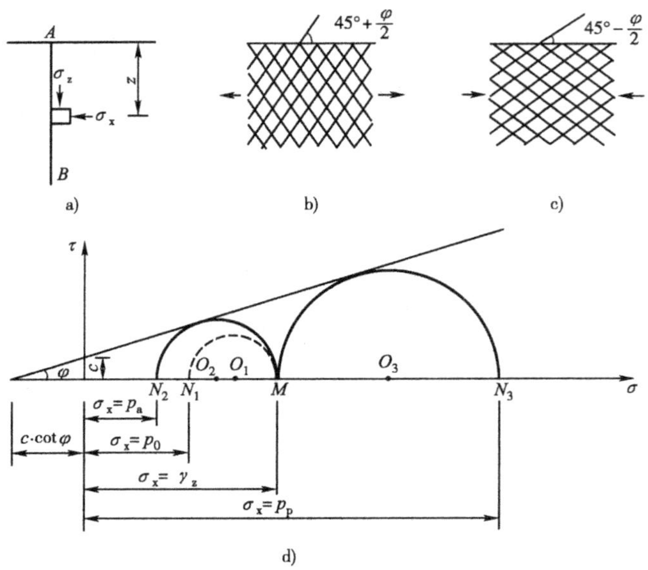

图 4-6　朗金极限平衡状态

朗金设想：把半无限土体中的任一竖直面[图 4-6a)中的 AB]，换成一个光滑(无摩擦)的挡土墙墙背，当墙体位移使墙后土体达到主动或被动极限平衡状态时，墙背上的土压力强度等于相应状态下的水平应力 σ_x。注意，这里介绍的朗金土压力公式只适用于墙背竖直、光滑(墙背与土体间摩擦力不计)、墙后填土表面水平的情况。

一、主动土压力计算

由上述分析可知，当土体推动墙发生位移，土体达到主动极限平衡状态时，$\sigma_x=\sigma_3=p_a$，$\sigma_z=\sigma_1=\gamma z$，根据极限平衡条件可得深度 z 处的土压力强度为：

$$p_a=\sigma_z\tan^2\left(45°-\frac{\varphi}{2}\right)-2c\cdot\tan\left(45°-\frac{\varphi}{2}\right)$$

或

$$p_a=\sigma_z m^2-2c\cdot m \tag{4-3}$$

式中：p_a——主动土压力强度，kPa；

σ_z——深度 z 处的竖向应力，kPa；

φ——土体的内摩擦角，(°)；

c——土的黏聚力，kPa；

m——土压力系数，$m=\tan\left(45°-\frac{\varphi}{2}\right)$。

对于砂性土，$c=0$，$p_a=\sigma_z m^2=\gamma z m^2$，$p_a$ 与 z 成正比例，其分布图为三角形，如图 4-7a)所示。作用于每延米挡土墙上的主动土压力合力 E_a 等于该三角形的面积，即

$$E_a=\frac{1}{2}(\gamma H m^2)H=\frac{1}{2}\gamma H^2 m^2(\text{kN/m}) \tag{4-4}$$

E_a 的方向水平(指向挡土墙墙背)，合力通过分布图的形心。即作用点离墙脚的高度为

$z_c = \dfrac{H}{3}$,如图 4-7a)所示。

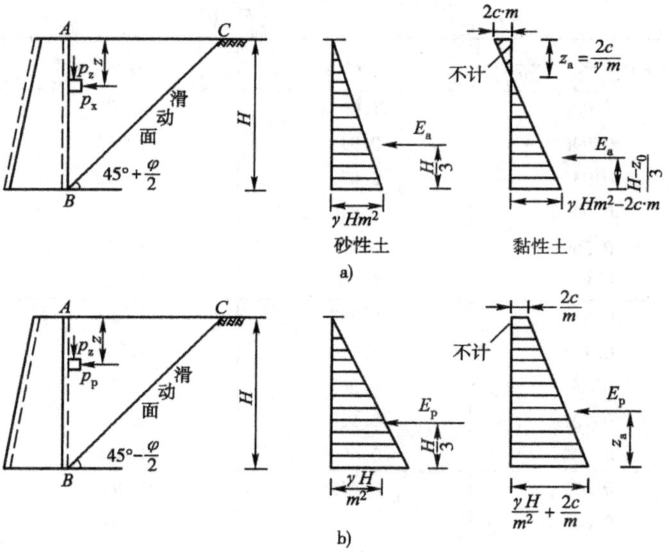

图 4-7　朗金土压力计算图式

a) 主动土压力;b) 被动土压力

对于黏性土($c\neq0$),当 $z=0$ 时,$\sigma_z=\gamma z=0$,$p_a=-2c\cdot m$;$z=H$ 时,$\sigma_z=\gamma z$,$p_a=\gamma Hm^2-2cm$,其分布图见图 4-7a),图中阴影部分表示受拉,设 $p_a=0$ 处的深度为 z_0,由式(4-3)得 $z_0=\dfrac{2c}{\gamma m}$。由于墙背与土体间不可能有拉应力,故计算土压力时,这部分应略去不计。因此,作用于每延米挡土墙上的主动土压力 E_a 等于分布图中压力部分三角形的面积,即

$$E_a=\frac{1}{2}(\gamma Hm^2-2c\cdot m)(H-z_0)$$

$$=\frac{1}{2}\gamma H^2m^2-2Hc\cdot m+\frac{2c^2}{\gamma},\text{kN/m} \tag{4-5}$$

E_a 的方向水平(指向挡土墙墙背),通过分布图形心,即作用点离墙脚的高度为$\left(\dfrac{H-z_0}{3}\right)$。

二、被动土压力计算

同理,当墙推土产生位移,土体达到极限平衡状态时,$p_p=\sigma_x=\sigma_1$,$\sigma_x=\gamma z=\sigma_3$,根据极限平衡条件可得出被动土压力计算式:

$$p_p=\sigma_z\tan^2\left(45°+\frac{\varphi}{2}\right)+2c\cdot\tan\left(45°+\frac{\varphi}{2}\right)$$

或

$$p_p=\sigma_z\frac{1}{m^2}+2c\frac{1}{m} \tag{4-6}$$

式中:p_p——被动土压力强度,kPa;

$\dfrac{1}{m}=\tan\left(45°+\dfrac{\varphi}{2}\right)$,也可按 φ 值查表 4-1;

其他符号意义同前。

土压力系数 m、m^2、$\frac{1}{m}$、$\frac{1}{m^2}$ 表 4-1

φ(°)	$m=\tan\left(45°-\frac{\varphi}{2}\right)$	m^2	$\frac{1}{m}=\tan\left(45°+\frac{\varphi}{2}\right)$	$\frac{1}{m^2}$
0	1.000	1.000	1.000	1.000
2	0.996	0.992	1.036	1.073
4	0.933	0.870	1.072	1.149
6	0.900	0.810	1.111	1.234
8	0.869	0.755	1.150	1.323
10	0.839	0.704	1.192	1.421
12	0.810	0.657	1.235	1.525
14	0.781	0.610	1.280	1.638
16	0.754	0.569	1.327	1.761
18	0.727	0.528	1.376	1.893
20	0.700	0.490	1.428	2.039
22	0.675	0.455	1.483	2.199
24	0.649	0.423	1.540	2.372
26	0.625	0.391	1.600	2.560
28	0.601	0.361	1.664	2.769
30	0.577	0.333	1.732	3.000
32	0.554	0.307	1.804	3.254
34	0.532	0.283	1.881	3.538
36	0.510	0.260	1.963	3.853
38	0.488	0.238	2.050	4.303
40	0.466	0.217	2.145	4.601
42	0.445	0.198	2.246	5.045
44	0.424	0.180	2.356	5.551
46	0.404	0.163	2.475	6.126
48	0.384	0.147	2.605	6.786
50	0.364	0.132	2.747	7.546

对于砂性土，$c=0$，$p_p=\sigma_z\dfrac{1}{m^2}=\dfrac{\gamma z}{m^2}$，kN/m。$p_p$ 与 z 成正比例，其分布图为三角形，如图4-7b)所示。作用于每延米挡土墙上的合力 E_p 等于该三角形的面积，即

$$E_p=\frac{1}{2}\cdot\frac{\gamma H}{m^2}\cdot H=\frac{\gamma H^2}{2m^2},\text{kN/m} \tag{4-7}$$

对于黏性土（$c\neq0$），当 $z=0$ 时，$\sigma_z=0$，$p_p=\dfrac{2c}{m}$；$\sigma_z=\gamma H$，$p_p=\dfrac{\gamma H}{m^2}+\dfrac{2c}{m}$，其分布图形为梯形，如图4-7b)所示。作用于每延米挡土墙上的合力 E_p 等于该梯形分布图的面积，即

$$E_p=\frac{\gamma H^2}{2m^2}+\frac{2cH}{m},\text{kN/m} \tag{4-8}$$

E_p 的方向水平（指向挡土墙），作用点位置与其分布的形心同高。

三、朗金主动土压力计算中的几个问题

1. 填土表面作用有连续均布荷载时

当填土表面作用有连续均布荷载 q 时，如图 4-8a）所示，深度 z 处的竖向应力为 $\sigma_z = q + \gamma z$，代入式(4-3)得：

$$p_a = \sigma_z m^2 - 2c \cdot m = (q + \gamma z)m^2 - 2c \cdot m$$

对于砂性土（$c = 0$），当 $z = 0$ 时，$p_a = qm^2$；当 $z = H$ 时，$p_a = (q + \gamma H)m^2$，其土压力分布图为梯形，如图 4-8b）所示。

对于黏性土（$c \neq 0$），当 $z = 0$ 时，$p_a = qm^2 - 2c \cdot m$，若 $qm^2 > 2c \cdot m$ 时，则 $p_a > 0$，p_a 分布图为梯形；若 $qm^2 \leq 2c \cdot m$ 时，则 $p_a \leq 0$，p_a 分布图为三角形，如图 4-8c）所示，负值部分仍不计。

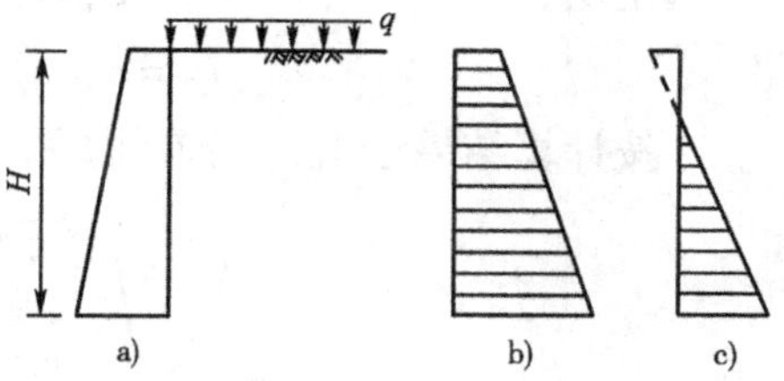

图 4-8　填土上有超载时的土压力计算

2. 填土分层时

当填土有两层或两层以上时（图 4-9），可分层计算其土压力。上部土层产生的土压力仍按前述方法计算：$p_{a0} = -2c_1 m_1$，$p_{a1} = \sigma_{z1} m_1^2 - 2c_1 \cdot m_1 = \gamma_1 h_1 m_1^2 - 2c_1 \cdot m_1$，分布图如图 4-9b）所示。下部土层产生的土压力，计算时可把上部土层作为均布荷载 $q = \sigma_{z1} = \gamma_1 h_1$，这时 $\sigma_{z2} = \gamma_1 h_1 + \gamma_2 h_2$，计算方法仍然不变，$p_{a1} = \sigma_{z1} m_2^2 - 2c_2 \cdot m_2 = \gamma_1 h_1 m_2^2 - 2c_2 \cdot m_2$，$p_{a2} = \sigma_{z2} m_2^2 - 2c_2 \cdot m_2 = (\gamma_1 h_1 + \gamma_2 h_2) m_2^2 - 2c_2 \cdot m_2$，分布图如图 4-9c）所示。图 4-9b）与图 4-9c）合起来即为整个挡土墙所承受的土压力分布图，如图 4-9d）所示。求出图 4-9d）的面积即得合力 E_a，E_a 作用点高度 z_c 与分布图形心同高。

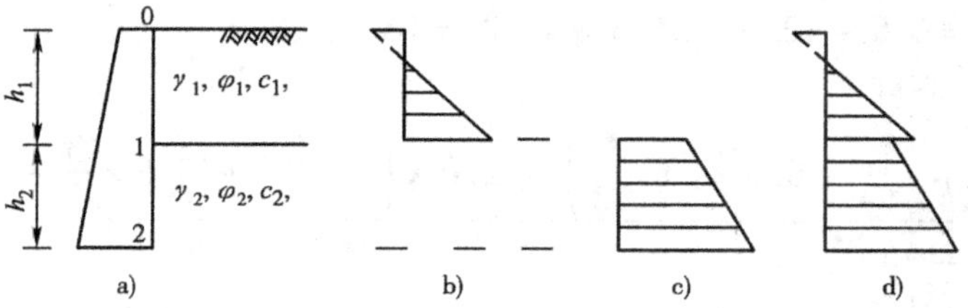

图 4-9　成层土的主动土压力计算

3. 填土中有地下水时

当填土中有地下水时，地下水位处可看作土层分界面，水位以下土的重度采用浮重度 γ'，土压力计算方法同上，只是应注意计算静水压力。

【例题 4-2】　作用于填土面上的荷载和各层土的厚度及物理力学性质指标见图 4-10，求作用于图中挡土墙上的主动土压力。

解：(1) 求各特征点的竖向应力。

$$\sigma_{z0} = q = 10(\text{kPa})$$

$$\sigma_{z1} = q + \gamma_1 h_1 = 10 + 18 \times 2 = 46(\text{kPa})$$

$$\sigma_{z2} = q + \gamma_1 h_1 + \gamma'_2 h_2 = 46 + 19 \times 3 = 103(\text{kPa})$$

(2)求各特征点的土压力强度。

由 $\varphi_1=30°$,$\varphi_2=20°$查表 4-1 得:

$$m_1=0.577,m_1^2=0.333,m_2=0.70,m_2^2=0.49$$

土层 1 $\qquad p_{a0}=\sigma_{z0}m_1^2-2c_1m_1=10\times0.333-0=3.3(\text{kPa})$

$$p_{a1}=\sigma_{z1}m_1^2-2c_1m_1=46\times0.333-0=15.3(\text{kPa})$$

土层 2 $\qquad p_{a1}=\sigma_{z1}m_2^2-2c_2m_2=46\times0.49-2\times10\times0.7=8.5(\text{kPa})$

$$p_{a2}=\sigma_{z2}m_2^2-2c_2m_2=103\times0.49-2\times10\times0.7=36.5(\text{kPa})$$

按计算结果绘出 p_a 分布图(图 4-10)。

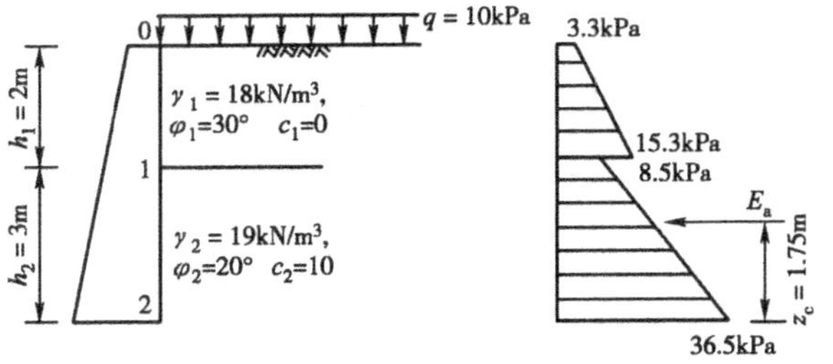

图 4-10 例题 4-2 图

(3)求 E_a 值。

由 p_a 分布图面积可得:

$$\begin{aligned}E_a&=E_{a1}+E_{a2}+E_{a3}+E_{a4}\\&=3.3\times2+\frac{(15.3-3.3)\times2}{2}+8.5\times3+\frac{(36.5-8.5)\times3}{2}\\&=6.6+12.0+25.5+42.0=86.1(\text{kN/m})\end{aligned}$$

(4)E_a 作用点高度:

$$z_c=\frac{\sum E_{ai}\cdot z_i}{\sum E_{ai}}=\frac{6.6\times\left(3+\frac{2}{2}\right)+12.0\times\left(3+\frac{2}{3}\right)+25.5\times\frac{3}{2}+42.0\times\frac{3}{3}}{86.1}$$

$$=1.75(\text{m})$$

(5)E_a 的方向水平(指向挡土墙)。

【例题 4-3】 挡土墙及填土情况如图 4-11 所示,其中 γ_1 为天然重度,γ_2 为饱和重度,求主动土压力、静水压力及其对墙脚(点 2)产生的力矩。

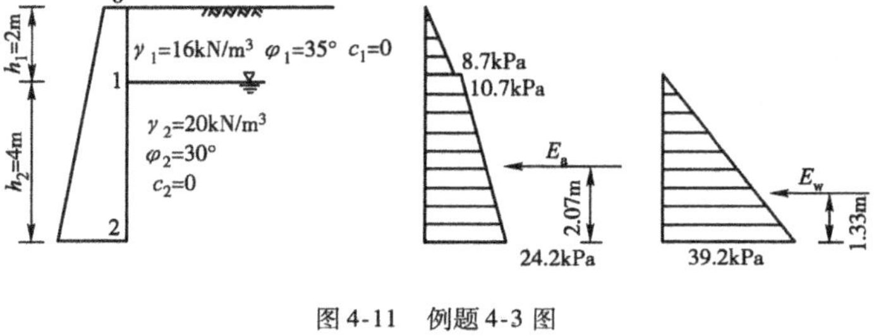

图 4-11 例题 4-3 图

解:(1)求 σ_z。

$$\sigma_{z0}=0$$

$$\sigma_{z1}=\gamma_1 h_1=16\times 2=32.0(\text{kPa})$$

$$\sigma_{z2}=\gamma_1 h_1+\gamma_2 h_2=16\times 2+(20-9.8)\times 4=72.8(\text{kPa})$$

(2)求 p_a 并绘出其分布图。

由 $\varphi_1=35°$,$\varphi_2=30°$,查表 4-1 得:

$$m_1^2=0.271,\ m_2^2=0.333$$

上层　$p_{a0}=\sigma_{z0}m_1^2=0$

$p_{a1}=\sigma_{z1}m_1^2=32\times 0.271=8.7(\text{kPa})$

下层　$p_{a1}=\sigma_{z1}m_2^2=32\times 0.333=10.7(\text{kPa})$

$p_{a2}=\sigma_{z2}m_2^2=72.8\times 0.333=24.2(\text{kPa})$

墙脚处水压力:　$p_w=\gamma_w h_w=9.8\times 4=39.2(\text{kPa})$

按计算结果绘出 p_a 及 p_w 分布图,如图 4-11 所示。

(3)求 E_a、E_w。

$$E_a=E_{a1}+E_{a2}+E_{a3}=\frac{8.7\times 2}{2}+10.7\times 4+\frac{(24.2-10.7)\times 4}{2}$$

$$=8.7+42.8+27.0=78.5(\text{kN/m})$$

$$E_w=\frac{39.2\times 4}{2}=78.4(\text{kN/m})$$

E_a 及 E_w 的方向水平(指向挡土墙)。

(4)求 E_a 及 E_w 的作用点高度。

$$z_{ca}=\frac{\sum E_{ai}\cdot z_i}{\sum E_{ai}}=\frac{8.7\times\left(4+\frac{2}{3}\right)+42.8\times\frac{4}{2}+27.0\times\frac{4}{3}}{8.7+42.8+27.0}$$

$$=2.07(\text{m})$$

$$z_{cw}=\frac{h_w}{3}=\frac{4}{3}=1.33(\text{m})$$

挡土墙承受的总压力为:

$$E_a+E_w=78.5+78.4=156.9(\text{kN/m})$$

合力作用点距墙脚的高度为:

$$z_c=\frac{78.5+2.07+78.4\times 1.33}{78.5+78.4}=1.70(\text{m})$$

主动土压力及静水压力对墙脚(点 2)产生的力矩为:

$$M=156.9\times 1.70=266.73(\text{kN}\cdot\text{m/m})$$

此例中土压力和水压力几乎各占一半,可见,挡土墙中采用排水措施十分重要。

第四节　库伦土压力理论

库伦土压力理论是经典的土压力理论之一,由于其计算原理比较简明,适用范围较广,因此至今仍被广泛应用。

库伦土压力理论假定：墙后填土是松散、匀质的砂性土；墙体产生位移，使墙后填土达到极限平衡状态时，将形成一个滑动土楔体；其滑裂面是通过墙脚的两个平面，一个是墙背 AB 面，另一个是通过墙脚的 AC 面，如图4-12a）所示；滑动土楔体是一个刚性整体。根据土楔体静力平衡条件，可解出墙背上的土压力。

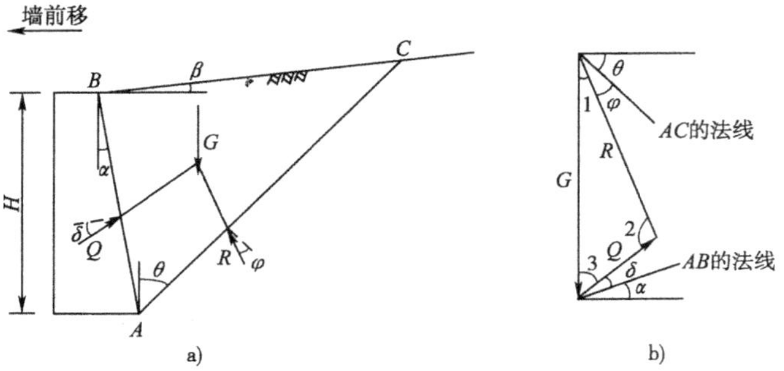

图4-12 库伦主动土压力计算

一、主动土压力计算

如图4-12a）所示，墙背向前（背离填土）移动一定值时，墙后填土处于主动极限平衡状态，形成滑动面 AB 和 AC，因此，在 AB、AC 面上均产生摩阻力，以阻止土楔体下滑。此时，作用于土楔体上的力有：土楔体自重 G、墙背 AB 面的反力 Q 和 AC 面的反力 R。G 通过 $\triangle ABC$ 的形心，方向垂直向下；Q 与 AB 面的法线成 δ 角（δ 是墙背与土体间的摩擦角），Q 与水平面夹角为 $\alpha+\delta$；R 与 AC 面的法线成 φ 角（φ 为土的内摩擦角），AC 面与竖直面成 θ 角，所以 R 与竖直面夹角为 $90°-\theta-\varphi$。根据力的平衡原理可知：G、Q、R 三个力应交于一点，且应组成闭合的力三角形，如图4-12b）所示。在力三角形中，$\angle 1=90°-\theta-\varphi$，$\angle 3=90°-\alpha-\delta$，$\angle 2=\theta+\varphi+\alpha+\delta$。由正弦定律得：

$$Q=G\frac{\sin(90°-\varphi-\theta)}{\sin(\theta+\varphi+\alpha+\delta)}=G\frac{\cos(\varphi+\theta)}{\sin(\theta+\varphi+\alpha+\delta)} \tag{4-9}$$

设 $\triangle ABC$ 的底为 AC、高为 h，则每米长度的土楔体自重为：

$$G=\frac{1}{2}AC\cdot h\cdot\gamma$$

$$\frac{AC}{AB}=\frac{\sin(90°-\alpha+\beta)}{\sin[180°-(90°-\alpha+\beta)-(\alpha+\theta)]}=\frac{\sin(90°-\alpha+\beta)}{\sin(90°-\theta-\beta)}=\frac{\cos(\alpha-\beta)}{\cos(\theta+\beta)}$$

$$\therefore\quad AC=AB\frac{\cos(\alpha-\beta)}{\cos(\theta+\beta)}=H\cdot\sec\alpha\frac{\cos(\alpha-\beta)}{\cos(\theta+\beta)}$$

$$h=AB\sin(\alpha+\theta)=H\cdot\sec\alpha\sin(\alpha+\theta)$$

$$G=\frac{1}{2}\gamma H^2\sec^2\alpha\cos(\alpha-\beta)\frac{\sin(\alpha+\theta)}{\cos(\theta+\beta)}$$

将 G 代入式(4-9)得：

$$Q=\frac{1}{2}\gamma H^2\sec^2\alpha\cos(\alpha-\beta)\frac{\sin(\theta+\alpha)\cos(\theta+\varphi)}{\cos(\theta+\beta)\sin(\varphi+\theta+\delta+\alpha)} \tag{4-10}$$

在式(4-10)中，α、β、φ、δ 均为常数，Q 仅随 θ 变化，θ 为滑裂面与竖直面的夹角，称为破裂

角。当 $\theta=-\alpha$ 时，$G=0$，即 $Q=0$；当 $\theta=90°-\varphi$ 时，R 与 G 重合，则 $Q=0$。因此，θ 在 $-\alpha$ 与 $90°-\varphi$ 之间变化时，Q 将有一个极大值，这个极大值 Q_{max} 即所求的主动土压力 E_a（E_a 与 Q 是作用力与反作用力）。

计算 Q_{max} 时，令 $\frac{dQ}{d\theta}=0$，可求得破裂角 θ 的计算式为：

$$\tan(\theta+\beta)=-\tan(\omega-\beta)+\sqrt{[\tan(\omega-\beta)+\cot(\varphi-\beta)][\tan(\omega-\beta)-\tan(\alpha-\beta)]} \tag{4-11}$$

式中：$\omega=\alpha+\delta+\varphi$。

将式(4-11)代入式(4-10)得：

$$E_a=Q_{max}=\frac{1}{2}\gamma H^2\mu_a \tag{4-12}$$

其中：

$$\mu_a=\frac{\cos^2(\varphi-\alpha)}{\cos^2\alpha\cos(\alpha+\delta)\left[1+\sqrt{\frac{\sin(\delta+\varphi)\sin(\varphi-\beta)}{\cos(\delta+\alpha)\cos(\alpha-\beta)}}\right]^2} \tag{4-13}$$

式中：μ_a——库伦主动土压力系数，当 $\beta=0$ 时可查表 4-2；

γ——墙后填土的重度，kN/m³；

H——挡土墙高度，m；

φ——填土的内摩擦角，(°)；

δ——墙背与土体之间的摩擦角，(°)；

α——墙背与竖直面间的夹角，(°)，墙背俯斜时为正值，仰斜时为负值；

β——填土面与水平面间的夹角，(°)。

$\beta=0$ 时的库伦主动土压力系数 μ_a 表 4-2

墙背坡度		墙背与填土的摩擦角 δ(°)	主动土压力系数 μ_a 土的内摩擦角 φ(°) 20	25	30	35	40	45
俯斜式挡土墙	1:0.33 ($\alpha=18°26'$)	$\frac{1}{2}\varphi$	0.598	0.523	0.459	0.402	0.353	0.307
		$\frac{2}{3}\varphi$	0.594	0.522	0.461	0.408	0.362	0.321
	1:0.29 ($\alpha=16°10'$)	$\frac{1}{2}\varphi$	0.572	0.498	0.433	0.376	0.327	0.283
		$\frac{2}{3}\varphi$	0.569	0.496	0.435	0.381	0.334	0.295
	1:0.25 ($\alpha=14°02'$)	$\frac{1}{2}\varphi$	0.556	0.479	0.414	0.358	0.309	0.265
		$\frac{2}{3}\varphi$	0.550	0.477	0.414	0.361	0.313	0.277
	1:0.20 ($\alpha=11°19'$)	$\frac{1}{2}\varphi$	0.532	0.455	0.390	0.334	0.285	0.241
		$\frac{2}{3}\varphi$	0.525	0.452	0.389	0.336	0.289	0.249

续上表

墙背坡度		墙背与填土的摩擦角 δ(°)	主动土压力系数 μ_a 土的内摩擦角 φ(°)					
			20	25	30	35	40	45
仰斜式挡土墙	1:0.29 ($\alpha=16°10'$)	$\frac{1}{2}\varphi$	0.351	0.269	0.203	0.150	0.110	0.077
		$\frac{2}{3}\varphi$	0.340	0.260	0.190	0.147	0.108	0.076
	1:0.25 ($\alpha=14°02'$)	$\frac{1}{2}\varphi$	0.363	0.279	0.241	0.161	0.119	0.086
		$\frac{2}{3}\varphi$	0.352	0.271	0.208	0.157	0.117	0.085
	1:0.20 ($\alpha=11°19'$)	$\frac{1}{2}\varphi$	0.377	0.295	0.229	0.176	0.133	0.098
		$\frac{2}{3}\varphi$	0.366	0.237	0.223	0.173	0.132	0.098
竖直墙背挡土墙	1:0 ($\alpha=0$)	$\frac{1}{2}\varphi$	0.446	0.368	0.301	0.247	0.198	0.160
		$\frac{2}{3}\varphi$	0.439	0.361	0.297	0.245	0.199	0.162

当$\beta=0$、$\alpha=0$、$\delta=0$时，$\mu_a=\tan^2\left(45°-\frac{\varphi}{2}\right)=m^2$，可见，在这种特定条件下，库伦公式与朗金公式计算结果是相同的。

由式(4-12)可以看出，库伦主动土压力E_a是墙高H的二次函数，故主动土压力强度p_a是沿墙高按直线规律变化的，即深度z处$p_a=\frac{dE_a}{dz}=\mu_a\gamma z$，式中，$\gamma z$是竖向应力$\sigma_z$，故该式可写为：

$$p_a=\mu_a\sigma_z=\mu_a\gamma z \tag{4-14}$$

填土表面处，$\sigma_z=0$，$p_a=0$，随深度z的增加，σ_z呈直线增加，p_a也呈直线增加，所以，库伦主动土压力强度分布图为三角形，如图4-13所示。E_a的作用点距墙脚的高度即p_a分布图形心的高度，即$z_c=\frac{H}{3}$；其作用线方向与墙背法线成δ角，与水平面成$\alpha+\delta$角。

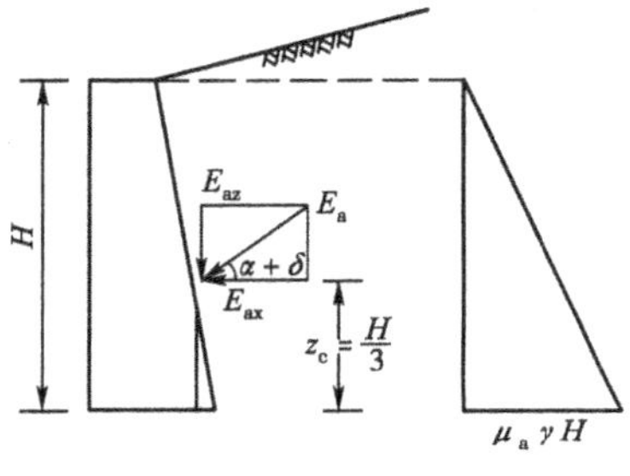

图4-13　主动土压力

E_a可分解为水平向和竖向两个分量：

$$E_{ax}=E_a\cos(\alpha+\delta) \tag{4-15a}$$

$$E_{az}=E_a\sin(\alpha+\delta) \tag{4-15b}$$

其中，E_{az}至墙脚的水平距离为$x_c=z_c\cdot\tan\alpha$。

二、被动土压力计算

如图4-14所示，墙背AB在外力作用下，推动土体发生位移，当位移达到一定值时，土体达到被动极限平衡状态，墙后填土中出现滑裂面AC，土楔体将沿AB、AC面向上滑动，因此，在AB、AC面上作用于土楔体的摩阻力均向下（与主动极限平衡时的方向相反），根据G、Q、R三力平衡条件，可推导出被动土压力公式：

$$E_p = \frac{1}{2}\gamma H^2\mu_p \tag{4-16}$$

其中：

$$\mu_P = \frac{\cos^2(\varphi+\alpha)}{\cos^2\alpha\cos(\alpha-\delta)\left[1-\sqrt{\dfrac{\sin(\varphi+\delta)\sin(\varphi+\beta)}{\cos(\alpha-\delta)\cos(\alpha-\beta)}}\right]^2} \tag{4-17}$$

式中：μ_p——库伦被动土压力系数；

其他符号意义同前。

库伦被动土压力强度沿墙高的分布也呈三角形，如图 4-14c）所示，合力作用点距离墙脚的高度也为$\frac{H}{3}$。

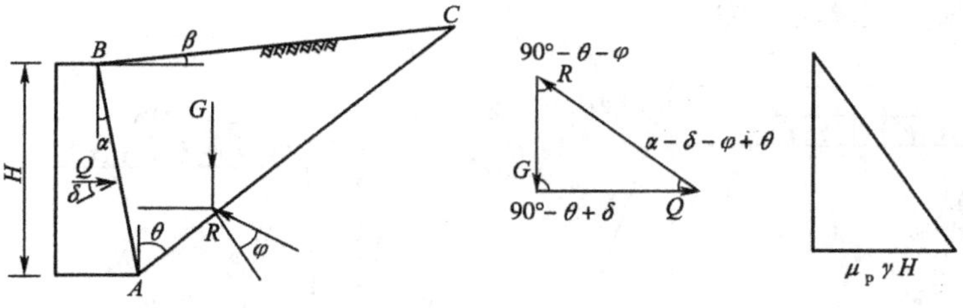

图 4-14 库伦被动土压力

三、填土为非砂性土时的处理

由于库伦理论研究的挡土墙墙后填土是砂土，实用中很多情况下墙后填土是非砂性土，这时，可将 φ 值适当提高，采用所谓“综合内摩擦角 φ_0”近似计算土压力，以反映黏聚力 c 对土压力的影响。《公路路基设计规范》(JTG D30—2004)建议：$H \leqslant 6$m 时，取 $\varphi_0 = 35° \sim 40°$；$H > 6$m 时，取 $\varphi_0 = 30° \sim 35°$。采用上述换算内摩擦角，对于矮挡土墙是偏于安全的，对于高挡土墙有时偏于危险。因此，对于高挡土墙，应按墙高酌情降低换算内摩擦角 φ_0 的数值。

库伦主动土压力公式所算得的结果，一般情况下都比较接近实际情况，且计算简便，适应范围又较广泛，因此，目前铁路、公路桥涵设计规范都推荐采用库伦公式计算主动土压力。但库伦被动土压力计算结果常常偏大，δ 值越大，偏差也越大，偏于危险，所以，实践中一般不用库伦被动土压力公式。

四、填土面上有荷载时库伦公式的应用

当填土面上有连续均布荷载 q 作用时(图 4-15)，$\sigma_z = q + \gamma z$，$p_a = \mu_a\sigma_z$，仍按前述方法及步骤计算，绘出 p_a 分布图，求出分布图面积，即得土压力合力 E_a。

实际应用中常用厚度为 h、重度为 γ、与填土相同的等代土层来代替 q，即 $q = \gamma h$，于是等代土层的厚度 $h = \frac{q}{\gamma}$，同时，设想墙背为 AB'，因而可求绘出三角形的土压力强度分布图。但 BB' 段墙背是虚设的，高度 h 范围内的侧压力不应计算，因此，作用于墙背 AB 上的土压力，应为实际墙高 H 范围内的梯形面积，即

$$E_a = \frac{H}{2}[\mu_a \gamma h + \mu_a \gamma (H+h)]$$

∴ $$E_a = \frac{1}{2}\mu_a \gamma H(H+2h), \text{kN/m} \tag{4-18}$$

E_a 的作用点高度等于梯形形心的高度，即 $z_c = \frac{H}{3}\cdot\frac{H+3h}{H+2h}$，方向与水平面成 $\alpha+\delta$ 角。

E 在水平向和竖向的分量分别为：

$$E_{ax} = E_a \cos(\alpha+\delta) \tag{4-19a}$$

$$E_{az} = E_a \sin(\alpha+\delta) \tag{4-19b}$$

【例题 4-4】 某挡土墙如图 4-16 所示，填土为细砂，$\gamma = 19\text{kN/m}^3$，$\varphi = 30°$，取 $\delta = \frac{\varphi}{2} = 15°$，试按库伦理论求其主动土压力。

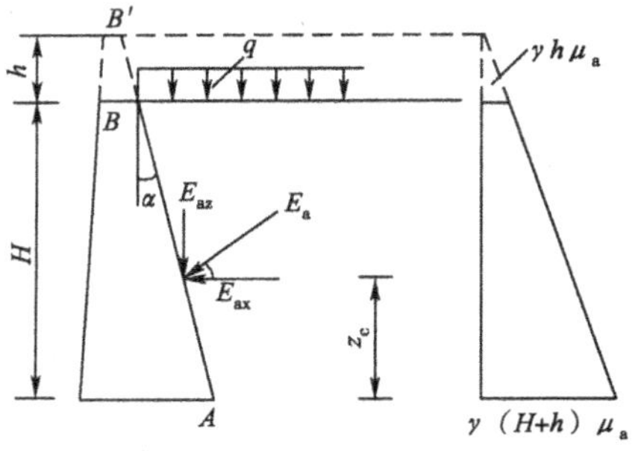

图 4-15 填土上有超载时的库伦土压力

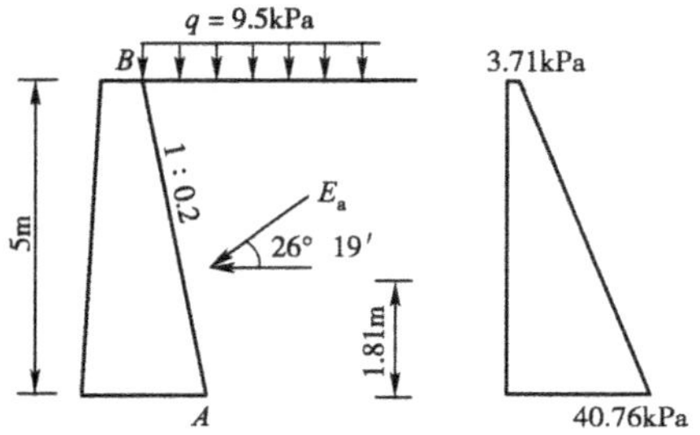

图 4-16 例题 4-4 图

解：方法一：

$$\sigma_{ZB} = q = 9.5(\text{kPa})$$

$$\sigma_{ZA} = q + \gamma h = 9.5 + 19 \times 5 = 104.5(\text{kPa})$$

由 $\varphi = 30°$，$\alpha = 11°19'$，查表 4-2 得：

$$\mu_a = 0.390$$

$$p_{aB} = \mu_a \sigma_{ZB} = 0.390 \times 9.5 = 3.71(\text{kPa})$$

$$p_{aA} = \mu_a \sigma_{ZA} = 0.390 \times 104.5 = 40.76(\text{kPa})$$

p_a 分布图见图 4-16。

$$E_a = E_{a1} + E_{a2} = 3.71 \times 5 + \frac{1}{2} \times (40.76 - 3.71) \times 5$$

$$= 18.6 + 92.6 = 111.2(\text{kN/m})$$

$$z_c = \frac{\sum E_{ai} Z_{ai}}{\sum E_{ai}} = \frac{18.6 \times \frac{5}{2} + 92.6 \times \frac{5}{3}}{111.2} = 1.81(\text{m})$$

E_a 与水平面间的夹角为 $\alpha + \delta = 11°19' + 15° = 26°19'$；

$$E_{ax} = E_a \cos(\alpha+\delta) = 111.2 \times \cos 26°19' = 99.7(\text{kN/m})$$

$$E_{az} = E_a \sin(\alpha+\delta) = 111.2 \times \sin 26°19' = 49.3(\text{kN/m})$$

方法二：

$$h = \frac{q}{\gamma} = \frac{9.5}{19} = 0.5(\text{m})$$

由 $\varphi = 30°$，$\alpha = 11°19'$，查表 4-2 得：

$$\mu_a = 0.390$$

$$E_a = \frac{1}{2}\mu_a\gamma H(H+2h) = \frac{1}{2}\times 0.390\times 19\times 5\times(5+2\times 0.5)$$

$$= 111.2(\text{kN/m})$$

$$z_c = \frac{H}{3}\cdot\frac{H+3h}{H+2h} = \frac{5}{3}\times\frac{5+3\times 0.5}{5+2\times 0.5} = 1.81(\text{m})$$

E_a 与水平面间夹角及 E_{ax}、E_{az} 的计算同方法一。

当填土面上有车辆荷载时，一般先把滑动土楔体范围内的车辆荷载，换算成均布荷载 q（或等代土层厚度 h），再按库伦主动土压公式计算。

设 L_0 为滑动土楔体长度（图 4-17），B 为桥台的计算宽度或挡墙的计算长度，$\sum G$ 为布置在 $B\times L_0$ 面积内的车辆轮重之和，γ 为填土重度，则等效均布荷载 q 为：

$$q = \frac{\sum G}{BL_0} = \gamma h \tag{4-20}$$

即

$$h = \frac{q}{\gamma} = \frac{\sum G}{\gamma BL_0} \tag{4-21}$$

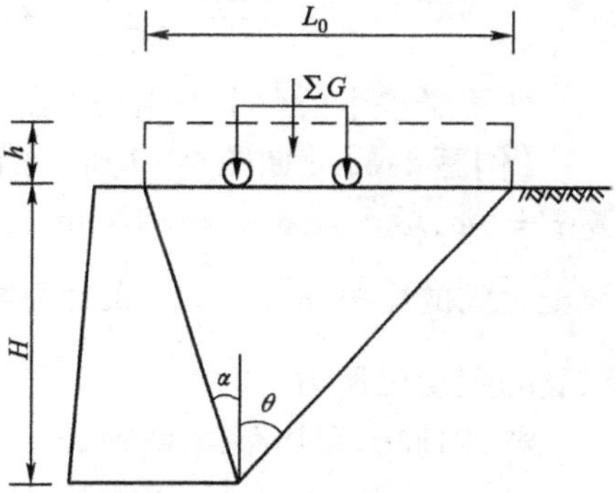

图 4-17　车辆荷载引起的土压力

为了简化土压力计算方法，《公路路基设计规范》（JTG D30—2004）规定：墙高小于 2m 时，取 $q = 20\text{kPa}$，墙高大于 10m 时，取 $q = 10\text{kPa}$，墙高在 2～10m 之间时，内插取值；作用于墙顶或墙后填土上的人群荷载强度按 3kPa 计算。

【例题 4-5】 某公路梁桥桥台如图 4-18 所示，桥台宽度为 8.5m。填土重度 $\gamma = 18\text{kN/m}^3$，$\varphi = 35°$，$c = 0$，填土与墙背间的摩擦角 $\delta = \frac{2}{3}\varphi$，桥台高 $H = 8.0\text{m}$，求作用于台背（AB）上的主动土压力。

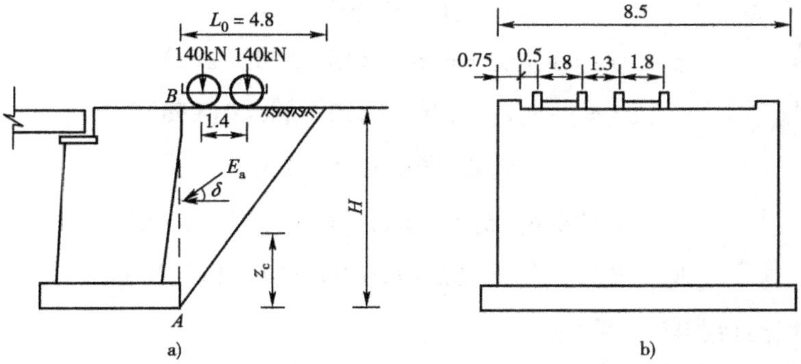

图 4-18　例题 4-5 图（长度单位：m）

解：内插确定均布荷载强度：

$$q = 12.5\ \text{kPa}$$

则

$$\sigma_{ZB} = q = 12.5\text{kPa}$$

$$\sigma_{ZA} = q + \gamma h = 12.5 + 18 \times 8 = 156.5(\text{kPa})$$

根据规范要求,采用库伦公式计算主动土压力。由 $\varphi = 35°, \delta = \frac{2}{3}\varphi, \alpha = 0$,查表 4-2 得:

$$\mu_a = 0.245$$

$$p_{aB} = \mu_a \sigma_{ZB} = 0.245 \times 12.5 = 3.06(\text{kPa})$$

$$p_{aA} = \mu_a \sigma_{ZA} = 0.245 \times 156.5 = 38.34(\text{kPa})$$

$$E_1 = 3.06 \times 8 = 24.48(\text{kN/m})$$

$$E_2 = (38.34 - 3.06) \times 8/2 = 141.12(\text{kN/m})$$

$$E_a = E_1 + E_2 = 24.48 + 141.12 = 165.6(\text{kN/m})$$

E_a 与水平面的夹角为 $35 \times 2/3 = 23.33°$,E_a 的作用点离台脚的高度为:

$$z_c = \frac{E_1 Z_{C1} + E_2 Z_{C2}}{E_a} = \frac{24.48 \times 8/2 + 141.12 \times 8/3}{165.6} = 2.860(\text{m})$$

作用于整个桥台上的主动土压力为 $B \times E_a = 8.5 \times 165.6 = 1407.6(\text{kN})$ 。

【例题 4-6】 如图 4-19 所示挡土墙,分段长度为 10m,墙高 $H = 6\text{m}$,填土重度 $\gamma = 18\text{kN/m}^3$,$\varphi = 35°$,$c = 0$,$\alpha = 14°$,墙背与土之间的摩擦角 $\delta = \frac{2}{3}\varphi$,设计荷载为公路—II 级,求挡土墙承受的主动土压力。

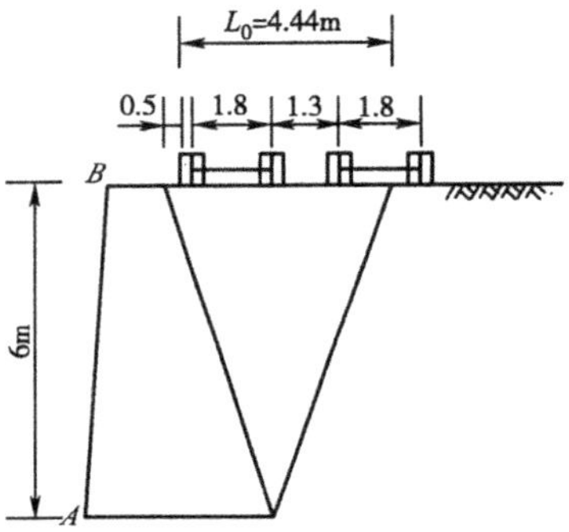

图 4-19 例题 4-6 图(长度单位:m)

解:内插确定均布荷载强度:

$$q = 15\ \text{kPa}$$

则

$$\sigma_{ZB} = q = 15\text{kPa}$$

$$\sigma_{ZA} = q + \gamma h = 15 + 18 \times 6 = 123(\text{kPa})$$

根据规范要求,采用库伦公式计算主动土压力。由 $\varphi = 35°, \delta = \frac{2}{3}\varphi, \alpha = 0$,查表 4-2 得:

$$\mu_a = 0.361$$

$$p_{aB} = \mu_a \sigma_{ZB} = 0.361 \times 15 = 5.42(\text{kPa})$$

$$p_{aA} = \mu_a \sigma_{ZA} = 0.361 \times 123 = 44.40(\text{kPa})$$

$$E_1 = 5.42 \times 6 = 32.52(\text{kN/m})$$

$$E_2 = (44.4 - 5.42) \times 6/2 = 116.94(\text{kN/m})$$

$$E_a = E_1 + E_2 = 32.52 + 116.94 = 149.46(\text{kN/m})$$

E_a 的作用点离台脚的高度为:

$$z_c = \frac{E_1 Z_{C1} + E_2 Z_{C2}}{E_a} = \frac{32.52 \times 6/2 + 116.94 \times 3/3}{149.46} = 2.22(\text{m})$$

$$\delta = 35 \times 2/3 = 23.33°$$

E_a 与水平面夹角为 $\alpha + \delta = 14° + 23.33° = 37.33°$。

•第五节 库伦理论在复杂情况下的近似应用•

前面介绍了填土面为一水平或倾斜平面、墙背为一竖直或不竖直的平面等边界条件较为简单时的库伦土压力的计算方法。在工程实践中,还常遇到其他挡土墙,如墙背为折面或阶梯形、填土表面不是一个平面、填土由多层土组成等较复杂的情况,下面简单介绍一下这些情况下库伦土压力的简化近似计算方法。

一、阶梯形墙背

如图 4-20 所示的挡土墙,可先假定墙背为竖直面 AC' 上的主动土压力 E_a,其作用点高度仍假设为 $\frac{H}{3}$,假定方向平行于填土表面;然后再计算填土 CBC' 部分的土体自重 G,取 G 与 E_a 的合力作为作用于墙背上的主动土压力。

二、墙背为折面时

图 4-21 所示的挡土墙,当两段墙背倾斜相差不超过 10°时,可先将 AB 段墙背视为单向墙背,根据 α_1、β 等数值求绘出 AB 段的主动土压力强度分布图,如图 4-21a)所示;然后延长下部墙背 CB 至填土面,交于 A',看作假想墙背,按 α_2、β 等数值求绘出 $A'C$ 面上的主动土压力强度分布图,如图 4-21b)所示;图 4-21b)中的梯形 $bdec'$ 是作用在挡土墙 BC 段上的土压力,合并图 4-21a)中的三角形 abc 和图 4-21b)中的梯形 $bdec'$,即可得到该挡土墙的土压力分布图,如图 4-21c)所示,然后由两段分布图面积求出作用于两段墙上的主动土压力(注意:作用于两段墙背上的主动土压力方向不同),最后合成之。

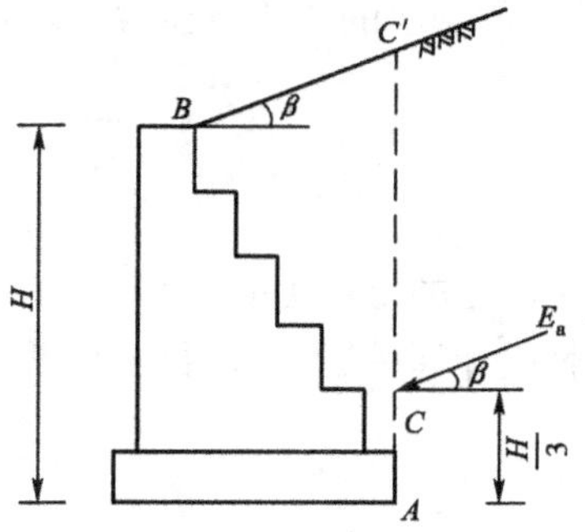

图 4-20 阶梯形墙背后的土压力计算

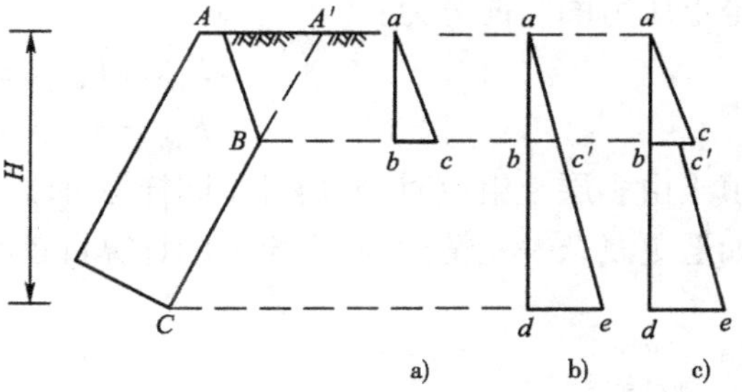

图 4-21 墙背为折面时的土压力计算

三、填土表面为折面时

图 4-22 所示的挡土墙,可先按填土面倾角为 β 时,求出 μ_{a1} 及其土压力强度分布图如图 4-22a)所示,而后按虚设墙背 $A'B$ 及填土面为水平时,再求出 μ_{a2} 及其土压力强度分布图如图 4-22b)所示。设深度 z_1 处两种方法求出的土压力强度相等,则由 $\gamma z_1\mu_{a1}=\gamma(z_1+h)\mu_{a2}$ 可得

$z_1=\dfrac{\mu_{a2}}{\mu_{a1}-\mu_{a2}}h$。图 4-22a）中 z_1 以上的三角形 abc 和图 4-22b）中 z_1 以下的梯形 $bcde$，合并成图 4-22c），即为该挡土墙承受的土压力分布图。求出图 4-22c）的面积和形心高度即为该挡土墙承受的土压力 E_a 及合力作用点高度 z_c。

四、墙背后填土为多层土时

如图 4-23 所示，设墙背填土分上下两层，其有关指标各为 γ_1、φ_1、δ_1 和 γ_2、φ_2、δ_2，层厚各为 h_1 和 h_2，可采用如下简化方法计算土压力：先分层绘出水平土压力强度分布图，由分布图面积求出两层的 E_{ax} 及相应的作用点位置，再求出两土层的 E_{ax} 即可。

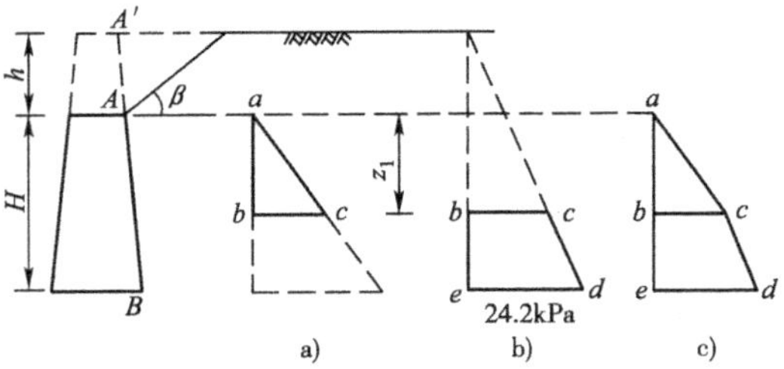

图 4-22　路堤式挡土墙的土压力计算

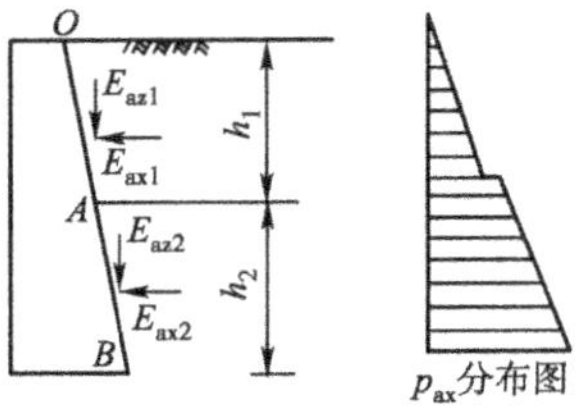

图 4-23　成层土的库伦土压力计算

图 4-23 中 O、A、B 三点处的土压力强度为：

O 点　$p_{ax0}=0$

A 点　$p_{axA1}=\gamma_1 h_1\mu_{a1}\cos(\alpha+\delta_1)$

$p_{axA2}=\gamma_1 h_1\mu_{a2}\cos(\alpha+\delta_2)$

B 点　$p_{axB}=(\gamma_1 h_1+\gamma_2 h_2)\mu_{a2}\cos(\alpha+\delta_2)$

由以上几点土压力强度值绘出 p_{ax} 分布图，这样，利用前面介绍过的方法，按分布图面积形状，就可求得两层土各自对墙背的土压力水平分力 E_{ax1} 和 E_{ax2} 及相应的作用点位置。然后用下式求得土压力的竖向分力：

$$E_{ax1}=E_{ax1}\tan(\alpha+\delta_1)$$

$$E_{ax2}=E_{ax2}\tan(\alpha+\delta_2)$$

填土由多层土组成时，显然可用同样原理求得各层土对墙背的土压力。

如遇更复杂一些情况，其土压力的计算可参考有关专著或计算手册，本教材不再赘述。

复习思考题

1. 何谓静止土压力、主动土压力、被动土压力？为什么要把土压力分成这几种？

2. 静止土压力强度如何计算，其分布图形有何特点？

3. 朗金土压力理论的基本假定是什么？其主动和被动土压力强度计算公式是根据什么原理导得的？

4. 按朗金理论如何求土压力合力（包括大小、方向、作用点）？当填土面上有连续均布荷载或填土由多层土组成或有地下水时，应如何处理？

5. 试述库伦土压力理论的基本假定及其与朗金理论的主要差别。

6. 如何求库伦主动土压力（包括大小、方向、作用点）？

7. 当填土为黏性土时，库伦理论是如何处理的？

8. 为什么一般不用库伦被动土压力公式？

9. 什么叫等代土层厚度？当填土面上有连续均布荷载作用时，如何用库伦理论求主动土压力？

10. 当填土面上有车辆荷载作用时，如何换算成等代土层厚度（包括 B、L_0、$\sum G$ 的确定及有关规定）？

11. 当墙背为阶梯或折面时，如何进行土压力的简化近似计算？

12. 当填土表面为折面或填土为多层时，如何利用库伦理论进行土压力的简化近似计算？

习　题

1. 挡土墙及填土情况如图 4-24 所示，试求绘出静止、主动和被动土压力强度分布图，并按分布图求出土压力 E_0、E_a、E_p（包括大小、方向、作用点）。

2. 挡土墙墙背填土分两层，填土面作用有连续均布荷载，如图 4-25 所示，试用朗金理论求主动土压力。

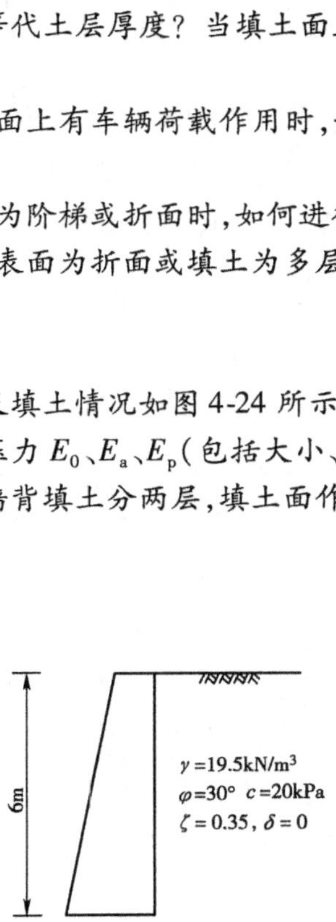

图 4-24　习题 1 图

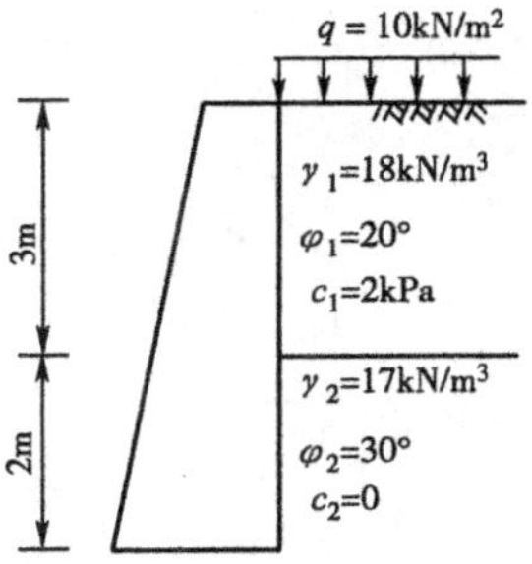

图 4-25　习题 2 图

3. 挡土墙及填土情况如图 4-26 所示，不考虑墙背与土间的摩擦力，试求主动土压力、水压力对 O 点产生的力矩。若地下水位上升至填土面下 3m 深处，再求其主动土压力和水压力对 O 点的力矩。

4. 已知某挡土墙如图 4-27 所示，$H = 5\text{m}$，$\alpha = 16°$，$\beta = 26.5°$，$\gamma = 20\text{kN/m}^3$，$\varphi = 30°$，$c = 0$，$\delta = 15°$，试确定作用于挡土墙上的主动土压力（大小、方向和作用点高度）。

5. 挡土墙高 6m，填土面水平，填土重度 $\gamma = 19\text{kN/m}^3$，$\varphi = 35°$，$c = 0$，$\delta = \frac{\varphi}{2}$，当 α 分别为 $+14°$、$0°$、$-14°$时，分别求作用于墙背上的库伦主动土压力。

6. 挡土墙及填土情况如图 4-28 所示，分别用朗金理论（取 $\delta = 0$）和库伦理论求其主动土压力。

7. 图 4-28 所示的挡土墙，已知挡土墙分段长度为 10m，当填土面上有公路—II 级荷载作用时，求作用于墙背上的主动土压力。

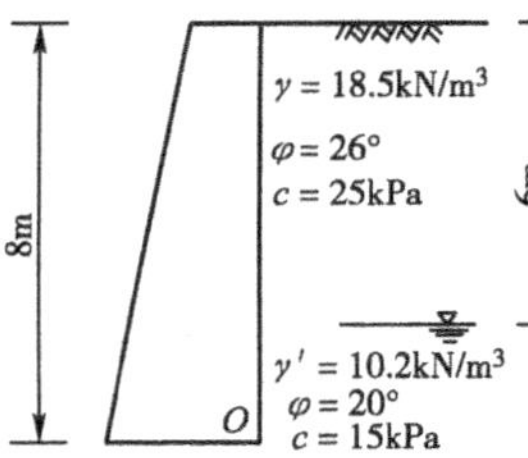

图 4-26　习题 3 图

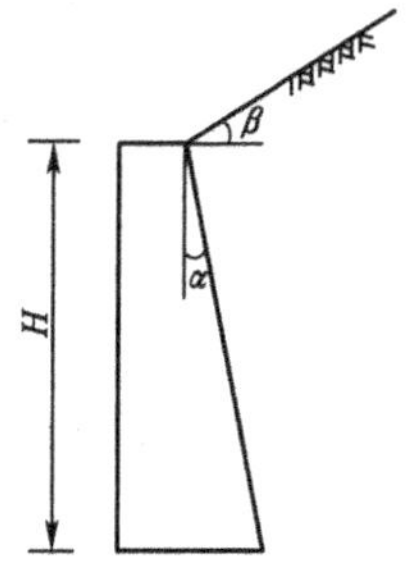

图 4-27　习题 4 图

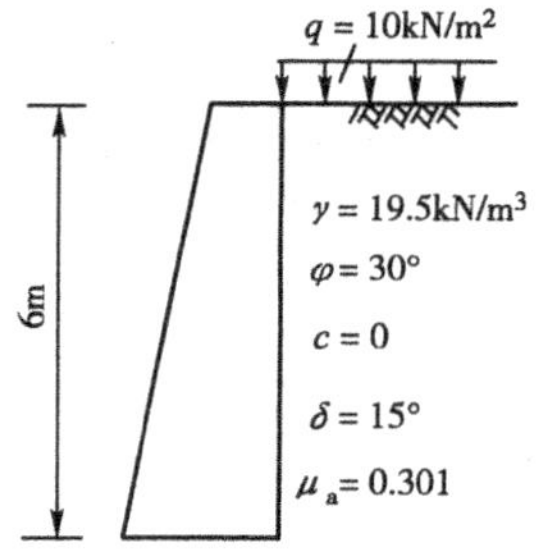

图 4-28　习题 6 及习题 7 图

第五章 地基与基础概述

教学要求

1. 描述建筑物设计原则、建筑物对地基与基础的设计要求；
2. 描述基础分类及其特点，明确作用于基础上的（荷载）作用及效应组合；
3. 分析基础埋置深度的影响因素，并根据具体条件选定埋置深度。

●第一节　基础设计原则●

一、建筑物设计总则

在设计任何建筑物的时候，设计人员总是需要考虑四方面的问题：①保证建筑物的质量，也就是技术上要求建筑物安全稳固、经久适用；②保证方案的经济性，即要求建筑物降低造价、提高效益；③在保证方案可行性的同时，力求方案的先进性，既要充分利用新技术、新材料、新结构、新工艺，又要根据当时、当地具体情况（如技术和施工队伍的现实能力和水平，材料、机械设备的供应及施工现场其他的具体条件等），保证设计方案是切实可行的；④保证建筑物的外观与自然环境相协调，即要求建筑物美观、大方的同时，还不能对周围的自然环境形成破坏。全面考虑这四方面问题是各项工程总的设计原则。

二、建筑物对地基与基础的要求

要保证建筑物的质量，首先必须保证有可靠的地基与基础，否则整个建筑物就可能遭到损坏或影响正常使用。例如，地基的不均匀沉降可导致上部结构产生裂缝或建筑物发生倾斜；如果地基设置不当，地基承载力不够，还有可能使整个结构物倒塌。而已建成的建筑物一旦由于地基基础方面的原因而出现事故，往往很难进行加固处理。此外，地基与基础部分的造价在建筑物总造价中往往也占很大比重。所以不管从保证建筑物质量方面，还是从建筑物的经济合理性方面考虑，地基和基础的设计和施工都是建筑物设计和施工中十分重要的组成部分。

为了使全国各地都有一个统一的设计依据和标准，各基本建设部门都有一定的设计规范，这些规范是根据我国的现有生产技术水平、实际经验和科学研究成果，结合各专业的特殊要求编制出来的。原交通部已颁布的公路桥涵设计规范［包括《公路桥涵设计通用规范》（JTG D60—2004）、《公路圬工桥涵设计规范》（JTG D61—2005）、《公路钢筋混凝土及预应力混凝土桥涵设计规范》（JTG D62—2004）和《公路桥涵地基与基础设计规范》（JTG D63—2007）等］是公路桥涵设计所必须遵循的准则。其中,《公路地基与基础设计规范》(JTG D63—2007)对地基和基础设计规定了一些具体的要求,可归纳为下列几点:

(1)保证地基有足够的强度,也就是说地基在建筑物等外荷载作用下,不允许出现过大的、有可能危及建筑物安全的塑性变形或丧失稳定性的现象。

(2)保证地基的压缩变形在允许范围以内,以保证建筑物的正常使用。地基变形的允许值决定于上部结构的结构类型、尺寸和使用要求等因素。

(3)防止地基土从基础底面被水流冲刷掉。

(4)防止地基土发生冻胀。当基础底面以下的地基土发生严重冻胀时。对建筑物往往是十分有害的。冻胀时地基虽有很大的承载力,但其所产生的冻胀力有可能将基础向上抬起,而冻土一旦融化,土体中含水率很大,地基承载力突然大幅降低,地基有可能发生较大沉降,甚至发生剪切破坏,这是不能允许的。所以,在寒冷地区,这一点必须予以考虑。

(5)保证基础有足够的强度和耐久性。基础的强度和耐久性与砌筑基础的材料有关,只要施工能保证质量,一般比较容易得到保证。

(6)保证基础有足够的稳定性。基础稳定性包括防止倾覆和防止滑动两方面,这个问题与荷载作用情况、基础尺寸和埋置深度及地基土的性质均有关系。

此外,整个建筑物还必须处于稳定的地层上,否则上述要求虽然都得到满足,也可能导致整个建筑物出现事故。

设计地基与基础时,必须全面考虑上述这些要求,保证技术经济的合理性,而要做到这一点,必须在着手设计以前,首先收集充足、准确、而又必要的资料。

三、基础设计所需要的资料

(1)建筑物的情况,如上部结构形式和结构设计图、建筑物用途、桥梁和墩台的构造与尺寸等。选择基础的类型、形状和尺寸时,必须收集这方面资料。

(2)荷载作用情况,包括可能作用于建筑物上的各种荷载的大小、方向、作用位置、荷载性质等。

(3)水文资料,如桥梁所在江河水流的高水位,低水位,常水位,水流流速及冲刷深度等。

(4)工程地质土质资料,主要是地质剖面图或柱状图,图上有各土层的分布情况,厚度、冻结深度,地下水位高度,土中有无大而硬的孤石或其他物质,岩面高程,倾斜度及其他的地质情况等,还必须有各种地基土必要的物理、力学性质指标。

以上四部分资料对选择基础的埋置深度和类型,确定其尺寸并进行各项验算是必不可少的。

(5)施工条件,包括施工队伍的人力、物力(主要是机具设备等)和技术水平(包括施工经验),投资和施工期限以及附近的材料,水电供应和交通等情况。掌握这方面资料有助于选择经济合理而又切实可行的地基基础方案。

此外,如工地附近有已建成的桥梁,还应掌握现有桥梁使用情况的调查资料,这对新建建筑物的设计具有重要的参考价值。

上述资料是设计的重要依据,它的准确性和完整性将直接影响设计的质量,尤其是水文和地质资料,如果不准确,将会造成不良的后果,必须给予足够的重视。

总之,在进行基础设计的时候,既要考虑上部结构的情况,又要考虑地基土的特点;既要考虑多方面的技术要求，又要考虑当时、当地的具体条件。只有把这几方面矛盾全面地处理好，才能把基础设计工作做好，这是从根本上保证整个建筑物设计质量的重要环节，必须充分加以重视。

● 第二节　地基与桥梁基础的分类 ●

建筑物地基分天然地基和人工地基两类。基础直接砌筑在经开挖清理（或经简单处理如加铺垫层）后的天然地层上的地基，称为天然地基；如天然地基的承载力不够，可以先通过人工加固的办法提高地基的强度或减小其压缩性，然后砌筑基础，这种经过人工处理的地基，称为人工地基。

基础的类型，可按基础的刚度、材料、埋置深度和构造形式等来分类。介绍分类的目的在于了解各种类型基础的特点，以便在设计时根据具体情况合理地加以选用。

1. 按基础的刚度分

按基础的刚度，也即按受力后基础的变形情况，分为刚性基础和柔性基础两种，如图 5-1 所示。受力后基础不发生挠曲变形的基础称为刚性基础，一般可用强度不高的材料（如浆砌块石，片石混凝土等）做成。这种基础不需要钢材，但圬工体积较大，且支承面积受到一定限制，如图 5-1a）所示；受力后容许发生挠曲变形的基础称柔性基础或弹性基础，通常用钢筋混凝土做成。由于钢筋可以承受较大的弯拉应力和剪应力，所以当基础荷载较大而地基承载力又较低时，可采用这种基础。图 5-1b）所示的柔性扩大基础，能大幅度扩大基础底面积，减小基底压应力，适应地基承载力的要求。

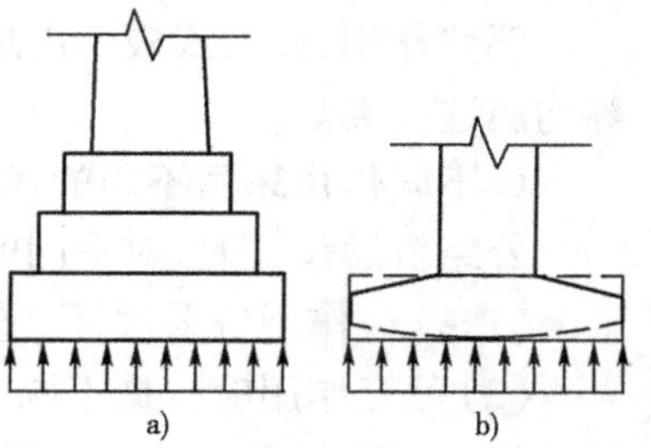

图 5-1　刚性基础与柔性基础

2. 按基础的埋置深度分

按基础的埋置深度分，有浅基础和深基础两种。埋置深度小于 5m 的基础称为浅基础，适用于浅层地基的承载力较大的情况。浅基础施工较简单，通常从地面用明挖法开挖基坑后，直接在基坑底面上砌筑基础。当基础埋置深度大于 5m 时，就不宜采用上述方法，而是需要用特殊的施工手段和相应的基础形式，如沉井、沉箱、管柱和桩基础等，这类基础都属深基础。

3. 按构造形式分

按构造形式分，对桥梁墩台基础来说，可归纳为实体式基础和桩柱式基础两类。当整个基础都由圬工材料筑成时，称为实体式基础。其特点是基础整体性好，但自重较大，所以对地基承载力要求较高，如图 5-2a）所示。实体基础多属刚性基础。由单根或多根基桩支承盖梁及上部结构的基础，称桩柱式基础，如图 5-2b）所示。这种基础比其他深基础能省很多圬工材料，整个基础的质量也较轻，且可把荷载传递或分散到深层土中。因此对地基强度的要求可比实体基础要低一些。

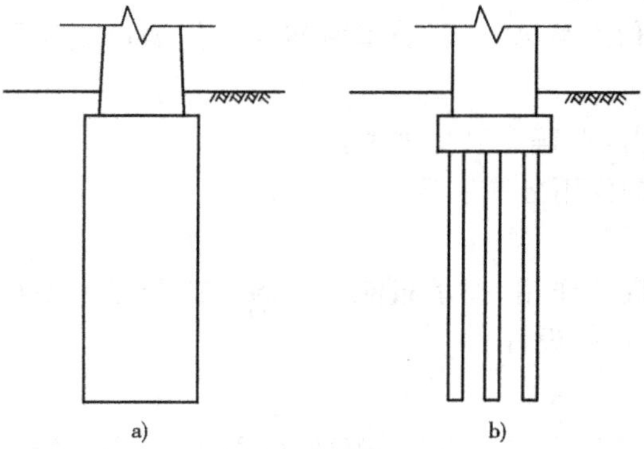

图 5-2　实体基础与桩柱式基础

4. 按施工方法分

基础也可按施工方法进行分类，如明挖法、沉井、沉箱、管柱、沉桩、就地钻孔灌注桩等，其中以明挖法最为简单，但只能适用于浅基础。其他方法均用于深基础，其中沉箱基础目前已用得不多，管柱基础施工需要一整套大型的机具设备，并对电力供应要求较高，目前国内仅用于特殊大桥工程中，所以本教材中从略。明挖法、沉井、沉桩及钻孔灌注桩等施工方法，将在以后有关章节中介绍。

第三节　桥涵设计采用的作用

作用指施加在结构物上的力或引起结构物变形的原因，作用于桥梁或其他结构物上的作用都要通过基础传给地基。对于桥梁设计采用的作用，分为永久作用、可变作用和偶然作用。

永久作用是长期或恒定的作用。如建筑物结构重力、土的重力及土的侧压力、水的浮力和基础变位作用力等。

可变作用，这类作用的时间和大小是可变的。如汽车荷载、汽车冲击力、汽车离心力、汽车引起的土侧压力、人群荷载、汽车制动力、风荷载、流水压力、冰压力、温度作用、支座摩阻力等。

偶然作用，偶然或极少出现的作用，如地震作用、船只或漂流物的撞击作用、汽车撞击作用等均属这一类。

1. 不同作用采用不同的代表值

公路桥涵设计时，对不同的作用应采用不同的代表值。

(1)永久作用应采用标准值作为代表值。

(2)可变作用应根据不同的极限状态分别采用标准值、频遇值或准永久值作为其代表值。承载能力极限状态设计及按弹性阶段计算结构强度时应采用标准值作为可变作用的代表值。正常使用极限状态按短期效应(频遇)组合设计时，应采用频遇值作为可变作用的代表值；按长期效应(准永久)组合设计时，应采用准永久值作为可变作用的代表值。

(3)偶然作用取其标准值作为代表值。

2. 作用的代表值的取用

作用的代表值按下列规定取用：

(1)永久作用的标准值，对结构重力(包括结构附加重力)，可按结构构件的设计尺寸与材料的重力密度计算确定。

(2)可变作用的标准值应按规范有关章节中的规定采用。

可变作用频遇值为可变作用标准值乘以频遇值系数 ψ_1。可变作用准永久值为可变作用标准值乘以准永久值系数 ψ_2。

(3)偶然作用应根据调查、试验资料，结合工程经验确定其标准值。

作用的设计值规定为作用的标准值乘以相应的作用分项系数。

3. 作用效应的组合

公路桥涵结构设计应考虑结构上可能同时出现的作用，按承载能力极限状态和正常使用极限状态进行作用效应组合，取其最不利效应组合进行设计。

注：《公路桥涵设计通用规范》(JTG D60—2004)中已把荷载改为作用，荷载组合改为效应组合，但由于某些规范还未出版，故本教材中其他地方仍使用“荷载”等老名词。

（1）只有在结构上可能同时出现的作用，才进行其效应的组合。当结构或结构构件需作不同受力方向的验算时，则应以不同方向的最不利的作用效应进行组合。

（2）当可变作用的出现对结构或结构构件产生有利影响时，该作用不应参与组合。实际不可能同时出现的作用或同时参与组合概率很小的作用，按规定不考虑其作用效应的组合。

（3）施工阶段作用效应的组合，应按计算需要及结构所处条件而定，结构上的施工人员和施工机具设备均应作为临时荷载加以考虑。组合式桥梁，当把底梁作为施工支撑时，作用效应宜分两个阶段组合，底梁受荷为第一个阶段，组合梁受荷为第二个阶段。

（4）多个偶然作用不同时参与组合。

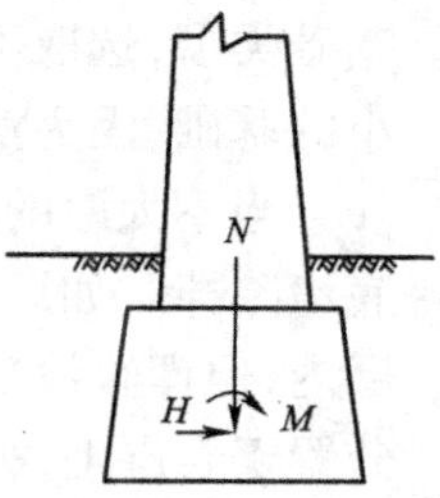

图 5-3　矩形基础底面

所有作用均通过基础传给地基，具体验算时，常把各效应组合的合力简化到基础底面形心处，用竖向力、水平力和力矩表示，如图 5-3 中的 N、H 和 M。通常基础多为矩形底面，形心轴和对称轴重合。但要注意，对 U 形或 T 形桥台基础（图 5-4 中为 T 形基础底面），由于底面只有一个对称轴，所以另一个方向上的形心轴位置与基础立面的中轴不重合，这时 N、M 应算至形心轴位置上。

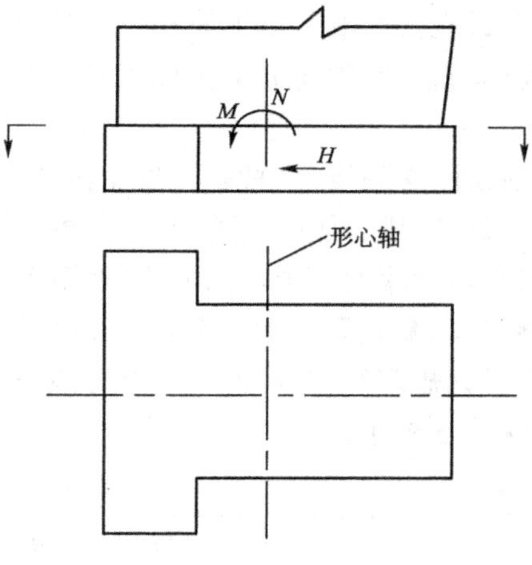

图 5-4　T 形基础底面

进行具体计算时，一般分别考虑作用的纵向和横向效用，不相互叠加。对桥梁墩台基础来说，纵向是指与车辆行驶方向相一致的方向，即桥的长度方向，也称顺桥向；横向则与车辆行驶方向相垂直，即桥的宽度方向。所以，每一个验算项目多数也分纵向验算和横向验算两部分，不予叠加。但对多数桥梁基础来说，往往纵向验算控制设计，因为通常纵向水平力较大，而基础的纵向尺寸（宽度）又比横向尺寸（长度）小，明显地处于不利的地位。所以一般可不进行横向验算。但当横向有较大的水平力作用时，就必须同时进行纵横向验算。

●第四节　基础埋置深度的选择●

确定基础底面的埋置深度是所有基础设计中首先要解决的重要问题，它将决定基础支承在哪一个土层上。由于不同土层的承载能力存在很大的差别，因此，这个问题的确定，实际上将直接关系到建筑物是否能保证质量；此外，埋置深度的大小还影响到采用什么样的基础类型和相应的施工方法，所以也关系到方案的造价。由此可见，选择基础埋置深度应从实际情况出发，统一考虑建筑物对地基基础的各项技术要求，在掌握设计所必需的原始材料以后，应考虑下列几项因素。

1. 地质条件与荷载作用情况

地质条件与荷载作用情况，是确定基础埋置深度的最基本因素，因为根据各土层埋置情况及土的不同性状，可以大致估计出它们允许承载力值的高低，再结合建筑物作用情况，就可大体上判断哪一层可作为持力层，从而可初步选定埋置深度。土层的强弱及其能否作为持力层是相对一定荷载而言的,同一种土层如对轻型建筑物来说,作为持力层完全不成问题,但对重型建筑物则可能不行。因此,地质条件和建筑物荷载作用大小一定要结合起来考虑。很明显,根据这两方面的综合条件来确定基础的埋置深度,主要是考虑地基的强度和变形必须符合要求。从这一角度出发,有时可作为持力层的土层不只一个,且各有利弊,这就应当结合不同的基础类型,选取不同的埋置深度,经过综合比较分析,再最后确定。一般应首先选用埋置深度小的基础,因为浅基础具有施工易、造价低的明显优点。

当不太厚的覆盖层下有基岩时,对重型建筑物,宜把基础设置在基岩上,并应将风化层彻底清除掉。如风化层较厚,全部清除风化层有困难,在保证安全的条件下,基础也可设在风化层内,但埋置深度要根据风化程度及其相应的承载力予以确定。当岩层倾斜时,切忌基础一部分置于岩层上,另一部分又置于分散土土层上,因为这种情况最易导致基础发生倾斜或断裂。

2. 上部结构的形式

桥梁上部结构通过支座与墩台基础连成一体,结构是否静定和桥的跨径大小等不同情况对地基的变形有不同要求。例如静定结构对地基变形要求不太高,超静定结构(如无铰拱桥)对地基变形则较敏感,要求比较严格。这样,上部结构的形式就会影响基础埋置深度的选择。

在考虑以上两项因素之后,如果允许采用埋置深度较小的基础,则还需考虑以下各因素。

3. 水流的冲刷

横跨江河的桥梁,在桥梁墩台修筑以后,河床原有过水断面受到压缩,特别是发生洪水时,水位雍高、水的流速增大,从而增加了水流对桥下河道的冲刷作用。因此,必须慎重考虑洪水的冲刷,包括一般冲刷和墩台附近的局部冲刷。如果基础的埋置深度小于局部冲刷线深度,洪水就会将基底的土掏空,从而导致墩台倒塌。因此,为了确保基础的稳定性,基础底面必须埋置在局部冲刷线以下一定深度下。《公路桥涵地基与基础设计规范》(JTG D63—2007)规定:

(1)大、中桥基底埋置在局部冲刷线以下的安全值应按表 5-1 采用。

大、中桥基底最小埋深安全值 表 5-1

冲刷总深度(m)		0	5	10	15	20
安全值(m)	大桥、中桥、小桥(不铺砌)	1.5	2.0	2.5	3.0	3.5
	特大桥	2.0	2.5	3.0	3.5	4.0

注:①冲刷总深度为河床面算起的河床自然演变冲刷、一般冲刷与局部冲刷深度之和。

②表列数值为墩台基底埋入总冲刷深度以下的最小值;若对设计流量、水位和原始断面资料无把握或不能获得河床演变的准确资料时,其值宜适当加大。

③若桥的上下游有已建桥梁,应调查已建桥梁的特大洪水冲刷情况,新建桥梁墩台基础埋置深度不宜小于已建桥梁的冲刷深度且酌加必要的安全值。

④如河床上有铺砌层时,基础底面宜设置在铺砌顶面以下不小于 1m。

(2)小桥、涵洞的基础底面,在有冲刷的河流中,应埋于局部冲刷线以下至少 1.0m,当河床上有铺砌层时,一般宜设置在铺砌层顶面以下 1.0m。

(3)大桥的墩台基础,当建筑在岩石上且河流冲刷又较严重时,除应清除风化层外,尚应根据基岩强度嵌入岩层一定深度,或采用其他锚固措施,使基础和岩石连成整体。

4. 地层的冻结深度

在寒冷地区要考虑冻胀土对基础的有害影响。《公路桥涵地基与基础设计规范》(JTG

D63—2007）规定：

（1）当墩台基底设置在不冻胀土层中时，基底埋深可不受冻结深度的限制。

（2）上部为外静定结构时，除了非冻胀土外，桥涵基础底面均应埋于冻结线以下不小于0.25m。

（3）当墩台基础设置在季节性冻胀土层中时，基底最小埋置深度可按下式确定：

$$d_{min} = z_d - h_{max} \tag{5-1}$$

$$z_d = \varphi_{zs}\varphi_{zw}\varphi_{ze}\varphi_{zg}\varphi_{zf}z_0 \tag{5-2}$$

式中：d_{min}——基底最小埋置深度，m；

z_d——设计冻深，m；

z_0——标准冻深，无实测资料时，可按《公路桥涵地基与基础设计规范》（JTG D63—2007）附录H.0.1条采用；

φ_{zs}——土的类别对冻深的影响系数，按表5-2查取；

φ_{zw}——土的冻胀性对冻深的影响系数，按表5-3查取；

φ_{ze}——环境对冻深的影响系数，按表5-4查取；

φ_{zg}——地形坡向对冻深的影响系数，按表5-5查取；

φ_{zf}——基础对冻深的影响系数，取$\varphi_{zf}=1.1$；

h_{max}——基础底面下容许最大冻层厚度，m，按表5-6查取。

土的类别对冻深的影响系数 φ_{zs}　　表5-2

土的类别	黏性土	细砂、粉砂、粉土	中砂、细砂、砾砂	碎石土
φ_{zs}	1.0	1.2	1.3	1.4

土的冻胀性对冻深的影响系数 φ_{zw}　　表5-3

冻胀性	不冻胀	弱冻胀	冻胀	强冻胀	特强冻胀	极强冻胀
φ_{zw}	1.0	0.95	0.90	0.85	0.80	0.75

环境对冻深的影响系数 φ_{ze}　　表5-4

周围环境	村、镇、旷野	城市近郊	城市市区
φ_{ze}	1.0	0.95	0.90

地形坡向对冻深的影响系数 φ_{zg}　　表5-5

地形坡向	平坦	阳坡	阴坡
φ_{zg}	1.0	0.9	1.1

不同冻胀土类别在基础底面下容许最大冻土层厚度 h_{max}　　表5-6

冻胀土类别	弱冻胀	冻胀	强冻胀	特强冻胀	极强冻胀
h_{max}	$0.38z_0$	$0.28z_0$	$0.15z_0$	$0.08z_0$	0

注：z_0——标准冻深，m。季节性冻胀土分类见《公路桥涵地基与基础设计规范》（JTG D63—2007）附录表H.0.2。

（4）涵洞基础设置在季节性冻土地基上时，出入口至两端洞口向内各2m范围内，涵身基底埋深按式（5-1）计算确定。涵洞中间部分基础的埋深，可按地区施工经验确定。严寒地区，当涵洞中间部分埋深与洞口埋深相差较大时，其连接处应设过渡段。

5. 最小埋置深度

地表土直接和大气接触，因气候的变化而经受剧烈的风化作用和雨水经常性的直接冲蚀，有时还会受动物的扰动。所以,为了保证基础的稳定,一般不宜将基础直接放在地面上。规范规定,桥涵基底除岩石地基外,应在地面或河底以下至少1.0m。

6. 施工条件

施工条件如机具设备、施工期限等,会影响基础类型的选择,而基础类型与基础的埋置深度有密切关系,故应考虑此项因素的影响。

复习思考题

1. 地基基础设计时,为保证质量,必须考虑哪些要求?
2. 设计地基基础需收集哪些资料?
3. 刚性基础和柔性基础有何区别? 各有什么特点和利弊?
4. 为什么要按埋置深度划分为浅基础和深基础? 什么情况下应考虑采用深基础?
5. 实体基础和桩柱式基础各有什么利弊?
6. 按施工方法分类有哪些基础类型?
7. 为什么要对作用荷载进行分类? 规范把作用分成哪几类?
8. 什么叫效应组合? 为什么要有不同的效应组合?
9. 确定基础埋置深度时,应考虑哪些因素?

第六章 天然地基上的刚性浅基础

教学要求

1. 解释扩大基础的基本概念、分类及特点构造要求、计算原理和验算方法,会进行刚性扩大基础的设计与计算;

2. 描述浅基础施工的主要工序和内容;会进行浅基础的施工测量、基础放样并组织施工。

● 第一节 概 述 ●

根据工程设计原则,任何建筑物在保证满足使用和质量要求的前提下,总希望首先选用结构简单、施工方便而又造价低廉的方案。桥梁基础中最简单的方案,就是天然地基上的浅基础。与其他类型相比,其设计计算内容自然也要简单一些。但其设计中所考虑的一些基本问题,其他类型基础也涉及到,因此掌握浅基础的设计计算原理,将有助于理解和掌握其他类型基础的设计计算原理和内容。

基础设计主要包括对地基作出评价,结合建筑物和其他具体条件初步拟定基础的材料、埋置深度、类型及尺寸,然后通过验算,证实各项设计要求是否能得到满足,最后确定设计方案。

如前所述,浅基础有刚性基础和柔性基础之分。刚性基础结构比较简单,只需圬工材料,不需要钢材,桥梁工程中用得很多。柔性基础要用钢筋混凝土,桥梁中用得较少。这两类基础对地基的要求和验算内容均相同,柔性基础还要增加其截面强度验算,在这里只介绍刚性浅基础。

刚性浅基础设计计算的一般步骤和内容为:

(1)确定建筑物主要方案,包括基础类型与材料等;

(2)初步选定基础的埋置深度;

(3)初步拟定基础的形状和尺寸;

(4)验算地基强度(持力层和软弱下卧层);

(5)验算基底的合力偏心距;

(6)验算基础抗滑动和抗倾覆稳定性;

(7)必要时验算基础的沉降。

验算中如发现某项设计要求得不到满足,或虽然满足,但尺寸或埋深显得过大而不经济,则需适当修改基础尺寸或埋置深度,重复各项验算,直到各项要求全部满足且使基础尺寸较为合理为止。

第二节　基础尺寸的拟定

基础类型、材料及埋置深度按有关要求初步拟定后，按本节要求拟定基础尺寸。

基础尺寸包括平面尺寸和立面尺寸两方面，拟定时一般要考虑上部结构的形式、荷载大小、基础埋置深度、地基承载力允许值及墩台底面的形状和尺寸等因素。

一、基础立面尺寸

1. 拟定基础顶面高程

考虑整个建筑物的美观，并保护基础不受外力破坏，一般要求基础不外露。墩台基础顶面不宜高于最低水位或地面的高程。

2. 拟定基础底面高程

在基础埋置深度确定后，局部冲刷线高程减去拟定的基础埋置深度，即为基础底面高程 。基础高（厚）度为基础顶面与底面高程之差。

基础较厚（超过 1m）时，可将基础的剖面浇（砌）筑成台阶形，如图 6-1 所示，台阶数和台阶高度按基础总厚度和底面尺寸，视具体情况而定，混凝土基础每级台阶高度一般不小于 50cm，砌石基础每级台阶高度一般不小于 75cm。

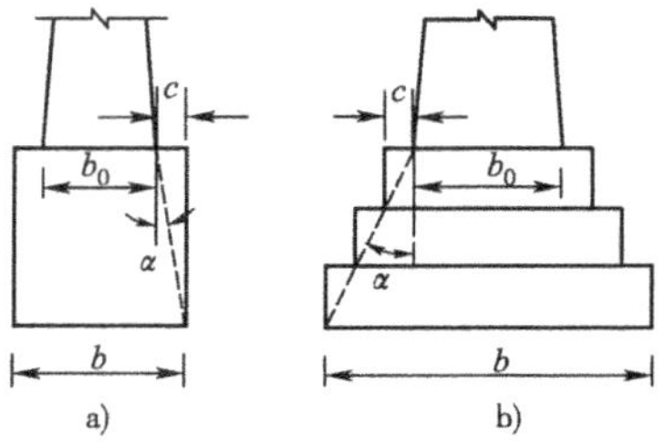

图 6-1　基础襟边和扩展角

二、基础平面尺寸

基础平面尺寸主要是基础顶面和底面尺寸。基础顶面的形状应与墩台底部形状相适应，考虑到施工的方便性，桥墩底部形状以圆端形居多，但一般基础仍采用矩形。

基础顶面的尺寸应大于墩台底部的尺寸。基础顶面边缘到墩台底部边缘的距离，称为基础的襟边宽度，如图 6-1 中的 c。襟边宽度一般不小于 15 ~ 30cm，其作用主要是：①考虑基础施工条件较差，基础砌成后，其位置可能会有些偏移，设置了襟边，墩台就可以按正确的定位要求放样，以纠正基础施工所产生的误差；②便于施工操作和搭置浇筑墩台所需要的模板；③扩大基础底面积，减小基底压应力，以适应地基承载力的要求。因此，基础顶面的最小尺寸应为：

$$b_{min} = b_0 + 2c \tag{6-1}$$

式中：b_{min}——基础顶面的最小宽度或长度；

b_0——墩台底部的宽度或长度；

c——襟边宽度，一般不小于 15 ~ 30cm。

基础底面尺寸当然不得小于基础顶面的最小尺寸。对于刚性基础来说，在基础高度已经确定的情况下，基础底面的最大尺寸也要受到一定限制。因为基础底面尺寸超过墩台底部尺寸太多，在基础中所产生的最大弯拉应力和最大剪应力，有可能超过圬工材料的强度，使基础底面发生开裂以致遭到破坏。从墩台底部外缘到基础底面外缘的连线与竖线的夹角，称为基础扩展角，如图 6-1b）中的 α，为了保证刚性基础本身有足够的强度和刚度，通常限制扩展角 α

不超过一定的极限值，该扩展角的极限值常称为基础的刚性角，用 α_{max} 表示，它与基础所采用的材料有关，一般按下述方式选用：

用 M5 以下水泥砂浆砌筑块石时，$\alpha_{max}=30°$；

用 M5 以上水泥砂浆砌筑块石时，$\alpha_{max}=35°$；

水泥混凝土 $\alpha_{max}=40°$。

因此，必须使基础的扩展角 $\alpha \leqslant \alpha_{max}$，这样基础底面的最大宽度应为：

$$b_{max} = b_0 + 2H\tan\alpha_{max} \tag{6-2}$$

式中：H——基础高度。

基础底面形状应与顶面相配合，其合理的尺寸，一般要通过试算最后确定。先应根据荷载大小和地基强度，参照上述最小襟边宽度和刚性角所要求的最小和最大尺寸，从中初选一个底面尺寸，然后进行各项验算，根据验算结果，再作适当修改。如果采用最大尺寸还不能满足验算要求，那就应改用强度较大的圬工材料或加大基础的埋置深度。

• 第三节　地基与基础的验算 •

基础埋置深度和尺寸初步拟定后，是否符合各项设计要求，还必须通过具体验算加以确认。各项验算都应分别采用其最不利的效应组合作为验算的依据，具体考虑方法，将在各项验算项目中再作介绍。

前已指出，每一个验算项目均分纵向和横向验算两部分，不予叠加。但都要分别符合规定的要求。对多数桥梁基础来说，往往纵向验算控制设计，所以一般不进行横向验算，但当横向有较大的水平力作用时，则除了纵向验算外，还必须同时进行横向验算。例如，寒冷地区冬季河水冻结，春天河面开冻产生流冰时，对桥墩将产生很大的流冰压力，这时横向验算也可能控制设计。两个方向验算的方法均相同，下面介绍各验算项目的内容。

一、持力层地基强度验算

持力层强度验算的目的是保证基底压应力不超过地基的承载能力，以保证持力层地基强度不发生破坏，具体要求是：

$$p_{max} \leqslant \gamma_R[f_a]$$

式中：γ_R——地基承载力容许值抗力系数，确定方法见第三章第四节；

$[f_a]$——地基承载力容许值，确定方法见第三章第四节；

p_{max}——基底最大压应力，确定方法如下：

如图 6-2 所示，N 与 M 为作用于基础底面形心上的竖向合力和力矩，当合力偏心距不超出截面核心$\left(\rho=\dfrac{b}{6}\right)$时，按式(6-3)计算基础底面压应力。

$$p_{\substack{max\\min}} = \frac{N}{A} \pm \frac{M}{W} \tag{6-3}$$

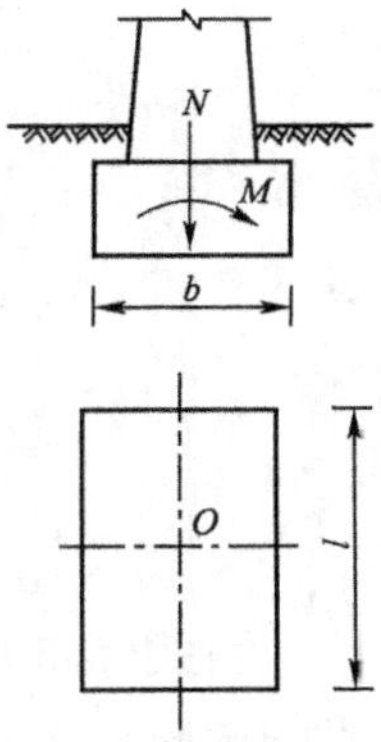

图 6-2　矩形基础底面受力情况

当基础底面为 $a \times b$ 的矩形，且受力情况如图 6-2 所示时，上式适用于合力偏心距 $e_0=\dfrac{M}{N} \leqslant \rho$，其中，$A=lb$，$W=\dfrac{lb^2}{6}$。

对设置在基岩上的墩台基础，当基底合力偏心距超出核心半径($e_0 > \rho$)时，仅按受压区计算基底最大压应力，不考虑基底承受拉力。当墩台基底为矩形时，最大压应力按式(6-4)计算。

$$p_{max} = \frac{2N}{3\left(\frac{b}{2} - e_0\right)l} \tag{6-4}$$

分析上两式，当基础底面尺寸为一定时，N 和 M 值越大，p_{max} 越大。可见在验算地基强度时，应选用能使 N 值和 M 值尽可能大的效应组合为最不利的组合。

基础底面应力，一般按式(6-3)或式(6-4)计算即可，但当桥台填土高度大于5m时，规范规定还要考虑桥台后填土荷载对基底应力的影响。

如图6-3所示，当 $H_1 \geqslant 5$m 时，还应计入填土对桥台基底(或桩端平面)处的附加压力。

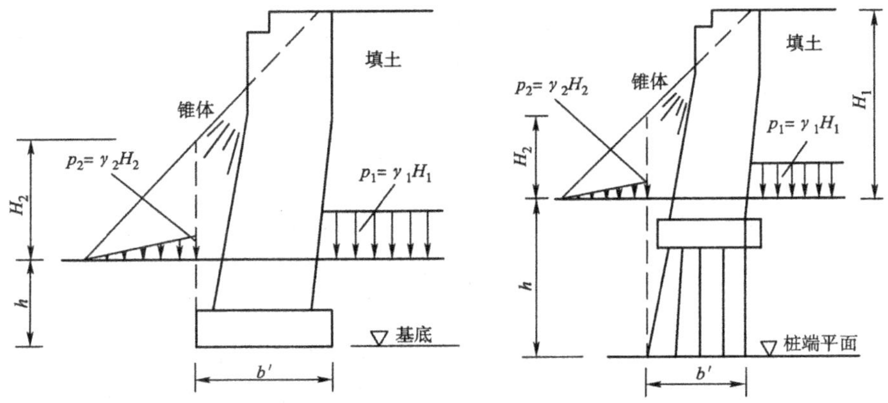

图6-3 桥台填土荷载对基底应力的影响

$$p_1 = \alpha_1\gamma_1 H_1, \text{kPa} \tag{6-5}$$

对于埋置式桥台，应按下式计算台前锥体对基底(或桩端平面)处前边缘引起的附加压应力：

$$p_2 = \alpha_2\gamma_2 H_2, \text{kPa} \tag{6-6}$$

式中和图6-3中：p_1——台背路基填土对原地面的竖向压应力，kPa；

p_2——台前锥体对原地面的竖向压应力，kPa；

γ_1——路基填土的天然重度，kN/m^3；

γ_2——锥体填土的天然重度，kN/m^3；

H_1——台背路基填土高度，m；

H_2——基底(或桩端平面)处前边缘上的锥体高度，m；

b'——基底(或桩端平面)处的前后边缘上的锥体高度，m；

h——原地面至基底(或桩端平面)处的深度，m；

α_1、α_2——附加竖向压应力系数，见表6-1和表6-2。

由式(6-3)或式(6-4)算得的应力和 p_1、p_2 相加，即为路基填土对基底(或桩端平面)处承受的基底总压应力。

二、软弱下卧层强度验算

前已介绍，持力层下的土层均为下卧层。当所有下卧层强度均大于持力层强度时，只要持力层强度足够,整个地基强度肯定不会有问题。但当基底以下存在强度小于持力层的土层,即软弱下卧层时,则即使持力层强度已够,还不能确保软弱下卧层不出问题。因此,当地基中存在软弱下卧层时,还应验算其强度。首先要判别地基中是否有软弱下卧层,一般可先按规范方法求得地基中各层土的允许承载力[f_{a0}]值,如基底下不深处的下卧层[f_{a0}]值小于持力层的[f_{a0}]值,则应确认该下卧层为软弱下卧层。验算要求作用在该下卧层顶面上的总应力,不超过下卧层经修正后的允许承载力。

系　数　α_1　　表 6-1

基础埋置深度 h(m)	填土高度 H_1(m)	系数 α_1(对桥台边缘)			
		后边缘	前边缘,当基底平面的基础长度为 b'		
			5(m)	10(m)	15(m)
5	5	0.44	0.07	0.01	0
	10	0.47	0.09	0.02	0
	20	0.48	0.11	0.04	0.01
10	5	0.33	0.13	0.05	0.02
	10	0.40	0.17	0.06	0.02
	20	0.45	0.19	0.08	0.03
15	5	0.26	0.15	0.08	0.04
	10	0.33	0.19	0.10	0.05
	20	0.41	0.24	0.14	0.07
20	5	0.17	0.12	0.08	0.05
	10	0.24	0.17	0.12	0.08
	20	0.33	0.24	0.17	0.10
25	5	0.17	0.12	0.08	0.05
	10	0.24	0.17	0.12	0.08
	20	0.33	0.24	0.17	0.10
30	5	0.15	0.11	0.08	0.06
	10	0.21	0.16	0.12	0.08
	20	0.31	0.24	0.18	0.12

系　数　α_2　　表 6-2

基础埋置深度 h(m)	α_2 当台背路基填土高度 H_1 为		基础埋置深度 h(m)	α_2 当台背路基填土高度 H_1 为	
	10(m)	20(m)		10(m)	20(m)
5	0.4	0.5	20	0.1	0.2
10	0.3	0.4	25	0	0.1
15	0.2	0.3	30	0	0

软弱下卧层顶面的总应力,参照图 6-4 可按下式计算:

$$p_z = \gamma_1(h + z) + \alpha(p - \gamma_2 h),\text{kPa} \tag{6-7}$$

式中:p_z——软弱下卧层顶面的压应力,kPa;

γ_1——深度$(h+z)$范围内各土层的换算重度,kN/m^3;

γ_2——深度(h)范围内各土层的换算重度,kN/m^3;

h——基底埋置深度,m,当基础受水流冲刷时,由一般冲刷线算起,当不受水流冲刷时,由天然地面算起,如位于挖方内,则由开挖后地面算起;

z——从基底到软弱下卧层顶面的距离，m；

α——土中附加压应力系数，查表1-14；

p——基础底面压应力，kPa，当$\frac{z}{b}>1$时，p采用基底平均压应力；当$\frac{z}{b}\leqslant 1$时，p按基底压应力图形采用距离最大压应力点$\frac{b}{3}\sim\frac{b}{4}$处的压应力（对于梯形图形前后端压力差值较大时，可采用上述$\frac{b}{4}$点处的压应力值；反之，则采用上述$\frac{b}{3}$处压应力值），b为矩形基底的宽度，见图6-5。

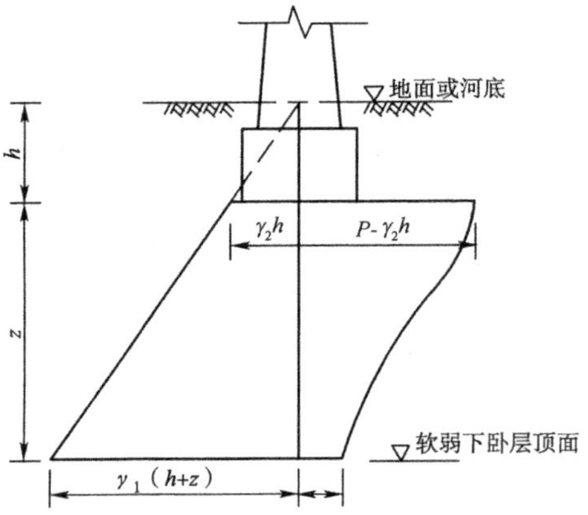

图6-4　软弱下卧层顶面应力

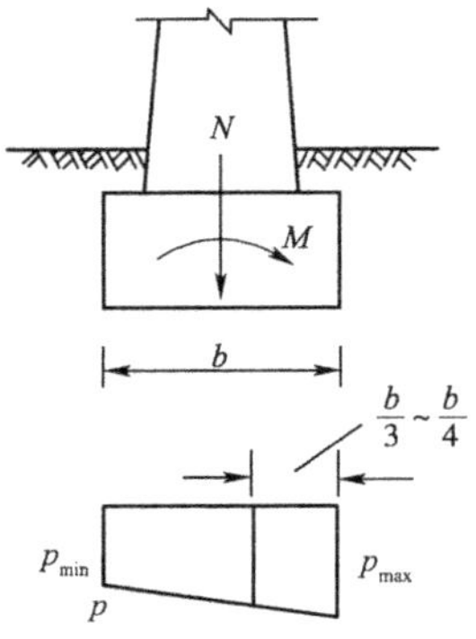

图6-5　基底压应力p

必须注意，式(6-7)中的$\gamma_1(h+z)$和$\gamma_2 h$分别为软弱下卧层顶面处和基底处的自重应力，即为建桥前土中的原存应力。因此，对建桥后有水流冲刷的地基来说，h仍应从原河底算起，而不应从冲刷线算起，因为冲刷线是建桥后才形成的。

软弱下卧层的承载力容许值$[f_a]_{h+z}$，可参照规范的方法，即式(3-15)算得，但式中基础底面的埋置深度应改为软弱下卧层顶面的埋置深度，故可用下式计算：

$$[f_a]_{h+z}=[f_{a0}]+k_1\gamma_1(b-2)+k_2\gamma_2(h+z-3)+\Delta f_{aw},\text{kPa} \tag{6-8}$$

式中：$[f_{a0}]$——软弱下卧层的承载力容许值，kPa；

γ_1——软弱下卧层的天然重度，kN/m³，当下卧层位于水中，且下卧层本身及下卧层以上各土层均为透水时，宜用浮重度；

γ_2——深度$(h+z)$范围内土层的换算重度，kN/m³，对于在水中的地基，若持力层或下卧层不透水，则不论下卧层顶面以上土的透水性如何，宜一律用饱和重度，如持力层和下卧层均透水，宜一律用浮重度；

b——基础底面宽度，m，$b>10$m时，取$b=10$m；

h——基础埋置深度，m，对无冲刷的地基从天然地面算起，对受水流冲刷的地基，从一般冲刷线算起；

z——软弱下卧层顶面到基底的深度，m；

k_1、k_2——承载力宽度和深度修正系数，按软弱下卧层土质查表3-9；

h_w——水中基础处平均常水位至一般冲刷线的深度，m。

Δf_{aw}——地面水引起的承载力提高值，kPa，持力层透水时，$\Delta f_{aw}=0$，持力层不透水时，$\Delta f_{aw}=10h_w$；

h_w——水中基础处平均常水位至一般冲刷线的深度，m。

验算要求：

$$p_{h+z} \leqslant \gamma_R [f_a]_{h+z} \tag{6-9}$$

式中：γ_R——容许承载力提高系数，见第三章第四节。

本项验算中，计算应力的最不利效应组合同持力层强度验算。

三、基底偏心距验算

从式(1-4)中可知，基底合力偏心距越大，基底压应力的最大值和最小值相差越大，基础越易发生较大的不均匀沉降，致使墩台倾斜，这对建筑物必将造成不利影响。为了防止基础发生过大的倾斜，必须控制偏心距 e_0 值。《公路桥涵地基与基础设计规范》(JTG D63—2007)规定 e_0 的控制值见表6-3。

墩台基础合力偏心距容许值[e_0]　　表6-3

作用情况	地基条件	合力偏心距	备　注
墩台仅受永久作用标准值效应组合时	非岩石地基	桥墩 $[e_0] \leqslant 0.1\rho$ 桥台 $[e_0] \leqslant 0.75\rho$	对拱桥、刚构桥墩台，其合力作用点应尽量保持在基底重心附近
墩台受作用标准值效应组合或偶然作用（地震作用除外）标准值效应组合	非岩石地基	$[e_0] \leqslant \rho$	拱桥单向推力墩不受限制，但应符合规范《公路桥涵地基与基础设计规范》(JTG D63—2007)4.4.3规定的抗倾覆稳定系数
	较破碎～极破碎岩石地基	$[e_0] \leqslant 1.2\rho$	
	完整、较完整岩石地基	$[e_0] \leqslant 1.5\rho$	

基础底面中心的单向合力偏心距 $e_0=M/N$；

基底承受双向偏心受压的 ρ 值可按下式计算：

$$\rho = \frac{e_0}{1 - p_{min}A/N}$$

$$p_{min} = \frac{N}{A} - \frac{M_X}{W_X} - \frac{M_Y}{W_Y}$$

由于合力偏心距 $e_0=\dfrac{M}{N}$，M 越大，N 越小，e_0 将越大。因此对该验算，应取 M 值大、N 值小的效应组合为最不利的效应组合。

四、基础稳定性验算

当地基承受较大的偏心距和水平力时，基础有产生倾覆和滑动的危险，为确保基础在这两方面有足够的稳定性，必须进行本项验算。

1. 抗倾覆稳定性

如图6-6所示，假定基础将绕基底最大受压边缘转动，那么力矩 M 是倾覆因素，N 是抵抗倾覆的稳定因素。可按下式算出抗倾覆稳定系数 k_0：

$$k_0 = \frac{s}{e_0} \tag{6-10}$$

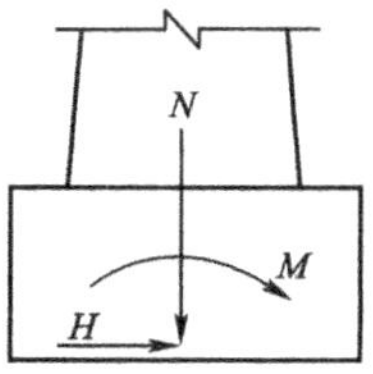

图 6-6 倾覆稳定性验算

$$e_0 = \frac{\sum P_i e_i + \sum H_i h_i}{\sum P_i} \tag{6-11}$$

式中：k_0——墩台基础抗倾覆稳定性系数；

s——在截面重心至合力点的延长线上，自截面重心至验算倾覆轴的距离，m，矩形基础单向偏心时 $s = b/2$ 或 $s = L/2$；

e_0——所有外力的合力 R 在验算截面的作用点对基底重心轴的偏心距；

P_i——不考虑其分项系数和组合系数的作用标准组合或偶然作用（地震除外）标准值组合引起的竖向力，kN；

e_i——竖向力 p_i 对验算截面重心的力臂，m；

H_i——不考虑其分项系数和组合系数的作用标准组合或偶然作用（地震除外）标准值组合引起的水平力，kN；

h_i——水平力对验算截面的力臂。

由式(6-10)可见，e_0 值越大，k_0 越小越不利。所以，本项验算时应选取 e_0 值大的效应组合为最不利效应组合。

2. 抗滑动稳定性

$$k_c = \frac{\mu \sum P_i + \sum H_{iP}}{\sum H_{ia}} \tag{6-12}$$

式中：k_c——桥涵墩台基础的抗滑动稳定性系数；

$\sum P_i$——竖向力总和；

$\sum H_{ip}$——抗滑稳定水平力总和；

$\sum H_{ia}$——滑动水平力总和；

μ——基础底面与地基土之间的摩擦力系数，通过试验确定，当缺少实际资料时，可参照表 6-4 采用。

地基摩擦系数 表 6-4

地基土分类	μ	地基土分类	μ
黏土（流塑～坚硬）、粉土	0.25	软岩（极软岩～较软岩）	0.4～0.6
砂土（粉砂～砾砂）	0.3～0.4	硬岩（较硬岩、坚硬岩）	0.60～0.70
碎石土（松散～密实）	0.4～0.5		

验算墩台抗倾覆和抗滑动稳定性时，稳定性系数不应小于表 6-5 的规定。

抗倾覆和抗滑动的稳定性系数 表 6-5

作用组合		验算项目	稳定性系数
使用阶段	永久作用（不计混凝土收缩及徐变、浮力）和汽车人群的标准值效应组合	抗倾覆 抗滑动	1.5 1.3
	各种作用（不包括地震作用）的标准值效应组合	抗倾覆 抗滑动	1.3 1.2
施工阶段作用标准值的效应组合		抗倾覆 抗滑动	1.2

由式(6-12)可见,N 越小,H 越大,则 K_c 值越小越不利。所以本项验算时,应选取 P 小、H 大的效应组合为最不利效应组合。

3. 深层滑动验算

对具有高填土的桥台和挡土墙,当地基土质很差时,除了有可能发生基础沿底面滑动之外,还有可能出现沿着图 6-7 中的滑动面,基础和地基土一起发生滑动的可能,这种滑动称为深层滑动。这时需另行验算其稳定性,其验算方法可参照路基土坡稳定验算的原理进行,但应计入桥台所受的外荷载及桥台或挡土墙和基础重量的影响。

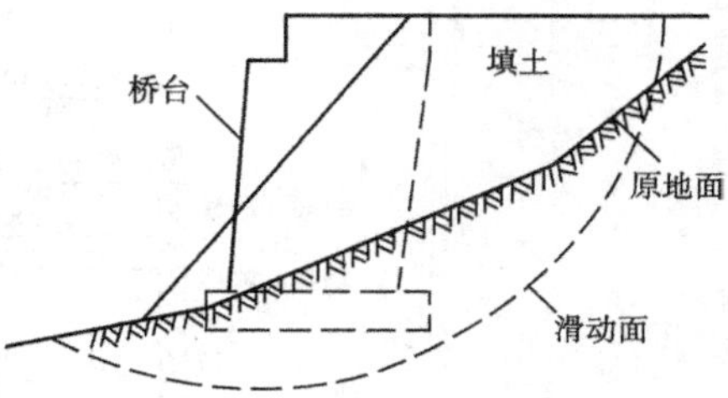

图 6-7　深层滑动

一般墩台基础出现这种滑动现象的可能性很小,所以通常可以不进行这项验算。

五、计算基础沉降

基础沉降的计算方法,已在第二章中介绍。一般对小桥或跨径不大的简支梁桥,在满足地基承载力容许值的情况下,可不进行沉降计算。

桥梁墩台符合下列情况之一时,应验算基础沉降量。

(1)墩台建于地质情况复杂、土质不均匀及承载力较差地基上的一般桥梁;

(2)需预先考虑沉降量确定净高的跨线桥;

(3)超静定体系的桥梁(如连续梁桥、两铰或无铰拱桥等),一般应计算墩台基础沉降和相邻基础的沉降差;

(4)相邻跨径差别悬殊必须计算沉降差的桥梁。

计算沉降时,传至基础底面的作用效应按正常使用极限状态下作用长期效应组合采用。该组合仅为直接施加于结构上的永久作用标准值(不包括混凝土收缩及徐变作用,基础变位作用)和可变作用准永久值(仅指汽车荷载和人群荷载)引起的效应。算得的沉降(cm)不得超过下列规定:

①相邻墩台间不均匀沉降差值(不包括施工中的沉降)不应使桥面形成大于 0.2% 的附加纵坡(折角)。

②外超静定结构桥梁墩台间不均匀沉降差值还应满足结构的受力要求。

六、设 计 算 例

1. 设计资料

(1)上部构造:20m 预应力钢筋混凝土空心板,桥面净宽为净 8m + 2 × 0.5m。

(2)下部构造:混凝土重力式桥墩。

(3)设计荷载:公路—II 级,人群荷载为 3.0kN/m^2。

(4)地质资料:

①地质柱状图见图 6-8;

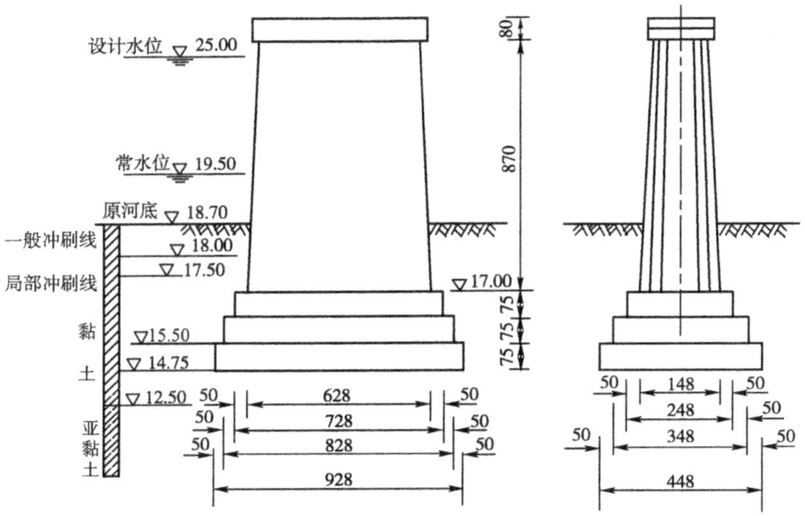

图 6-8 设计算例(尺寸单位:cm)

②地基土的物理性质指标见表 6-6。

地基土物理性质指标 表 6-6

层次	土名	γ(kN/m^3)	G_s	w(%)	w_L(%)	w_p(%)	e	I_L
1	黏土	19.8	2.73	23.0	33.9	12.1	0.664	0.500
2	亚黏土	18.5	2.72	29.6	34.7	19.8	0.867	0.658

(5)水文资料:设计水位高程 25.0,常水位高程 19.5,一般冲刷线高程 18.0,局部冲刷线高程 17.5(高程均以 m 计);

(6)其他:桥梁处于公路直线段上,无冰冻,风压为 50×0.01kPa,拟在枯水季节施工。

2. 设计任务

设计桥的中墩基础。

3. 确定基础埋置深度

从地质条件看,表层黏土厚约 6m,其液性指数 $I_L=\dfrac{w-w_p}{w_L-w_p}=0.5$,$e=0.664$,查表 3-2 得承载力容许值$[f_{a0}]=306$kPa,对公路—II 级荷载而言,土质不坏,可作为持力层。考虑黏土 $I_L=0.5<1.0$,可视为不透水。常水位时水深仅 0.8m,可采用土围堰明挖法修筑扩大浅基础。因此,初定基础底面设在局部冲刷线以下 2.75m 处,高程为 17.5−2.75=14.75(m)。

4. 基础尺寸的拟定

选用 C25 片石混凝土基础。根据荷载和地基承载力情况,初定基础设三层台阶,每层厚 75cm,台阶宽 50cm,由此算出台阶扩展角 $\alpha=\arctan\dfrac{50}{75}=34°<\alpha_{max}=40°$,符合要求。于是基础顶面尺寸为:

$$l_2=628+2\times50=728\text{cm}=7.28(\text{m})$$
$$b_1=148+2\times50=248\text{cm}=2.48(\text{m})$$

基础底面尺寸为:

$$l_1 = 628 + 6 \times 50 = 928\text{cm} = 9.28(\text{m})$$

$$b_2 = 148 + 6 \times 50 = 448\text{cm} = 4.48(\text{m})$$

根据本桥情况，顺桥向验算应控制设计，故以下均为纵向验算。

5. 计算各种效应组合下作用于基础底面形心处的 *N*、*H* 和 *M* 值（表 6-7）

6. 合力偏心距验算

由合力偏心距 $e_0 = \frac{M}{N}$，对照表 6-7 中所列的效应组合情况，较易看出最不利的效应组合应为表中序号 1 中的组合 II *B*，其 $M = 2111\text{kN} \cdot \text{m}$ 属最大，而 $N = 8108\text{kN}$ 比组合 II *A* 中的 *N* 大得不多。

基础底面面积： $A = 4.48 \times 9.28 = 41.57(\text{m}^2)$

截面抵抗矩： $W = \frac{1}{6} \times 9.28 \times 4.48^2 = 31.04(\text{m}^2)$

∴ $\rho = \frac{W}{A} = \frac{31.04}{41.57} = 0.747(\text{m})$

$$e_0 = \frac{M}{N} = \frac{2111}{8108} = 0.26(\text{m})$$

符合要求。

基础底面形心处的 *N*、*H* 和 *M* 值 表 6-7

序号	效应组合情况	作用于基底形心处的力和力矩		
		N(kN)	*H*(kN)	*M*(kN·m)
1	用于验算地基强度和偏心距			
	组合 I			
	A：恒载 + 双孔车辆 + 双孔人群	9 333	0	3
	B：恒载 + 单孔车辆 + 单孔人群	8 108	0	204
	组合 II			
	A：恒载 + 双孔车辆 + 双孔人群 + 双孔制动力 + 常水位时风力	9 333	203	1909
	B：恒载 + 单孔车辆 + 单孔人群 + 单孔制动力 + 常水位时风力	8 108	203	2111
2	用于验算基础稳定性			
	组合 I			
	恒载 + 单孔车辆 + 单孔人群 + 设计水位时的浮力	6 946	0	204
	荷载组合 II			
	A：恒载 + 单孔车辆 + 单孔人群 + 单孔制动力 + 设计水位时风力 + 设计水位时浮力	6 946	183	2041
	B：恒载 + 单孔车辆 + 单孔人群 + 单孔制动力 + 常水位时风力 + 常水位时浮力	7 541	203	2111

注：组合 I 为永久作用（不计混凝土收缩、徐变和浮力）和汽车、人群的标准效应组合。组合 II 为各种作用（不包括偶然作用）的标准效应组合。

7. 地基强度验算

1）持力层强度

按地质资料，采用规范方法，先求得持力层的承载力容许值，由式（3-15）：

$$[f_a] = [f_{a0}] + k_1\gamma_1(b-2) + k_2\gamma_2(h-3) + 10h_w$$

持力层为黏土，查得$[f_{a0}] = 306\text{kPa}$，由$I_L = 0.5$查表3-9，得$k_1 = 0, k_2 = 1.5$，故无宽度修正；由于$h = 18 - 14.75 = 3.25(\text{m})$（从一般冲刷线算起），持力层为塑态黏土，可视为不透水，故应考虑地面水影响，$h_w = 19.5 - 18.0 = 1.5(\text{m})$，于是：

$$[f_a] = 306 + 19.8 \times 1.5 \times 0.25 + 10 \times 1.5 = 328.4(\text{kPa})$$

对于组合II来说，承载力容许值抗力系数$\gamma_R = 1.25$。

按表6-7序号1的荷载组合IIB计算，$e_0 = \dfrac{M}{N} = \dfrac{2111}{8108} = 0.26, \rho = \dfrac{W}{A} = 0.747\text{m}, e_0 < \rho$，故基底应力为：

$$p_{\substack{\max\\\min}} = \frac{N}{A} \pm \frac{M}{W} = \frac{8108}{41.57} \pm \frac{2111}{31.04} = \frac{263}{127}(\text{kPa})$$

各种效应组合下的基底应力，列表计算于表6-8中。

表列结果中$p_{\max}$均小于$[f_a] = 328.4\text{kPa}$，肯定符合$p \leqslant \gamma_R[f_a]$要求，故持力层强度足够。

基底应力计算表 表6-8

效应组合情况		N(kN)	M(kN·m)	$\frac{N}{A}$(kPa)	$\frac{M}{W}$(kPa)	$p_{\max}$(kPa)	$p_{\min}$(kPa)
组合I	A	9 333	3	225	0	225	224
	B	8 108	204	195	7	202	188
组合II	A	9 333	1 909	225	62	287	163
	B	8 108	2 111	195	68	263	127

2）软弱下卧层强度

下卧层为亚黏土，由$I_L = \dfrac{29.6 - 19.8}{34.0 - 19.8} = 0.658, e = 0.867$，查表3-2，得$[f_{a0}] = 194\text{kPa}$，小于持力层$[f_{a0}] = 273\text{kPa}$，故为软弱下卧层。

由$I_L > 0.5$查表3-9，得$k_1 = 0, k_2 = 1.5$，又持力层不透水，可计入水深修正，故软弱下卧层的承载力容许值为：

$$\begin{aligned}[f_a]_{h+z} &= [f_{a0}] + k_1\gamma_1(b-2) + k_2\gamma_2(h+z-3) + 10h_w \\ &= 194 + 0 + 1.5 \times 20.0 \times (3.25 + 2.25 - 3) + 10 \times 1.5 = 284(\text{kPa})\end{aligned}$$

上式中，由于持力层不透水，γ_2采用黏土层的饱和重度值，则

$$\gamma_2 = \gamma_f = \frac{G_s + e}{1 + e}\gamma_w = \frac{2.73 + 0.664}{1.664} \times 9.81 = 20.0(\text{kN/m}^3)$$

下卧层顶面应力为：

$$p_{h+z} = \gamma_1(h+z) + \alpha(p - \gamma_2 h)$$

其中，h应从河底算起，故$h = 18.7 - 14.75 = 3.95(\text{m})$，$(h+z)$和$h$范围内均为黏土，计算时用其天然重度，故$\gamma_1 = \gamma_2 = 19.8\text{kN/m}^3$。因$\dfrac{z}{b} = \dfrac{2.25}{4.48} = 0.5 < 1$，取$p = \dfrac{\bar{p} + p_{\max}}{2}$。

组合IA时：$p = 225\text{kPa}$，由$\dfrac{l}{b} = \dfrac{9.28}{4.48} = 2.07$，查表1-14经内插得$\alpha = 0.801$，故：

$$p_z = 19.8 \times (3.95 + 2.25) + 0.801 \times (225 - 19.8 \times 3.95) = 240.3(\text{kPa})$$

对组合 I，$p_z < [f_a]_{h+z}$，故符合要求。

组合 II A 时：$p = \dfrac{225 + 286}{2} = 255.5(\text{kPa})$，有

$$p_z = 19.8 \times (3.95 + 2.25) + 0.801 \times (255.5 - 19.8 \times 3.95) = 266.4(\text{kPa})$$

对组合 II，$p_z < \gamma_R [f_a]_{h+z}$，故符合要求。

8. 基础稳定性

1）抗倾覆稳定性

$k_0 = \dfrac{s}{e_0}$，其中 $s = \dfrac{b}{2} = 2.24\text{m}$，$e_0 = \dfrac{M}{N}$，取不利效应组合，$k_0$ 计算如表 6-9。结果符合要求。

k_0 计 算 表

表 6-9

效 应 组 合	N(kN)	M(kN · m)	e_0(m)	k_0	要求最小稳定系数
组合 I	6 946	204	0.029	77.2	1.5
组合 II	7 541	2 111	0.280	8	1.3

2）抗滑动稳定性

由 $k_c = \dfrac{N\mu}{H}$，且黏土的 $I_L = 0.5$，属软塑态，查表 6-5，得 $\mu = 0.25$，k_c 列表计算如表 6-10。k_c 很大，满足要求。

k_C 计 算 表

表 6-10

效应组合		N(kN)	M(kN)	$N\mu$(kN)	k_c	要求最小稳定系数
组合 II	A	6 946	183	1737	9.5	1.3
	B	7 541	203	1885	9.3	1.2

9. 地基变形

本桥为静定梁桥，跨径不大，且地基土质良好，可不必计算沉降。

● 第四节　天然地基上浅基础的施工 ●

天然地基上浅基础的施工，一般采用明挖法，即直接从地面向下开挖基坑至基础底面设计高程，然后在基坑中修筑基础。明挖法的特点是工作面大，施工简便。下面先介绍旱地上浅基础的施工程序和内容，再说明位于河流中的基础，在施工时应采取的防水措施。

一、旱地上浅基础的施工工序和内容

旱地上浅基础的施工工序包括：基础定位放样，基坑开挖与坑壁围护结构的设置，基坑排水，基底检验与处理以及基础砌筑、养生和基坑的回填。

1. 基础定位放样

基础定位放样就是根据设计的墩、台基础的位置和尺寸，将其在施工现场的地面上标定下来，包括基础和基坑平面位置和基础各部分高程的定位。放样的顺序，首先是定出桥梁中线和

墩台基础底面形心点的定位桩，再根据桥涵的设计交角标出基础轴线，最后详细确定各基础和基坑的尺寸和边线，如图6-9、图6-10所示。由于定位桩随着基坑的开挖，必将被挖去，所以还必须在基坑位置以外，不受施工影响的地方，钉立定位桩的护桩，以备在施工中能随时检查基坑和基础的位置是否正确(图6-9)；而基坑外围，通常可用龙门板固定(图6-10)或在地面上用石灰线标出。

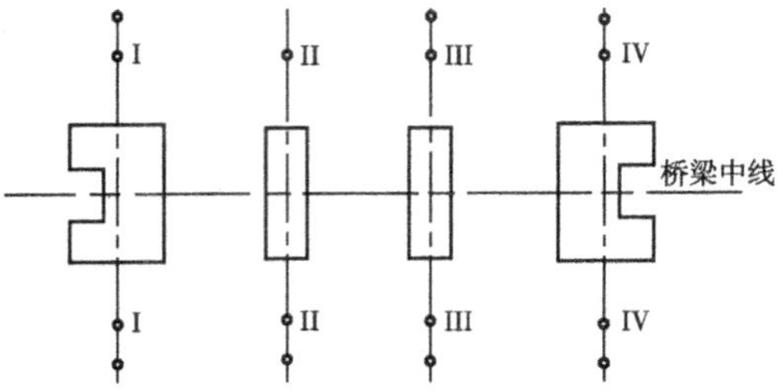

图6-9　基础定位放样

为便于掌握开挖高程，如附近没有水准点，在施工现场必须专门设置临时水准点。

2. 基坑开挖及坑壁围护

基坑底面的形状，必须与基础底面形状相适应，对于像U形基础那样具有凹形底面的基础，为了施工方便，常将基坑底面形状简化为矩形，如图6-10所示。基坑大小应满足基础施工的要求，对渗水的土质基坑，一般按基底的平面尺寸，每边增宽0.5~1.0m，以便在基底外设置排水沟、集水坑和基础模板。但对无水且土质密实的基坑，如不设基础模板，则可按基底的平面尺寸开挖。

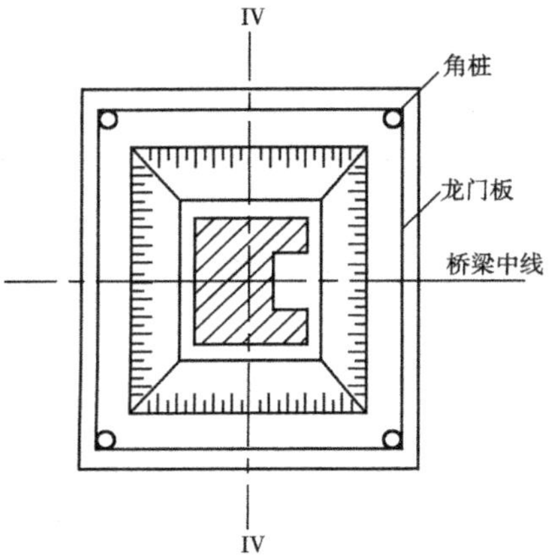

图6-10　基坑放样

基坑采用什么断面，是否设坑壁围护结构，应视土的类别、形状，基坑暴露时间，开挖基坑期间的气候，地下水位，土的透水性及建筑场地大小等因素而定。

1)不设围护的基坑

基坑不设围护，采取敞坡开挖，施工比较简单。这种基坑壁多为坡式，在基坑深度不超过5m、地基土质湿度正常、开挖暴露时间不超过15天的情况下，可参照表6-11选定坑壁坡度，表中1∶n表示斜坡的竖直尺寸为1对应的水平尺寸为n。

基坑坑壁坡度　　表6-11

坑壁土质	坑壁坡度1∶n		
	基坑顶缘无荷载	基坑顶缘有静载	基坑顶缘有动载
砂类土	1∶1	1∶1.25	1∶1.5
碎卵石类土	1∶0.75	1∶1	1∶1.25
亚砂土	1∶0.67	1∶0.75	1∶1
亚黏土、黏土	1∶0.33	1∶0.5	1∶0.75
极软岩	1∶0.25	1∶0.33	1∶0.67
软质岩	1∶0	1∶0.1	1∶0.25
硬质岩	1∶0	1∶0	1∶0

注：①挖基经过不同土层时，边坡可分层决定，并酌设平台；
②在山坡上开挖基坑，如土质不良，应注意防止坍滑。

为了保证坑壁边坡的稳定，当基坑深度大于5m，可将坑壁坡度适当放缓或增设宽为0.5~

1.0m 的平台，如图 6-11 所示。坑顶周围必要时应挖排水沟，以防地面水流入坑内冲刷坑壁。当基坑顶缘有动载时，顶缘与动载之间至少应留 1m 的护道。

对于无地下水的黏性土地基，当基坑高度不大于下式算得的数值时，允许采用竖直坑壁。

$$h = \frac{2c}{K\gamma \tan\left(45° - \frac{\varphi}{2}\right)} - \frac{q}{\gamma} \tag{6-13}$$

式中：K——安全系数，一般取 1.25；

γ——坑壁土的重度，kN/m^3；

q——坑顶护道上的均布荷载，kPa；

c、φ——坑壁土的黏聚力（kPa）和内摩擦角。

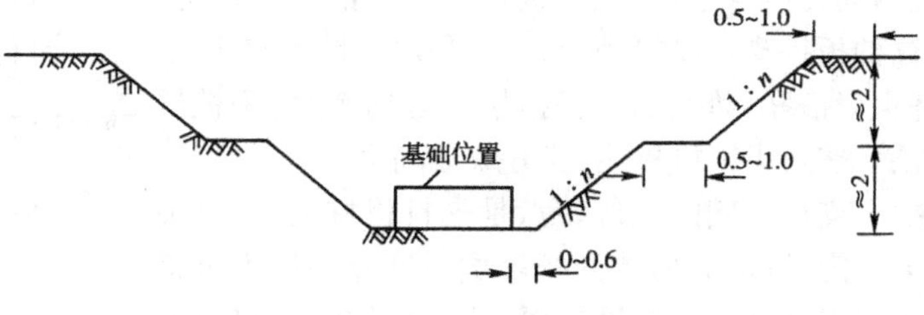

图 6-11　基坑坑壁边坡（尺寸单位：m）

基坑土方采用人工开挖或机械开挖，也可两者互相配合，挖土机械有吊车抓泥斗、挖掘机等，可视具体条件选用。基坑开挖最好避免在雨季进行。

2）基坑围护结构的设置

当基坑边坡不易稳定，并有地下水影响，或建筑场地受到限制，或基坑斜坡过于平缓，致使土方量很大，从而不符合经济要求时，则宜采用加设围护结构的竖直坑壁基坑。

基坑围护结构作为加固坑壁的临时性措施，有以下几种：

（1）挡板支撑。这种围护结构适用于开挖面积不大、深度较浅的基坑，挡板厚 4 ~6cm，可直立或横放，再用横枋或竖枋加横撑木支撑，如图 6-12、图 6-13 所示。为便于挖基运土，上、下支撑应设在同一垂直面内。

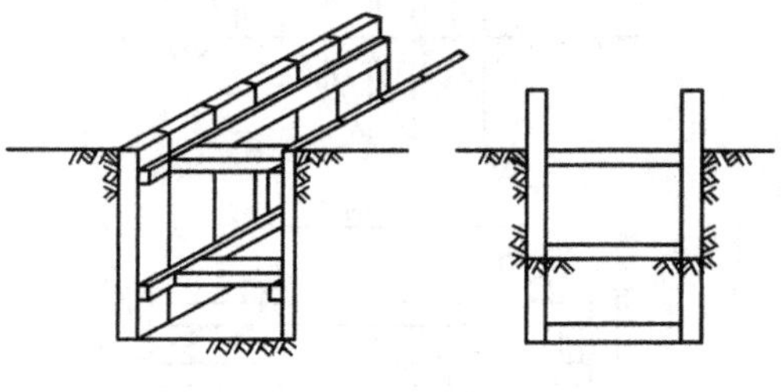

a)　　b)

图 6-12　竖直挡板支撑

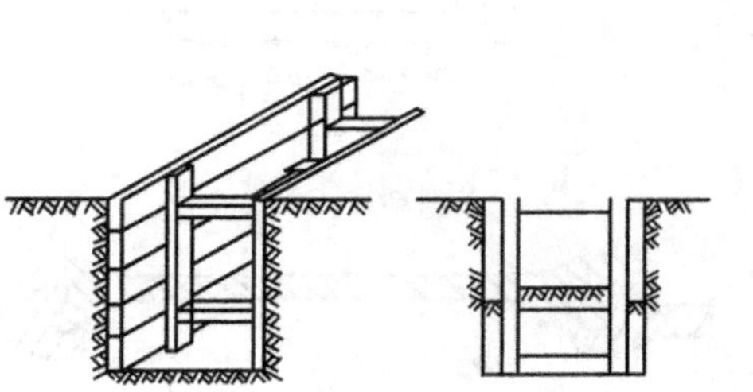

a)　　b)

图 6-13　水平挡板支撑

图 6-12a）的方法是一次挖至基底后再安装挡板支撑。对有些黏性差、易坍塌的土，可分段下挖，随挖随撑，如图 6-12b）所示。图 6-12 中挡板用密排方式，为节省木材，如遇黏性较大的土，也可采取疏排方式，但必须以坑壁土不从间隙中坍落为前提。

图 6-13 的方法要比竖直挡板加固坑壁简便。当土质密实且黏性较好时，可一次挖到坑底

后进行支撑加固，如图6-13a)所示；如遇黏性较差易坍塌的土，则可分层开挖、支撑，最后以长立木替换短木即可，如图6-13b)所示。

挡板支撑的作用是挡土，工作特点是先开挖，后设围护结构。

(2)钢木结合支撑。当基坑深度在3m以上，或宽度较大，难以安装支撑时，可沿基坑周围每隔1～1.5m，打入一根型钢(工字钢或钢轨)至坑底面以下1～1.5m，并以钢拉杆把型钢上端锚固于锚桩上，随着基坑下挖设置水平挡板，并在型钢与挡板之间用木楔塞紧，如图6-14所示。

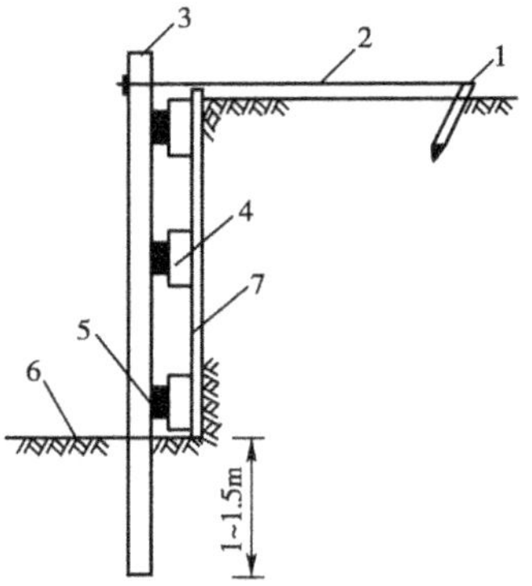

图6-14 钢木结合支撑

1-锚桩；2-拉杆；3-型钢；4-横木；5-木楔；6-基底坑；7-挡板

(3)板桩支撑。当基坑平面尺寸较大、且深度较深时，尤其是当基坑底面在地下水位以下超过1m，且涌水量较大不宜用挡板支撑时，可在基坑四周先沉入木板桩、钢板桩或钢筋混凝土板桩，然后开挖基坑。这种板桩支撑既能挡土，又能隔水。图6-15所示木板桩，板桩间有企口搭联(榫舌与榫槽搭接)，能防渗水；钢板桩断面如图6-16所示，桩间用锁口搭接，能有效地隔水。

板桩支撑与挡板支撑不同的工作特点是先打板桩入土，桩尖深入到基坑底以下一定深度，然后才开挖基坑。这样在挖土过程中就能保证坑壁无坍塌之患。如基坑较深，待基坑挖至一定深度后，还可在板桩上部加设横向支撑，以增强板桩的稳定性。若基坑不太深，顶部可不设支撑。

木板桩的施工如图6-17所示，其程序是先沿基坑边外侧打入导桩，再在导桩上用螺栓装上两条水平导木，用来固定板桩位置，板桩插在导木之间，按一定顺序方向，逐根将板桩沉入土

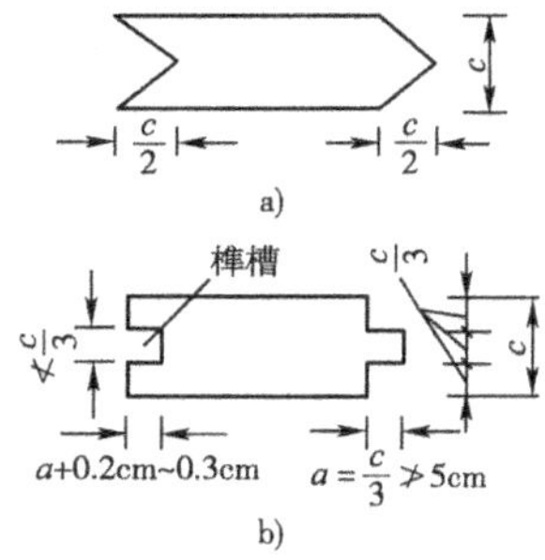

图6-15 木板桩

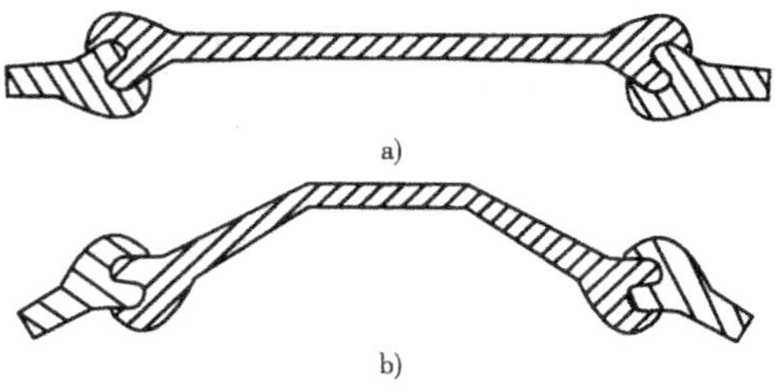

图6-16 钢板桩断面

a)一字形；b)槽形

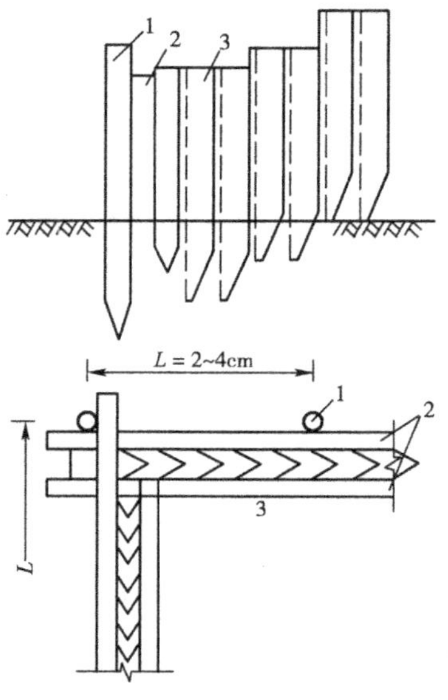

图6-17 木板桩支撑

1-导桩；2-水平导木；3-板桩

中。导桩的入土深度视基坑深度而定，桩端至少沉入基坑底面以下2～4m，插打板桩常从角上开始。要注意板桩榫舌和桩端斜面应朝向前进方向，使相邻板桩在沉桩过程中能互相挤紧，若斜面方向搞错，则相邻板桩下端将出现缝隙，不能有效地隔水。为避免打桩时打坏桩头，一般木板桩上端常用铁箍保护。当土中含有小石块等硬物时，桩端应装上铁桩靴。

(4)混凝土护壁。混凝土护壁适用于深度较大的各种土质圆形基坑。在基坑口先设置预制或就地浇制的混凝土护筒，护筒顶端应高出地面10～20cm，护筒长1～2m，厚度视基坑直径大小和土质情况而定，一般为10～40cm；护筒以下坑壁，采取喷射或现浇混凝土，一般是随挖随护，直至坑底。

①喷射混凝土护壁，采用掺有速凝剂的混凝土浆用喷射器向坑壁喷射，喷射的混凝土能早期与坑壁形成具有一定强度的支护层。喷射混凝土的厚度，主要取决于地质条件、渗水量、基坑直径及开挖深度等因素，可参考表6-12选定。基坑较大、较深时取较大值，一般为5～8cm。开挖基坑与喷射混凝土均分节进行，每节高0.5～1.5m。

混凝土护壁厚度表　　表6-12

渗水情况 / 土质条件	无水基坑	有少量渗水基坑	有大量渗水基坑
粉砂、流沙、淤泥	10～15	15	15～20，加较多木桩及塞草袋
亚砂土	5～8	8～10	
亚黏土	3～5	5～8	
卵碎石土	3～5	5～8	
砂类卵石	3～5	5～8	8～10

对极易坍塌的流沙、淤泥层，仅用喷射混凝土往往不足以稳定坑壁，可采用图6-18的方法，先在坑壁上打入木桩或在打好的排水桩上编制竹篱，在有大量流沙之处塞以草袋，再喷射厚15～20cm的混凝土，即可防止坍塌。

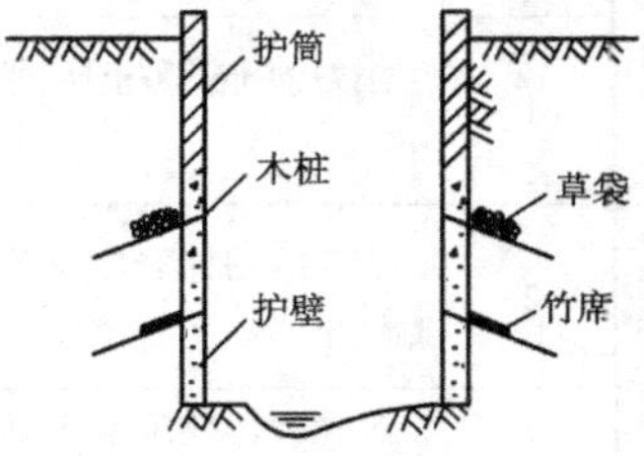

图6-18　喷射混凝土护壁

对于无水或少水的坑壁，每节高度范围内，喷射混凝土应由下部向上部成环进行，这样对少量渗水的土层，一经喷护即能完全止水；对涌水的坑壁，喷射混凝土则应由上而下成环进行，以保证新喷的混凝土不致被水冲坏。

在施工过程中应经常注意检查护壁，如有变形开裂或空壳脱皮等现象，应立即加厚补喷或凿除重喷，以确保坑内施工安全。

喷射混凝土护壁法，是一种有发展前途的新技术，但目前采用得还不广泛。

②现浇混凝土护壁，用此法其逐节开挖的深度一般不超过2m，视坑壁土质稳定情况而定。其施工程序是，逐节向下开挖、立模、浇筑混凝土。模板上部留有浇筑窗口，混凝土先通过窗口向内往下浇筑，当混凝土至浇筑窗口下缘后，再用压灌混凝土办法灌满窗口以上的部分，混凝土中应掺入早强剂，浇筑厚度为10cm左右。

3. 基坑排水

开挖基坑过程中，如遇地下水，一般要不断地将渗入基坑中的水排出，边排水，边向下开挖。基坑排水的目的在于保证开挖基坑作业在无水或少水的情况下顺利进行。同时也有利于基础的砌筑与养护。目前常用的排水方法有集水坑排水和井点降低地下水位两种。

1）集水坑排水

这种方法又叫表面排水，方法是在基坑边角处设集水坑，以汇集渗入基坑的水，然后用机械将水排走。机械排水能力要大于基坑的涌水量，因此，施工前必须对基坑的涌水量进行估算，以便拟定排水措施，配置足够的排水设备。

（1）涌水量的估算。基坑涌水量的大小与土的透水性、基坑内外的水头差、基坑坑壁围护结构的种类及基坑渗水面积等因素有关。估算涌水量的方法，一种是通过抽水试验，另一种是利用经验公式。前种方法是在工地的试坑或钻孔中进行直接的抽水试验，其结果比较可靠，但试验比较费事。后种方法简便，但估算结果的准确性不高。

经验公式可反映出土的透水性、基坑渗水面积、坑壁的围护形式等因素对涌水量的影响。

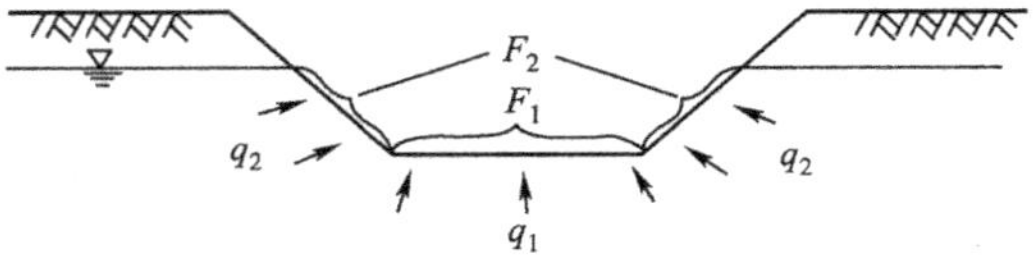

图 6-19　敞坡基坑涌水量计算

对于敞坡基坑（图 6-19）或水中设围堰的基坑，涌水量可用下式估算：

$$Q = q_1F_1 + q_2F_2,\mathrm{m^3/h} \qquad [6\text{-}14a)]$$

式中：q_1、q_2——基坑底面和侧面的单位渗水量，$\mathrm{m^3/h/m^2}$，见表 6-13 和表 6-14；

F_1、F_2——基坑底面和侧面的渗水面积，$\mathrm{m^2}$。

基坑底面渗水量 q_1（$\mathrm{m^3/h/m^2}$）　　表 6-13

顺序	土 质 类 别	土的特征及粒径	q_1
1	细粒沙土及黑土层，松软亚黏土	桥基一面靠岸，天然含水率 <20%，沙土粒径在 0.05mm 以下	0.14 ~ 0.18
2	有裂缝的碎岩层及较密实的黏性土	黏土层有透水孔道	0.15 ~ 0.25
3	细粒砂，紧密的砾石质土	细砂粒径在 0.05 ~ 0.25mm，砾石土孔隙在 20% 以下	0.16 ~ 0.32
4	中砂及砂砾层	砂粒径在 0.25 ~ 1.0mm 或砾石含量 <30%，平均最大粒径 10mm 以下	0.24 ~ 0.80
5	粗砂及砂砾层	砂粒径在 1.0 ~ 2.5mm，砾石含量 30% ~ 70%，平均最大粒径在 150mm 以下	0.8 ~ 3.0
6	粗砂及大砾石、卵石层	砂粒径 ≥2.0mm，砾石，大漂石含量 ≥30%，个别泉眼直径 <50mm，总面积 <0.07m^2	2.0 ~ 4.0
7	砾石、卵石并带有泉眼或砂砾带较大泉眼	石料平均粒径 50 ~ 200mm，或有个别大孤石在 0.5m^3 以下者，泉眼直径 <300mm，总面积 <0.15m^2	4.0 ~ 8.0
8	砾石、卵石、粗砂泉眼很多		>8.0

注：无表面水时用低限，表面水深 2 ~ 4m 中等孔隙者用中限，表面水深大于 4m、土又松软时用高限。

基坑侧面单位渗水量 q_2（$m^3/h/m^2$）　　表 6-14

顺序	基坑或围堰种类	q_2
1	敞坡土质基坑	按表 6-13 同类土掺水量 20% ~30% 计
2	土围堰或土袋围堰	按表 6-13 同类土掺水量 20% ~30% 计
3	木板桩围堰	按表 6-13 同类土掺水量 10% ~20% 计
4	钢板桩围堰	按表 6-13 同类土掺水量 0% ~5% 计
5	就地取材制成的围堰	按表 6-13 同类土掺水量 15% ~30% 计

对于有板桩围护的基坑（图 6-20），可用下式估算涌水量：

$$Q = KuHq, m^3/h \qquad [6\text{-}14b)]$$

式中：K——土的透水系数，m/h，可查有关手册，如基坑范围内为多层土，则取其平均值，即

$$K_{平均} = \frac{\sum k_i h_i}{\sum h_i}, m^3/h$$

u——基坑周长，m；

H——水头差，m；

q——单位渗水量，见表 6-15。

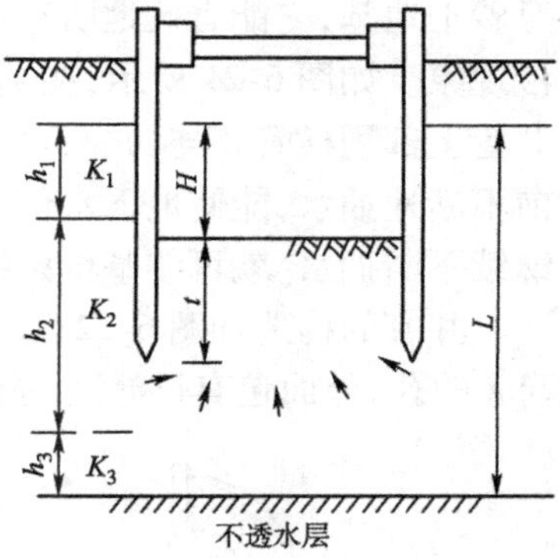

图 6-20　板桩围护基坑涌水量估算

（2）排水机具的采用。采用哪种排水机具，应视涌水量大小和当地具体条件而定。当涌水量很小时，也可用人工抽水或小型水泵排水；当涌水量较大时，一般用电动或内燃机发动的离心式抽水机。要求水泵总排水能力为（1.5 ~2.0）Q，这是因为排水过程中，机械有可能发生故障，应有备用的水泵。当具有排水能力为 1.5Q 时，水泵数应有 3 台以上，具有 2Q 排水能力时，应有 2 台以上水泵。抽水机安装应根据基坑深度、水深及水泵吸程大小，分别装在坑顶、坑中护坡道或活动脚手架上。坑深大于吸程加扬程时，则可用多台水泵串联或用高压水泵。

单 位 渗 水 量 q　　表 6-15

$\frac{H}{H+t}$ \ $\frac{H+t}{L}$	0.1	0.2	0.3	0.4	0.5	0.6	0.7	0.8	0.9	0.95
1.00	1.39	1.13	0.98	0.88	0.78	0.70	0.61	0.52	0.42	0.36
0.75	1.20	0.95	0.81	0.70	0.61	0.53	0.46	0.39	0.30	0.23
0.50	1.12	0.89	0.74	0.64	0.56	0.48	0.41	0.34	0.27	0.22
0.25	1.08	0.84	0.70	0.60	0.52	0.45	0.39	0.32	0.25	0.21
0	1.02	0.80	0.67	0.58	0.50	0.42	0.38	0.31	0.24	0.20

当一个基坑抽水时，可能使邻近基坑地下水位降低，因此可考虑邻近基坑同时开挖，以减少抽水工作。

（3）集水沟与集水坑。为使渗入基坑的水顺利汇集到集水坑中，一般应在基坑底部周边开挖集水沟。随着基坑的挖深，集水沟底应始终低于基坑底 0.3 ~0.5m，集水坑则应始终低于基坑底 0.8 ~1.0m。集水坑中水深应能淹没抽水机的吸水龙头，坑壁用竹（荆）筐围护，并用

麻袋包住吸水龙头，以防龙头被泥沙堵塞。

旱地上明挖的基坑，应向地面的下坡方向排水，并用导流槽或在地面挖沟，将排出的水引向远处，以免又回渗到基坑中去。

表面排水法比较简单，除有严重流沙的基坑不宜采用外，一般情况下均可采用。

如果估计到用表面排水有可能发生严重流沙现象时，可考虑改用水中挖基方法（不排水挖土），在旱地上也可考虑采用井点排水法。

2）井点排水

此法适用于旱地上土质为透水性较大的粉砂、细砂和亚砂土地基，它能有效地防止用表面排水时可能发生的流沙现象。如图6-21所示，在基坑周边外围打入多根井管，井管上部用横管相连，并与水泵的进水管相接。基坑开挖前不断地抽水，能使地下水位下降，开挖基坑时，只要井点继续不断抽水，就可使基坑始终处于无水状态。因此，这种方法又称为人工降低地下水位法。

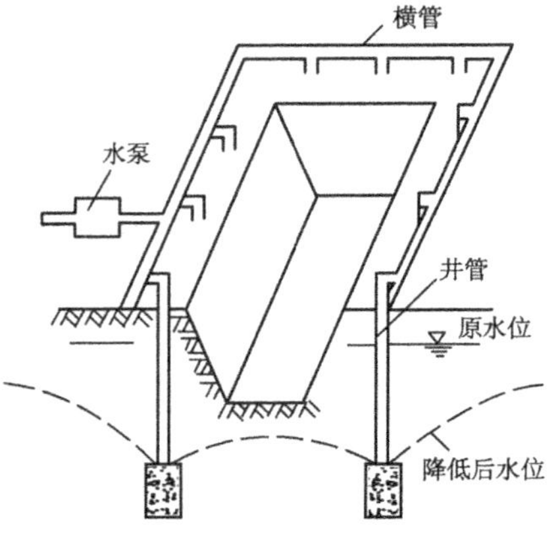

图6-21　井点排水

井管的构造如图6-22所示，井管四周中用砂砾填充，井管下部有滤管，滤管上布满直径为2cm的孔，外面包有过滤网，能防止泥沙进入井管。砂砾填充层厚约5～6cm，用来过滤地下水中的细土粒，以防堵塞进水孔，影响正常排水。

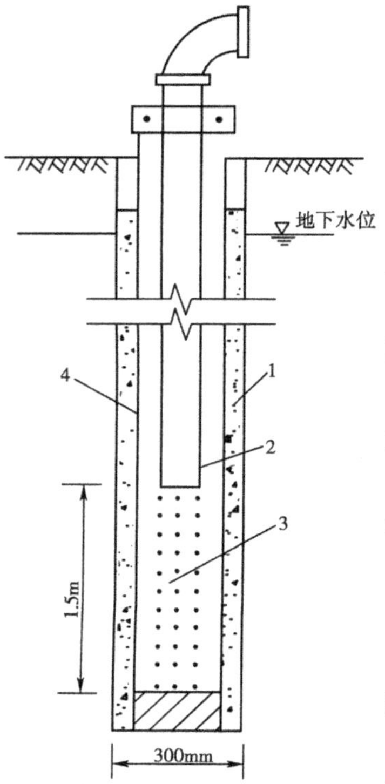

图6-22　井管构造

1-砂砾填充层；2-吸水管；3-过滤层；4-井管

井点排水时，水位的降低值与井点系统总抽水量有关。正式抽水前，应试行抽水一段时间，以检查抽水机与整个井管系统的接头是否良好。

井点排水时，应注意下列事项：

（1）降低成层土中地下水位时，应尽可能将滤管埋设在透水性较好的土层中。

（2）在水位降低的范围内应设置水位观测孔，其数量视工程情况而定。

（3）对整个井点系统应加强检查和维护，保证不间断地抽水。

（4）应考虑到水位降低区域内的建筑物可能产生的附加沉降，并做好沉降观测，必要时应采取防护措施。

4. 基底检验与处理

1）基底检验

基坑挖好后，必须按规定检查基坑是否符合设计要求。检查内容包括：

（1）基坑底面的平面位置、尺寸和高程是否与原设计相符。

（2）直观检查地基土质与设计资料是否相符，如不相符，应取样作土质分析试验，同时由施工单位及时会同设计监理等有关单位共同研究处理办法，并加以实施。

(3)在地质特别复杂且土质不良，属下列情况之一时，应进行荷载试验，对大、中桥，有可能应同时做土工试验，以便与荷载试验核对。

①强烈风化岩石；

②松砂($D_r \leqslant 0.33$)地基；

③软黏性土($I_L > 1.0$)；

④$e > 0.7$ 的亚黏土、$e > 1.0$ 的亚黏土及 $e > 1.1$ 的黏土；

⑤含大量有机质的砂或黏土；

⑥含大量杂质的填筑土(如瓦片、碎砖等)。

(4)检查完毕，应办理检验的签证手续，作为竣工验收资料的一部分，存入工程档案中，以备查阅。

2)基底处理

基底检验合格后，还应按不同地质情况，作如下处理：

(1)岩层：清除风化层、松碎石、淤泥、苔藓等。若岩层倾斜，应将岩层凿平或凿成台阶，使承重面与重力线垂直，以免滑动。宜从岩面下凿 25cm，使基础嵌入岩层。

(2)沙类土或碎石类土：整平承重面，砌筑基础时，先铺一层厚约 2cm 的水泥砂浆。当坑底渗水不能彻底排干时，应将水引至基础外排水沟；在水稳定性较好的土质中，可在基底上铺一层 25 ~ 30cm 厚的片石或碎石，然后在其上浇砌基础，以免影响基础圬工的质量。

(3)黏性土：修整基坑底面时准许铲平(不得用回填土夯实的办法处理)，修整好后，于最短时间内砌筑基础，不得暴露和浸水过久。

(4)软硬不均匀地层：挖除土质软的部分，使基础全部支承在硬土上。

(5)软弱地基：可按具体情况采取人工加固措施，详见第七章。

5. 基础的浇筑、养生和基坑回填

基础浇砌一般都在排水条件下进行，只有当渗水量很大，排水很困难时，才采用水下灌注混凝土的方法。排水砌筑时，应防止水浸圬工。此外还应注意：

(1)石砌基础在砌筑中应使石块大面朝下，外圈块石及所有砌体均必须坐浆饱满，石块要求丁顺相间，以加强石块间的连接，每层应保持基本水平。

(2)圬工在终凝后才允许浸水，不浸水部分仍须养生。

基础浇砌完成后，应检查质量和各部分尺寸是否符合设计要求，如无问题，即可选土质较好的土回填基坑，回填土要分层夯实，层厚约为 30cm。

二、围　　堰

对于处于河流中的桥梁墩台基础，在开挖基坑前，必须首先在基坑外围设置一道封闭的临时挡水结构物，这种挡水结构物称为围堰。围堰修筑好后，才可排水开挖基坑，或在静水条件下进行水下开挖基坑作业，并继续其他工序，这些施工内容与旱地上的基础施工基本相同。下面介绍各种围堰的构造、适用条件和施工要点。

围堰有土围堰、土袋围堰、板桩围堰、竹(铅丝)笼围堰及套箱围堰等，应按水文地质、通航情况及具体施工条件等因素选用。

1. 一般规定

(1)堰顶高度。宜高出施工期间可能出现的最高水位(包括浪高)50～70cm。

(2)围堰形状。设置围堰后,河流断面减小会引起水流速度增大,应考虑由此而导致水流对围堰、河床的冲刷及影响通航、导流等因素。

(3)堰内面积。应满足坑壁放坡和基础施工的要求。

(4)围堰断面。应满足本身强度和稳定性的要求。

要求围堰防水严密,尽量减少渗漏,以减轻排水工作。

围堰宜安排在枯水时期施工。如有洪水或流水冲击,则应有可靠的防护措施。

2. 土围堰

水深不超过1.5m,流速在0.5m/s以内,河床土质渗水性较小时可采用土围堰,如图6-23所示。堰顶宽一般为1～2m,堰外边坡视填土在水中的自然坡度而定,一般为1:2～1:3;堰内边坡一般为1:1.5～1:1,坡脚距基坑边缘距离根据河床土质及基坑深度而定,但不得小于1m。用沙土填筑的围堰坡度均应比黏土围堰的内外坡度平缓一些。为了减少渗水,当用沙土填筑时,需在外坡侧面用黏土覆盖或设黏土填心墙,但筑堰的土最好用黏土或亚黏土。筑堰前应先将堰底河床的树根、石块、杂草等清除,然后从上游开始填筑堰体至下游合拢,注意不要直接向水中倾卸填土,而应顺已出水面的填土坡面往下倒,填土出水面后应进行夯实。为防止水流对围堰外侧的冲刷,可在外坡面用草皮、柴排、片石或内填沙土的草袋加以防护。

3. 土袋围堰

用草袋、麻袋、玻璃纤维袋等装土码叠而成的围堰统称土袋围堰。当水深不超过3m,流速在1.5m/s以内,河床土质渗水性较小时,可采用土袋围堰,如图6-24所示。堰顶一般为1～2m,有黏土心墙时为2～2.5m;堰外边坡视水深及流速而定,一般为1:1～1:0.5,堰内坡度一般为1:0.5～1:0.2,内坡脚距基坑边缘距离不小于1m。土袋中宜装不渗水的黏性土,装土量宜为袋容量的$\frac{1}{2}$～$\frac{2}{3}$,装土过多,堆码不平稳,袋间空隙多,易渗漏,袋口应缝合。图6-24为采用黏土心墙的土袋围堰,此时也可用沙土装袋。堰底处理同土围堰,在水中堆码土袋,可用带钩的杆子钩送就位。土袋上下层和内外层均应相互错缝,力求堆码密实整齐;必要时可派潜水工配合堆码,整理坡脚,不得乱抛。

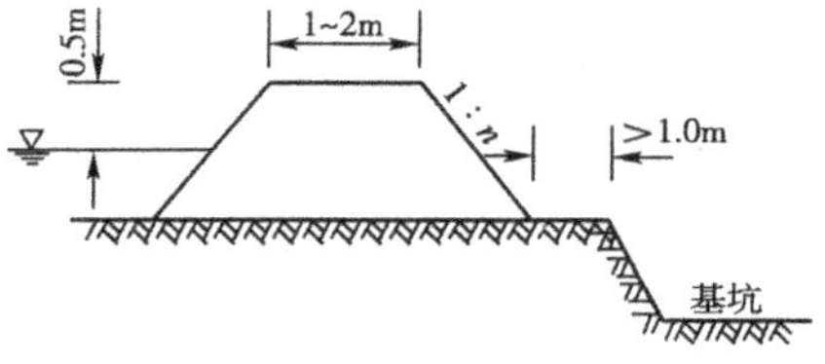

图6-23　土围堰

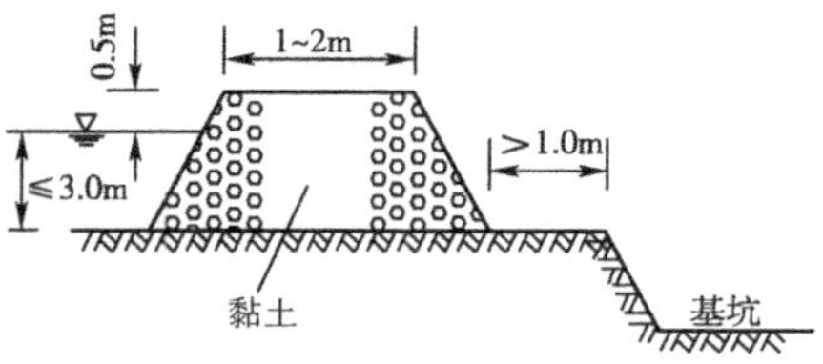

图6-24　土袋围堰

以上两种围堰均利用自重维持其稳定性,故又称重力式围堰,主要是防地面水,堰身断面大,堵水严重。如河底土质为粉沙、细沙,则在排水挖基坑时,可能会发生流沙现象,就不宜用这类围堰,而要考虑选用板桩围堰。其中木板围堰因耗用木材多,加工复杂,防水效果不好而不提倡采用。目前在我国,钢筋混凝土板桩围堰使用还不多,下面只介绍钢板桩围堰。

4. 钢板桩围堰

钢板桩围堰一般适用于砂类土、碎卵石类土、半干硬性黏土和风化岩等地层，它具有材料强度高，防水性能好，穿透土层能力强，堵水面积最小，并可多次重复使用的优点。因此当水深超过5m或土质较硬时，可选用这种围堰。但钢板桩一次投资大，配备一套(包括沉桩设备)如只偶然使用几次，就显得很不经济，所以只有较大的工程单位才拥有这种设备。

图6-25所示为常用的两种钢板桩形式。一字形的抗挠性较差，多用于圆形围堰；槽形的抗挠性较好，多用于深水处的矩形围堰。也可用型钢拼成各种形状的组合钢板桩，如图6-25所示，围堰的转角处，要用特制的钢板桩。

当围堰较深时，由于承受土、水压力较大，围堰内应根据计算，安设由多层木、钢木或型钢组成的支撑，常称围囹，如图6-26所示。

钢板桩成品长度有多种规格，最长20m，并可根据需要接长，但相邻的接缝要错开2m以上。钢板桩顶端，要有圆孔，便于起吊。

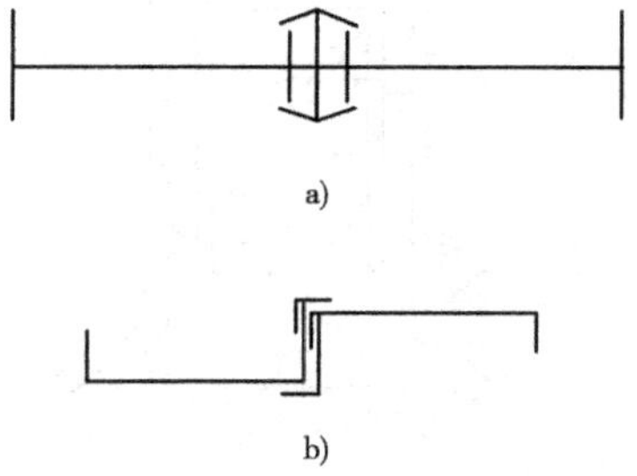

图6-25　组合钢板桩

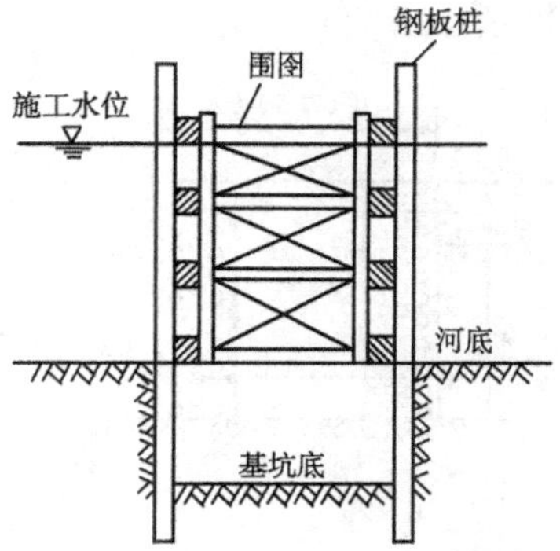

图6-26　钢板桩围堰

施工前要求详细检查每块钢板桩是否平直，特别是锁口部分。插打钢板桩前应在锁口处涂上防水填充料，其质量比为黄油：沥青：干锯末：干黏土粉=1：1：1：0.5。一般插打顺序是由上游插向下游(较易合拢)。插打钢板桩，一般先将全部钢板逐根或逐组插打到稳定深度，然后再依次打入到设计高程；在能保证钢板桩垂直沉入的条件下，每根或每组钢板桩也可一次打到设计深度。沉桩方法有锤击、振动和射水等，但在黏土中不宜使用射水下沉方法。在开始沉入几根或几组钢板桩时，要注意检查其平面位置是否正确，桩身是否垂直，如发现倾斜应立即纠正或拔起重插。

钢板桩达到设计高程时，桩顶的平面位置偏差，在水上打桩时不得大于20cm，在陆上打桩时不得大于10cm。

5. 竹(铅丝)笼围堰

这种围堰适用于河床为岩石不能打桩，或水流速度较大、水深在1.5~4.0m时的情况。由于堰身体积较大，要注意会增加水流对覆盖层的冲刷作用。竹笼围堰由于用竹量大，只宜在盛产竹子的地区使用。

竹(铅丝)笼围堰是在笼内填筑土、石，依靠本身重力抵抗水流冲击的围堰，故适用的水深较土袋围堰大。按水深、流速、基坑大小及防渗要求，竹(铅丝)笼围堰可做成单层或双层。双层围堰如图6-27所示。一般先用竹或铅丝编织成有底的圆笼，然后按围堰的位置将笼子放入水中，投入卵石或片石，直到稳定在河床上。竹笼必须制作加固，应用钢筋、螺栓、铁丝等连接加固，以防填土石时被胀坏。用铅丝笼也要用钢筋加固。相邻笼子之间要紧靠密排，分内外两圈，两圈笼子之间填以黏土，以防渗水。内外笼之间设对拉铅丝，外围的水平方向，用钢筋或竹材通过铁丝捆扎，使内外两圈形成一个整体。围堰宽度一般为水深的 1.0 ~ 1.5 倍，笼子直径视水深及流速而定，一般为 80 ~ 100cm，为了防止堰底渗漏和河床被水冲刷，可在堰底外围抛堆土袋。

6. 套箱围堰

这种围堰适用于埋置不深的水中基础。

套箱是一种无底的围套，内设木、钢支撑组成支架。木板套箱在支架外面钉装两层企口板，用油灰捻缝以防漏水；钢套箱则设焊接或铆合而成的钢板外壁。

木套箱采用浮运就位，然后加重下沉。钢套箱则要用船运起吊就位下沉。下沉套箱前，应清除河床覆盖层并整平岩层。套箱沉至河底后，宜在箱脚外侧填以黏土或用土袋抛填护脚，如图 6-28 所示。

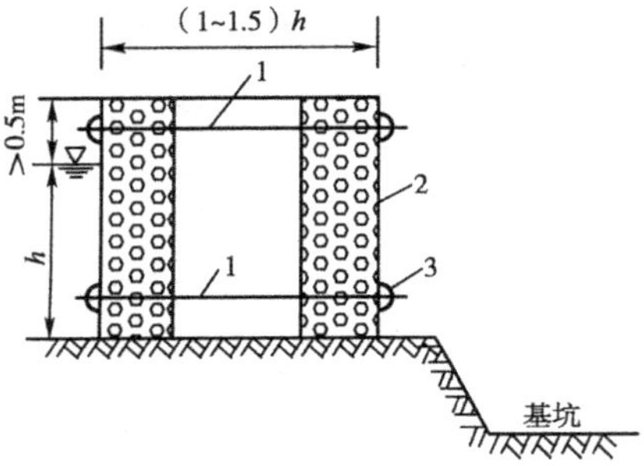

图 6-27　竹笼围堰

1-对拉铅丝；2-填石；3-横木

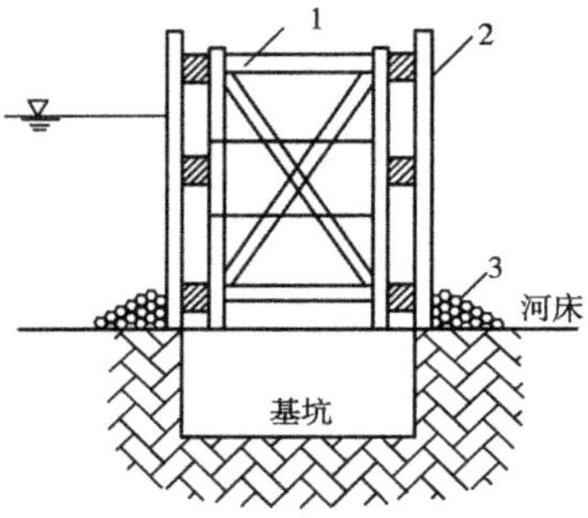

图 6-28　套箱围堰

1-套箱支架；2-套箱外壁；3-土袋护脚

复习思考题

1. 天然地基上刚性浅基础设计计算包括哪些步骤和内容？

2. 基础尺寸的拟定要考虑哪些要求？

3. 何谓襟边？为什么基地顶部要设襟边？

4. 何谓基础的扩展角和刚性角？为什么要求扩展角不得超过刚性角？

5. 扩大浅基础要进行哪几项验算？各项验算如何选取不利的效应组合？其中又如何考虑不同水位时的风力和水对墩台及基础的浮力？

6. 地基承载力容许值与计算应力的不同效应组合是否有关？应如何考虑？

7. 当桥台台背填土高度大于 5m 时，如何考虑填土荷载对桥台基础底面应力的影响？

8. 计算下卧层顶面应力时，基础底面压应力如何选取？在软弱下卧层顶面应力计算及其承载力容许值的计算中，埋置深度和土的重度的选取有何区别？

9. 什么情况下应验算基础沉降？墩台允许沉降值和相邻基础的允许沉降差是怎么规定

的？

10. 明挖法浅基础施工程序和主要内容有哪些？

11. 围堰的作用是什么？设置围堰有哪些基本要求？围堰有哪些类型？它们各自的适用范围如何？

12. 基底检验与处理要注意些什么问题？

13. 基础浇筑和基坑回填要注意哪些问题？

习　题

1. 计算资料

(1)上部构造:30m 预应力钢筋混凝土空心板,桥面净宽为净 8m + 2 × 1.5m。

(2)下部构造:混凝土重力式桥墩。

(3)设计荷载:公路—II 级,人群荷载为 $3.0kN/m^2$,作用于基顶(墩底)处的效应组合见表 6-17。

(4)地质资料。

①地质柱状图见图 6-29。

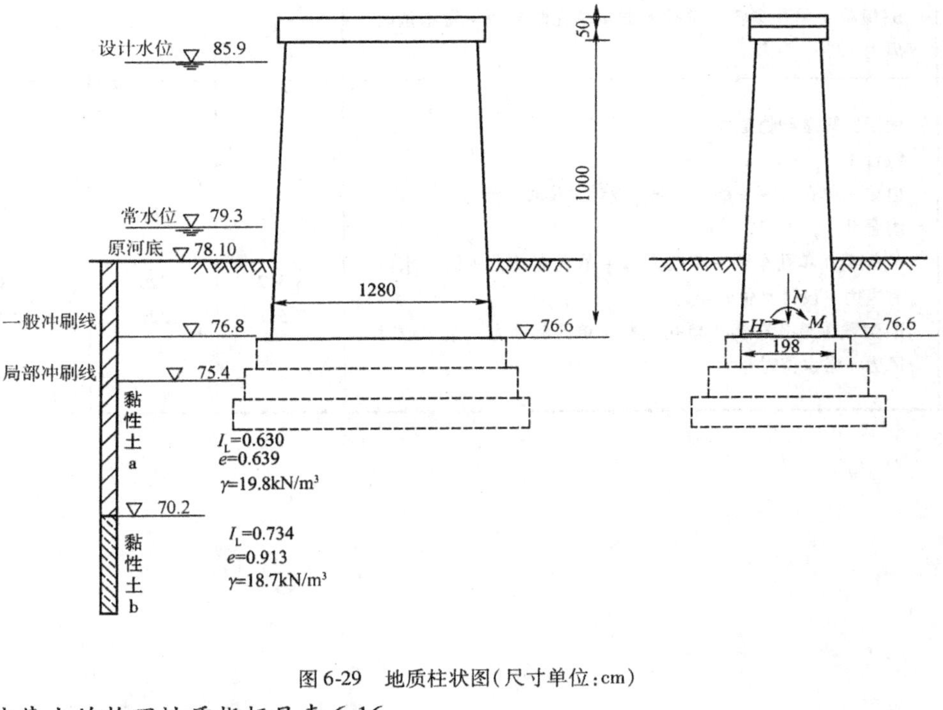

图 6-29　地质柱状图(尺寸单位:cm)

②地基土的物理性质指标见表 6-16。

地基土物理性质指标　　表 6-16

层次	土名	γ(kN/m^3)	G_s	w(%)	w_L(%)	w_p(%)	e	I_L
1	黏性土 a	19.8	2.72	21.60	26.88	12.60	0.639	0.630
2	黏性土 b	18.7	2.74	33.09	38.64	17.75	0.913	0.734

(5)水文资料：

设计水位高程85.9，常水位高程79.3，河底高程78.1，一般冲刷线高程76.8，局部冲刷线高程75.4(高程均以m计)。

(6)其他：桥梁处于公路直线段上，无冰冻，风压为50×0.01kPa，拟在枯水季节施工。

作用于基顶(墩底)处的效应组合见表6-17。

2.设计任务：设计桥的中墩基础。

作用于基顶(墩底)处的效应组合 表6-17

序号	效应组合情况	作用于基顶(墩底)处的力和力矩		
		N(kN)	H(kN)	M(kN·m)
1	用于验算地基强度和偏心距 组合Ⅰ A：恒载＋双孔车辆＋双孔人群 B：恒载＋单孔车辆＋单孔人群 组合Ⅱ A：恒载＋双孔车辆＋双孔人群＋双孔制动力＋常水位时风力 B：恒载＋单孔车辆＋单孔人群＋单孔制动力＋常水位时风力	9 876 9 846 9 876 9 846	0 0 226 226	26 328 2 110 2 412
2	用于验算基础稳定性 组合Ⅰ 恒载＋单孔车辆＋单孔人群＋设计水位时的浮力 组合Ⅱ A：恒载＋单孔车辆＋单孔人群＋单孔制动力＋设计水位时风力＋设计水位时浮力 B：恒载＋单孔车辆＋单孔人群＋单孔制动力＋常水位时风力＋常水位时浮力	8 542 8 542 7 541	0 226 226	328 2 041 2 111

第七章

人工地基

教学要求

1. 描述软弱地基的特点、地基加固方法的分类；

2. 说明公路桥涵及人工构造物基础工程较为常用的地基加固方法：砂垫层和砂桩的作用及其施工要点、设计砂垫层和砂桩；

3. 描述强夯法、排水固结法等各种加固地基方法；

4. 描述湿陷性黄土的特点及判别方法，描述湿陷性地基的分类及处理方法。

●第一节 概 述●

相对密度 $D_r<0.33$ 的松砂土和天然含水率大于液限($I_L>1.0$)，孔隙比 $e>1$ 的黏性土，都具有抗剪强度低、压缩性高的特点。这些土作为地基往往承载力容许值很低，所以统称为软弱地基。

在软弱地基上修建桥涵或填筑路基时，其天然地基的承载力往往不能满足要求。当基础位于无显著冲刷之处时，对软弱地基可用人工加固方法增强其强度和减小其压缩性，从而提高地基承载力容许值，使之符合建筑物的要求。这种经过人工加固的地基，统称人工地基。

人工地基按不同的加固原理，可分为如下几类：

(1)置换法。在一定范围内将软土挖除，换填强度高的砂、砾、石等材料作为垫层，以增强地基强度，减小地基沉降。

(2)密实法。通过对地基进行重锤夯实、振动密实、强力夯实或在土中设置砂桩、碎石桩等，减小土的孔隙比，提高地基土的密实度。

(3)排水固结法。在地基土中设置砂井，袋装砂井、排水塑料板、结合堆载预压袋装砂井、真空预压等，加速地基土中孔隙水的排出而使土体固结。

(4)灌浆法。在地基土中灌注水泥浆或水玻璃等化学溶液，利用它们的化学胶结和凝固作用加固地基。

(5)深层搅拌桩。用特制深层搅拌机械，在地基深部就地把软土与固结材料强制拌和，使其形成复合地基。

(6)加筋法。在土中铺设土工合成材料，依靠土工织物与填土之间的相互作用，改善土体的受力性能。

上述方法均应按因地制宜、就地取材、技术上可行和经济上合理的原则选用，尤其必须结合具体情况与其他设计方案(如桩基础等)经过比较后确定。对处于河道中的桥梁基础来说,由于存在深浅不一的地面水,采用人工地基多感不便;对有显著冲刷的河道,更不能采用人工地基。因此本章只扼要叙述工程上用得较多的砂砾垫层、砂桩的设计和施工要点,对其他加固方法只作概略介绍。此外,在本章中对作为分布较广的湿陷性黄土地基的处理方法,也将作一简要的介绍。

●第二节　砂砾垫层●

一、砂砾垫层的作用

将浅基础底面高程以下一定范围内的软土挖除,再换填经分层夯实的砂砾,即形成砂砾垫层,如图 7-1 所示。

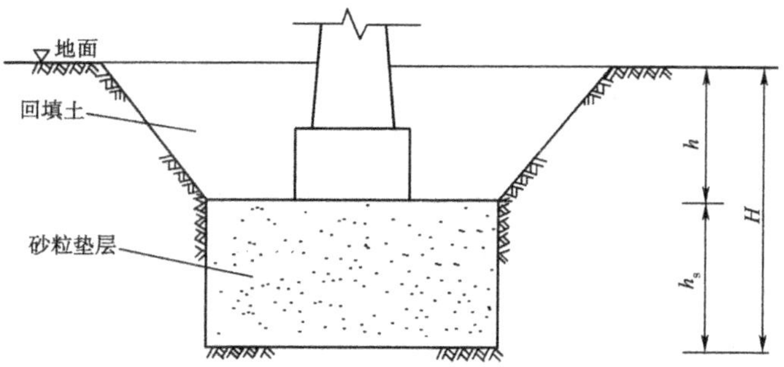

图 7-1　砂粒垫层

砂砾垫层的作用是:

(1)垫层作为基础的持力层,由于夯实后的砂砾层强度较大,所以承载力足以满足设计要求;另一方面,能使基底压力通过垫层扩散分布到下面较大面积的软土层上,从而减小了软土层的压应力,同时软土层置于砂砾垫层之下,实际上已变为下卧层,其承载力随其埋置深度的增加而有所提高,从而使压应力减小,承载力提高后的地基满足使用要求。

(2)由于砂砾垫层压缩性小,基础的总沉降值必将减小。

(3)砂砾垫层透水性强,能加速软土层的排水固结。

由于砂砾垫层是渗水的,所以此法不能用于处理湿陷性黄土地基。

二、砂砾垫层的设计计算

1. 尺寸的确定

设计砂砾垫层包括确定其厚度和平面尺寸。

砂砾垫层的厚度,一般根据地基强度条件确定,主要是考虑软弱下卧层的承载力,所以,一般要求作用于软土层顶面(也即垫层底面)上的计算压力 σ_{h+hs} 不超过软土层的地基承载力容许值,即

$$\sigma_{h+hs} \leqslant \gamma_R[\sigma]_{h+hs},\mathrm{kPa} \tag{7-1}$$

软土层顶面(垫层底面)上的计算压力 σ_{h+hs} 等于该处的自重应力与附加应力之和,即

$\sigma_{h+hs}=\sigma_z+\sigma_c$，其中，$\sigma_c=\gamma h+\gamma_s h_s$。砂砾垫层底面的压应力 σ_z，按下述近似方法计算。

如图7-2所示，设基础底面为均匀分布的压应力 σ，通过砂砾垫层以 φ 角扩散后分布到下面较大面积的软土层上，而作用于垫层底面软土层上的承压应力，则假定呈均匀分布。这样，按压力平衡条件，即基础底面总压力等于软土地基上承压力总和，可导得由荷载所引起的最大承压应力 σ_z：

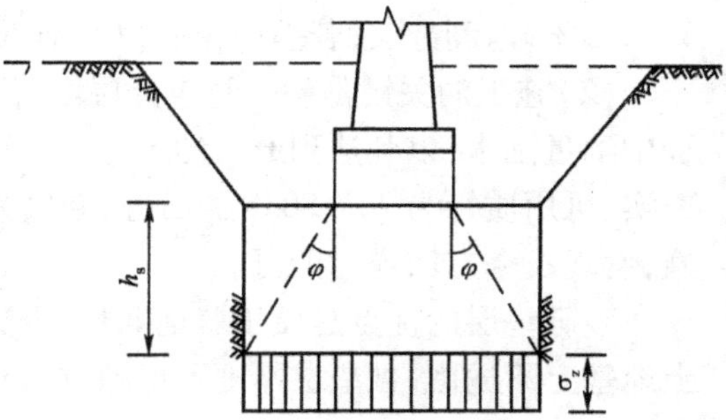

图7-2 垫层底面压应力

$$\sigma_z=\frac{bl(p-\gamma h)}{(b+2h_s\tan\varphi)(l+2h_s\tan\varphi)} \tag{7-2}$$

式中：l、b——矩形基础底面的长度与宽度，m；

h_s——砂砾垫层厚度，m。

由式(7-1)、式(7-2)及式 $\sigma_{h+hs}=\sigma_z+\sigma_c$ 可见，σ_{h+hs} 与 h_s 有关，而软弱下卧层的地基承载力容许值 $[\sigma]_{h+hs}$ 也与 h_s 有关，所以，应按式(7-1)的强度条件，用试算法确定 h_s，h_s 一般在 1～3m，h_s 小于1m时，砂砾垫层作用不明显，h_s 大于3m时，工程量太大，不经济，可考虑与砂桩结合使用。

对矩形基础，在砂砾垫层厚度确定后，可按下式算得砂砾垫层底面的长度与宽度：

$$L=l+2h_s\tan\varphi \quad [7\text{-}3a)]$$

$$B=b+2h_s\tan\varphi \quad [7\text{-}3b)]$$

2. 基础沉降量验算

按地基强度确定垫层尺寸后，还应验算地基的变形。基础总沉降量 S 包括砂砾垫层压缩量 S_s 和软土层压缩量 S_c 两部分，即

$$S=S_s+S_c \tag{7-4}$$

砂砾垫层本身的压缩量，按下式计算：

$$S_s=\frac{\sigma+\sigma_H}{2}\cdot\frac{h_s}{E_s} \tag{7-5}$$

式中：$\frac{\sigma+\sigma_H}{2}$——砂砾垫层内的平均压应力，MPa；

E_s——砂砾垫层的变形模量，无实测资料时，可用12～14MPa。

S_s 可认为在建筑物施工过程中，即可基本完成，故地基变形主要是垫层下的软土部分。S_c 的计算仍用分层总和法，但在计算垫层下土中应力时，垫层底面视为假定的基础底面，其长度和宽度分别取$(l+h_s\tan\varphi)$、$(b+h_s\tan\varphi)$。压缩层底面位置可按附加应力不超过0.1～0.2倍的自重应力条件确定。若沉降过大，应加大垫层厚度，但垫层厚不宜大于3m。

三、砂砾垫层施工要点

(1)选用垫层材料要就地取材，除应符合质量要求外，还要满足基底压应力的要求。一般以级配良好、质地较硬的中砂、粗砂或砾砂为好，砾料粒径宜小于10mm，含泥量不得大于

3% ~5%,以利夯实;若基底压应力大于200kPa,应选用卵石或碎石垫层。

(2)施工的关键是砂砾料应分层填筑,每层厚约20cm左右,并经夯(压)实。夯(压)实过程中酌量洒水,以利达到最大的紧密度。压实方法可用振动法、碾压法和夯实法等。如用人工夯实,可用质量为70 ~80kg的石夯,夯底为30cm宽的正方形,举高0.6 ~0.7m,通常夯打四五遍,发现石夯有回弹时即可。

砂砾垫层的优点是便于就地取材,方法简单,没有机械设备也能施工。但有显著冲刷的软土地基上不适用,且垫层厚度不得超过3m,否则用料过多,又增加施工困难,反而不经济。

●第三节　砂桩与石灰桩●

一、作用与构造

如图7-3所示,用下端装有埋入式桩靴的钢管桩打入土中,然后从钢管中灌入中砂或粗砂,边分层灌砂夯实,边将钢管向上拔起(桩靴留在孔底),直到桩孔都灌满砂,形成砂桩。在黏性土中也可打入木桩,将桩拔出后,再在遗留的桩孔中填砂夯实。

砂桩起挤密地基土的作用,适用于处理$D_r<0.33$的松砂地基和黏土粒含量不高、孔隙比大,且$I_L>1$的黏性土及素填土、杂填土地基。处理后可使地基土密实度增加,强度提高,压缩性降低。也可采用生石灰或生石灰和砂的混合料作填料,称为生石灰桩(石灰桩)。生石灰有吸水的性能,可加速减小土中的含水率,同时石灰吸水后膨胀,能进一步挤实地基土。生石灰桩适用于缺乏砂砾地区。并可用于湿陷性黄土地基的加固,其设计原理与砂桩相同。

砂桩直径一般为$d=30 \sim 60$cm,桩间中心距为$(3 \sim 5)d$。生石灰桩桩径一般为20cm,间距80cm。砂桩或石灰桩可按等距离的梅花形或正方形布置,纵横向均应超出基础边缘1 ~3排。砂桩用于防止砂层液化时,每边的宽不宜小于处理深度的1/2,并不应少于5排。其深度当软土层不厚时,可穿透软土层;若软土层很厚,则可按桩底地基承载力和变形要求确定。

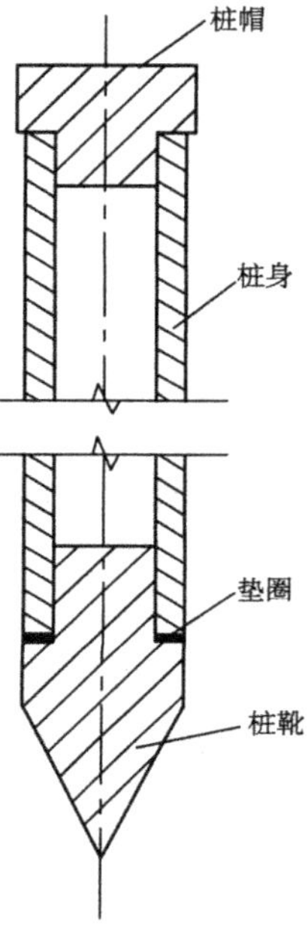

图7-3　砂桩

二、砂桩设计要点

按上述要求确定加固区面积A,按砂桩体积等于地基中孔隙体积的减小值的原理,设地基加固深度为H,由图7-4土的三相示意图得,单位体积土体中孔隙体积的减小值为$\frac{e_0-e_1}{1+e_0}$,于是$A_1H=AH\frac{e_0-e_1}{1+e_0}$,由此可得砂桩面积$A_1$:

$$A_1 = A\frac{e_0-e_1}{1+e_0} \tag{7-6}$$

式中：e_0——原地基土的孔隙比；

e_1——加固要求达到的孔隙比，对砂土应使加固后的相对密度 $D_r=0.7\sim0.8$；对黏性土应使地基土的含水率减小到塑限和液限之间，即 $I_L<1$。

A_1 确定后，就可选定桩径 d，算出所需之砂桩数 n（取整数）。

$$n=\frac{4A_1}{\pi d^2} \tag{7-7}$$

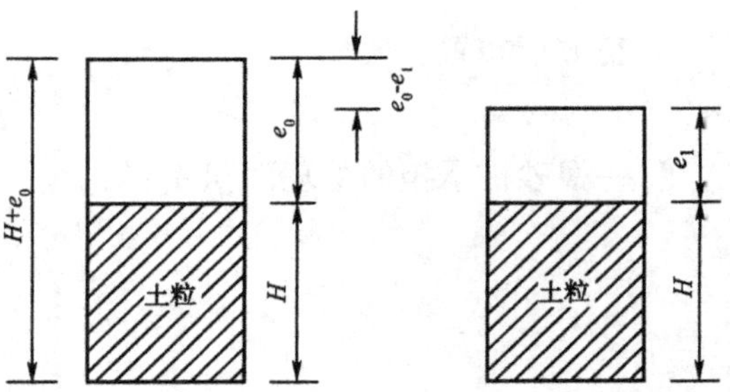

图 7-4　砂桩面积计算

由此可最后确定桩的间距和平面布置。

三、砂桩设计的规范公式

砂桩的布置形式有正方形和等边三角形，如图 7-5 所示。其设计的规范公式如下所述。

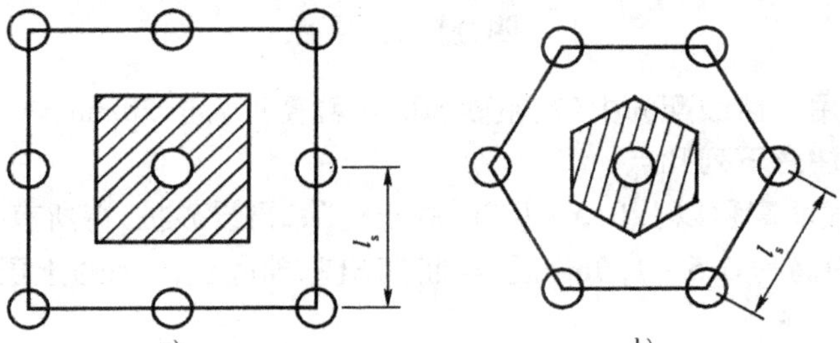

图 7-5　砂桩布置形式

a）正方形布置；b）等边三角形布置

1. 松散砂土地基

等边三角形布置：

$$l_s=0.95d\sqrt{\frac{1+e_0}{e_0-e_1}}$$

正方形布置：

$$l_s=0.90d\sqrt{\frac{1+e_0}{e_0-e_1}}$$

$$e_1=e_{max}-D_{r1}(e_{max}-e_{min})$$

式中：l_s——砂桩中距；

d——砂桩直径；

e_0——地基处理前沙土的孔隙比，可按原状土样试验确定，也可根据动力或静力触探等对比试验确定；

e_1——地基挤密后要求达到的孔隙比；

e_{max}、e_{min}——分别为沙土最大、最小孔隙比；

D_{r1}——地基挤密后要求达到的相对密度，可取 0.70～0.85。

2. 黏性土地基

等边三角形布置：

$$l_s = 1.08\sqrt{A_e}$$

正方形布置：

$$l_s = \sqrt{A_e}$$

一根砂桩承担的处理面积 A_e：

$$A_e = \frac{A_p}{m}$$

$$m = \frac{d^2}{d_e^2}$$

式中：A_p——砂桩截面面积；

m——面积置换率；

d_e——等效影响直径，d_e 的取值：砂桩为等边三角形布置时，$d_e = 1.05l_s$；砂桩为正方形布置时，$d_e = 1.13l_s$。

四、施工要点

砂砾填料可选用天然级配的中砂、粗砂、砾砂，粒径不大于50mm，含泥量不应超过5%。

砂桩施工中应注意下列几点：

(1)先将基础底面高程以上0.5~1.0m的土挖除，再设砂桩，待所有砂桩都填满夯实到桩顶(即高出基础底面高程0.5~1.0m)后，再将高出基础底面高程的土层挖去，按基底高程整平。

(2)为了增加挤实效果，砂桩应从基坑外圈向内圈施打。

(3)用钢管打砂桩时，边填砂夯实边拔钢管桩，一般每次拔起0.3~0.5m，灌砂量应大于拔起量。木桩打孔只能用于孔壁稳定的黏性土地基，并要求桩拔出后，立即进行分层填料、夯实。夯锤直径一般为桩径的$\frac{2}{3}$倍，锤重力为2.5~3.5kN，对小桩孔，也可用圆木等物作夯锤。

石灰桩在孔中灌生石灰块，其粒径约为1~5cm，应具有一定级配，以利密实。若级配中缺乏细料，可用中、粗砂填充孔隙，灰块最大尺寸不得超过桩径的$\frac{1}{3}$，以防卡管。桩顶要用黏土封闭夯实，以防地表水浸泡石灰桩。必须注意不得用熟石灰灌孔。

●第四节　加固地基的其他方法●

一、机械密实法

除砂桩或石灰桩外，扼要介绍几种常用的机械密实法。

1. 重锤夯实和振动压实

重锤夯实的夯锤质量不小于1.5t，夯打落距2.5~4.5m，一般要夯打6~8遍。振动压实法是用质量为2t左右的振动机振动压实松散地基，以减小土的孔隙比，增加其密实度。这两种方法加固的有效深度均不超过1.5m。

2. 强夯

用起重机将质量为5～40t的巨型锤吊起，以16～40m的高落差自由下落，击实地基。这种方法称为强夯。该法的夯实机理不同于前述的重锤夯实。它在夯击地基时，除产生强大的冲击能外，还具有强大的冲击波，使土体在夯击点周围产生裂隙，强迫孔隙水溢出，促使土体迅速固结和压密。所以可用于加固高含水率的软黏土地基，而不会出现“橡皮土”现象。其加固的有效深度可达10m以上，效果显著，是国际上最近发展的一种加固地基新方法。该法的缺点是施工时振动和噪声极大，所以市区或邻近有建筑物的地方应控制使用。

3. 振动水冲碎石桩

振冲法施工的主要机具是类似混凝土振捣棒的振动水冲器。其外壳直径0.2～0.37m，长2～5m，重力20～25kN，内部主要由偏心块、潜水电机和通水管三部分组成。其功能有两个：一是利用旋转的偏心块产生水平向振动力，二是通过下端和侧部的喷嘴射水，使振冲器易于在土中钻进成孔，并在成孔后起清孔和护壁作用。

施工时，振冲器由吊车吊住就位后，即可下插冲振造孔，待下端沉到设计高程，经过水冲清孔，上提振冲器出孔，再从地面向孔内逐段添加填料（砾砂、碎石等），每段填料还要用振冲器下插振挤密实，在达到要求密实度后，上提振冲器，再加填料，重复上述操作直到地面，从而形成密实的、有一定直径的碎石桩；同时桩四周一定范围内的土也被挤实。桩的数量和深度由设计要求定。填料的密度与振冲器工作时的耗电量有关，可由仪表显示的电流变化值控制。

目前，这种方法主要用于加固砂土和黏粒含量小于5%～10%的黏性土地基。

二、排水固结法

软弱地基中设砂井或排水塑料板，其作用是加速地基排水固结，适用于较厚的饱和软黏土地基。设砂井或塑料板后，常配合堆载预压，使地基在预压荷载下加速固结，从而加速地基强度的增长，减小建筑物建成后地基的变形。实践证明，预压砂井固结法效果较显著。

设砂井的方法与砂桩相似。现在已推广采用比普通砂井效果更好的袋装砂井。砂袋透水，由聚丙烯编织而成，装灌风干的中粗砂。先将钢管桩打入土中，再将砂袋插入钢管内至管底后拔出钢管，砂袋留在土中，即形成砂井。袋装砂井直径一般为7cm左右，砂井的深度、根数和间距按设计要求定。在平面上有正方形和梅花形两种布置形式。

排水塑料板（带状）宽度为10cm，厚度0.3～0.4cm，长度方向有槽孔，用插板机或砂井打设机将塑料板插入软土后，槽孔作为连续的竖向排水通道。砂井或塑料板上端应伸入厚为0.5～1.0cm的砂垫层，以便让排出的水能通过砂垫层流入排水沟。

三、浆液灌注胶结法

这种方法主要是利用化学溶液或流质胶结剂，将其灌入土中后能将土粒胶结起来的性能，提高地基承载力。常用的浆液有：

（1）水泥浆液。以强度等级高的硅酸盐水泥和速凝剂组成的浆液用得较多，适用于最小粒径为0.4mm的砂砾地基。

（2）以硅酸钠（水玻璃 $Na_2O \cdot nSiO_2$）为主的浆液，适用于土粒较细的地基土，常称硅化法或电渗硅化法。

在透水性较大的土中，将水玻璃溶液用压力通过注射管注入土中，然后再注入氯化钙溶液，两者发生化学作用后，产生有胶结性的硅胶膜，使土体变硬；可取水玻璃和磷酸的混合液注入土中，硅酸钠分解时生成凝胶把土体胶结。这种方法称硅化法。

当地基土的渗透系数较小时（$K<10^{-4}$ cm/s），水玻璃溶液就较难注入土中，可利用电渗原理，帮助溶液渗入土中，这种方法称为电渗硅化或电化学加固法。如图7-6所示，先在土中打入两个电极，其中浆液注射管应为阳极，滤水管则为阴极，然后将化学浆液通过注射管注入土中，同时通直流电。这样在电渗作用下，孔隙水流向阴极，通过滤水管可将水抽出，而浆液则能渗入到土中更微小的孔隙中去，并使其分布得更为均匀，从而达到加固地基的目的。

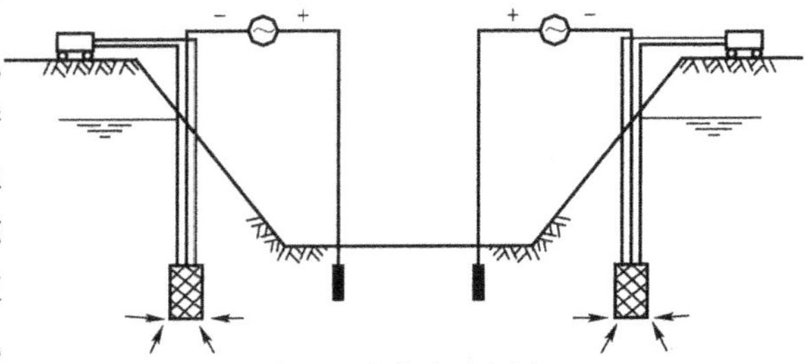

图7-6　电化法示意图

硅化法的优点是加固作用快、工期短。但化学溶液价钱贵，造价高，所以只在特殊工程中应用。

四、深层搅拌桩

深层搅拌法加固软土地基是利用水泥（或水泥浆）作为固结剂，通过特别深层搅拌机械，在地基深部就地把软土与水泥（或水泥浆）强制拌和，待水泥凝结后，即可形成具有较好整体性、水稳性、又能满足强度要求的人工复合地基。

根据水泥喷射状态，可分为湿法和干法两种，湿法以喷射水泥浆为主，或加减水剂和速凝剂，其特点是搅拌均匀，易于复搅，但加固硬化时间长；干法以喷射水泥干粉为主（即粉喷桩），虽然搅拌均匀性欠佳，难于全程复搅，但水泥硬化时间短，且在一定程度上降低了地基土的含水率，提高了地基的承载力。

五、加　筋　法

在土中铺设土工合成材料，利用其与土的反滤、排水，隔离和加固强化以及防护等作用来处理软基，提高地基承载力。

土工合成材料有质量轻，整体连续性好，施工方便，抗拉强度较高，耐腐蚀性和抗微生物侵蚀性好等优点。施工时应注意使铺设均匀、平整、锚固牢靠等。

●第五节　湿陷性黄土地基的处理●

一、黄土的特性

黄土的特性，主要表现在大孔性和湿陷性两点上，即普遍存在很大的孔隙（$e>1.0$），同时当受水浸湿时，在自重与荷载作用下，会突然发生较大的、不均匀的变形，从而危及建筑物的安全。因此在黄土地基上修筑建筑物，必须根据黄土的特性，采取相应的措施，防止地基发生破坏。

黄土的湿陷性与土中含有相当数量的可溶盐有很大关系，当土中含水率较小时，可溶盐起了胶结物的作用，使黄土具有较大的强度；但一旦受水浸湿，盐类即溶于水中，土粒骨架间联结力显著减小，土体强度明显降低，在压力作用下原始结构迅速破坏，出现显著变形。

黄土在我国分布很广，黄河中游是黄土的中心地带，包括甘肃、陕西、山西的大部分地区，河南、宁夏、河北的部分地区及新疆、山东、辽宁、内蒙古、吉林、黑龙江、青海等地也有局部分布。由于各地的地理、地质和气候条件的不同，黄土的湿陷性质也因地而异。

黄土的湿陷性，常通过固结试验用湿陷系数来判别，湿陷系数 δ_{sh} 按下式计算：

$$\delta_{sh} = \frac{h_p - h'_p}{h_0} \tag{7-8}$$

式中：h_p——保持天然湿度和结构的土样，加压至一定压力 p 时，压缩稳定时的高度，cm；

h'_p——上述加压稳定后的土样，在浸水作用下压缩稳定后的高度，cm；

h_0——土样的原始高度，cm。

当 $\delta_{sh} \geqslant 0.015$ 时，为湿陷性黄土；否则为非湿陷性黄土。

试验时，p 应按规范要求取值（一般取 $p = 300$kPa；对压缩性较高的新沉积黄土采用 $p = 100 \sim 150$kPa）。

湿陷性黄土根据计算湿陷量 Δ_{sh} 的大小分为三级，见表 7-1。Δ_{sh} 按下式计算：

$$\Delta_{sh} = \sum \delta_{shi} \cdot h_i \tag{7-9}$$

式中：h_i——第 i 层湿陷性黄土的厚度，cm；

δ_{shi}——第 i 层湿陷性黄土的湿陷系数。

计算湿陷量表 表 7-1

湿陷等级	计算湿陷量（cm）
I	$5 < \Delta_{sh} < 15$
II	$15 < \Delta_{sh} < 35$
III	$\Delta_{sh} > 35$

湿陷土层的计算厚度一般为基底下 5m；若 5m 内有地下水，则算到年平均地下水位为止。若 5m 内有非湿陷性土层，则其湿陷量不得计入。

二、湿陷性黄土地基的处理

处理湿陷性黄土地基的措施，包括下列几项：

（1）防止水浸湿地基。

①整平地面，保持排水畅通；

②在建筑物周围修筑散水坡；

③将地基表层黄土扒松后再夯实（称换填层），以增加防渗性能。

（2）加固地基。

①重锤夯实；

②采用换填层或换填灰土的垫层（但不得用透水的砂砾垫层）；

③打石灰桩，使地基土密实（但不准用砂桩）。

（3）结构措施。尽量用不均匀沉降对建筑物影响小的结构类型。

（4）将基础放在非湿陷性的土层上。

通常将建于湿陷性黄土地基上的建筑物，按建筑物的重要性和结构特点分成四类：

甲：较高的墩台（高于 12m）和外超静定结构；

乙:一般桥梁;

丙:矩形涵和圆形涵;

丁:桥涵附属工程,如河床铺砌、导流堤等。

结合不同类别的建筑物和湿陷性黄土等级等具体情况,可以参考表7-2选用相应的处理措施。

湿陷性黄土地基的处理措施 表7-2

地基湿陷等级	建筑物类别	处理措施
Ⅰ、Ⅱ、Ⅲ	甲	将基础放在非湿陷性土层中
Ⅲ	乙	
Ⅱ	乙	同时用防水和夯实或换土措施
Ⅰ	乙	防水或人工夯实或换土
Ⅰ、Ⅱ、Ⅲ	丙	
Ⅰ、Ⅱ、Ⅲ	丁	夯实地基表层

复习思考题

1. 什么叫软弱地基?
2. 人工地基分哪几类?
3. 砂砾垫层有哪些作用?其尺寸如何确定?
4. 如何验算砂砾垫层底面的承载力?设砂砾垫层后基础沉降量如何计算?
5. 如何确定砂桩的深度和面积?砂桩施工要注意哪些问题?
6. 除砂砾垫层和砂桩外,还有哪些加固地基的方法?它们的适用条件和效果如何?
7. 砂桩和砂井的作用有何不同?
8. 湿陷性黄土地基的特点是什么?如何判别?如何处理?

第八章

桩 基 础

教学要求

1. 描述桩基础的适用条件、桩的作用与分类、桩和桩基础构造；
2. 描述桩基础施工方法与施工工序；
3. 根据土的静荷载试验法和规范法，确定单桩轴向承载力容许值。

● 第一节　桩基础的组成、作用及适用条件 ●

桩基础是一种常用的深基础，是由埋于地基土中的若干根桩及将所有桩连成一个整体的承台(或盖梁)两部分所组成的一种基础形式。如图 8-1 所示，桩身可以全部或部分埋入地基土中，当桩身外露在地面上较高时，在桩之间还应加横系梁，以加强各桩之间的横向联系。若干根桩在平面排列上可成为一排或几排，所有桩的顶部由承台或盖梁连成一整体。在承台上再修筑墩(台)及上部结构。桩可以先预制好，再将其运至现场沉入土中；也可以就地钻孔(或人工挖孔)，然后在孔中置入钢筋骨架后再浇灌混凝土而成桩。

桩基础的作用是将承台或盖梁以上结构物传来的外力，通过承台或盖梁由桩传到较深的地基持力层中去。承台将外力传递给各桩并箍住桩顶使各桩共同承受外力。各桩所承受的荷载由桩通过桩侧土的摩阻力及桩端土的抵抗力将荷载传递到地基土中，如图 8-1b）所示。桩基础如设计正确，施工得当，它具有承载力高、稳定性好、沉降量小而均匀等特点。在深水河道中，桩基础可以借桩群穿过水流将荷载传到地基中，避免(或减少)水下工程，简化施工设备和技术要求，加快施工速度并改善劳动条件。当地基浅层土质不良时，它能穿越浅层土发挥地基深层土承载力的作用，以满足桥梁上部结构物荷载的要求。近代在桩基础的类型、沉桩机具和施工工艺以及桩基础理论和设计计算方面都有了很大的发展，不仅便于机械化施工和工厂化生产，而且能以不同类型的桩基础和施工方法适应不同的水文地质条件、荷载性质和上部桩基础结构特征。下列

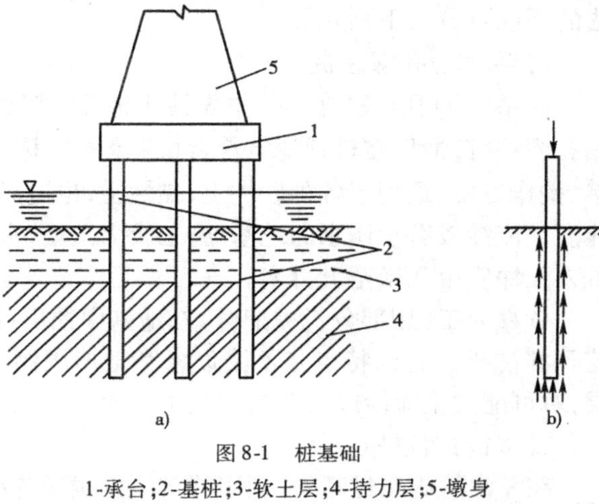

图 8-1　桩基础

1-承台；2-基桩；3-软土层；4-持力层；5-墩身

条件下更适用桩基础：

(1)荷载较大，地基上部土层软弱，适宜的地基持力层位置较深，采用浅基础或人工地基在技术上、经济上不合理时；

(2)河床冲刷较大，河道不稳定或冲刷深度不易计算正确，如采用浅基础施工困难或不能保证基础安全时；

(3)当地基计算沉降过大或结构物对不均匀沉降敏感时，采用桩基础穿过松软(高压缩性)土层，将荷载传到较坚实(低压缩性)土层，减少结构物沉降并使沉降较均匀。另外桩基础还能增强结构物的抗震能力；

(4)当施工水位或地下水位较高时。

以上情况也可以采用其他形式的深基础，但桩基础由于具有耗用材料少、自重轻、施工简便等优点，往往是优先考虑的深基础方案。

当上层软弱土层很厚，桩底不能达到坚实土层时，就需要用较多、较长的桩来传递荷载，这时的桩基础稳定性较差，沉降量也较大；当覆盖层很薄时，桩的稳定性也有问题，就不一定是最佳的基础形式，这种情况下，应经过多方面的技术经济比较和研究，确定合理可行的方案。

●第二节　桩和桩基础的类型与构造●

为满足结构物的要求，适应地基的特点，随着科学技术的发展，在工程实践中已形成了各种类型的桩基础，它在本身构造上和桩土相互作用性能上都具有各自的特点。学习桩和桩基础的分类及其构造，目的是掌握其特点以使设计和施工时更好地发挥桩基础的作用。

一、按成桩方法分类

桩基础由于施工时采用的机具设备和工艺过程的不同，桩的施工方法和种类就较多，通常可分为非挤土桩、部分挤土桩、挤土桩三类。

1.非挤土桩

灌注桩是在现场地基中钻(挖)桩孔，然后浇筑钢筋混凝土而成的非挤土桩。根据施工方法的不同可分为下列几类。

1)钻(挖)孔灌注桩

用钻(冲)孔机械在土体中先钻成桩孔，然后在孔内放入钢筋骨架，灌注桩身混凝土而成钻孔灌注桩，最后在桩顶浇筑承台(或盖梁)，称为钻孔灌注桩基础。它的特点是施工设备简单、操作方便，适用于各种砂性土、黏性土，也适用于碎、卵石类土层和岩层。但对于淤泥及可能发生流沙或有承压水的地基，施工较为困难，常常易发生塌孔或埋钻等情况。一般钻孔灌注桩入土深度由几米至上百米。

依靠人工(用部分机械配合)在地基中挖出桩孔，然后与钻孔桩一样灌注混凝土成桩称为挖孔灌注桩。它的特点是不受设备和地形限制，施工简单，但只适用于无水或渗水量小的地层，对可能发生流沙或含厚的软黏土层地基施工较困难，需要加强孔壁支撑，确保安全。

2)多极扩盘桩

在灌注桩施工过程中，利用特定的机械设备在钻孔的一定部位使孔径扩大，在桩身局部形成几个凸出的灌注桩，也有的是在桩身设置一定数量的分支，或者将这些分支合并形成扩大盘，这类桩统称为多极扩盘桩，如图8-2所示。在多极扩盘桩中，由于桩径增大使桩侧表面积增加，有些桩在施工过程中还会对桩周土产生挤密，这都会使桩侧阻力增大；同时各扩孔段还形成一个个小的“桩端”，这些“桩端”的作用使桩的端承力得到提高，在两者的共同作用下，多极扩盘桩的承载力得到显著提高。根据试验结果，多极扩盘桩每立方米混凝土承载力的标准值为同等条件下普通混凝土灌注桩的2倍多。桩的承载力一般可比普通的钻孔灌注桩提高50%～80%，有的甚至可以高达100%～150%。因其在提高桩基承载力、减少沉降、增加桩基安全性、降低工程造价和缩短工期等方面都取得了显著效果，国家科委于1998年4月组织专家论证后，已将多极扩盘桩技术纳入“重点国家级火炬计划项目”，建议在全国推广应用。

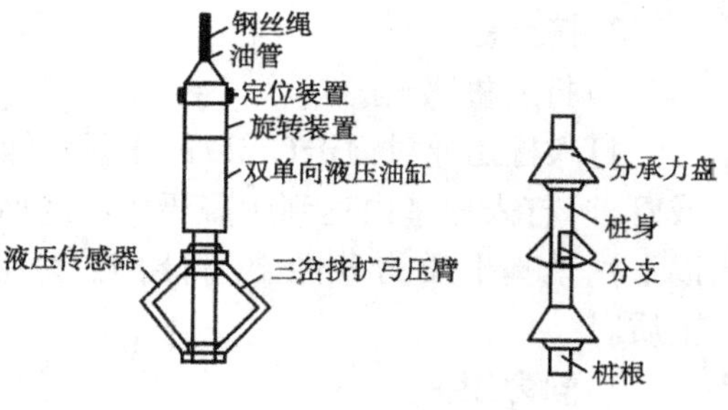

图8-2 多极扩盘桩

2. 部分挤土桩

1）沉管灌注桩

沉管灌注桩系指采用锤击或振动的方法，把带有钢筋混凝土的桩尖或带有活瓣式桩端（沉管时桩端闭合，拔管时活瓣张开）的钢套管沉入土层中成孔，然后在套管内放置钢筋笼，并边灌注混凝土边拔套管而形成的灌注桩，也可将钢套管打入土中挤土成孔后向套管中灌注混凝土并拔出套管成桩。它适用于黏性土、砂性土、砂土地基。由于采用了套管，可以避免钻孔灌注桩施工中可能产生的流沙、坍孔的危害和由泥浆护壁所带来的排渣等弊病。但桩的直径较小，常用的尺寸在0.6m以下，桩长常在20m以内。在软黏土中，由于沉管的挤压作用对邻桩有挤压影响，且挤压时产生的孔隙水压力易使拔管时出现混凝土桩缩颈现象。

2）爆扩桩

爆扩桩系指就地成孔后，用炸药爆炸扩大孔底，浇灌混凝土而成的桩。这种桩能够扩大桩底与地基土的接触面积，提高桩的承载能力。爆扩桩宜用于持力层较浅，以在黏土中成型并支承在坚硬密实土层上为最理想的采用条件。

3）管柱基础

将预制好的大直径（直径1～5m）钢筋混凝土或预应力钢筋混凝土管柱（实质上是一种巨型的管柱，每节长度根据施工条件决定，一般采用4m、8m或10m，接头用法兰盘和螺栓连接），用大型的振动沉桩锤，沿导向结构将桩垂直向下振动，下沉到基岩（一般以高压射水和吸泥机配合帮助下沉），然后在管柱内钻岩成孔，下放钢筋骨架笼，灌注混凝土，将管柱与岩层牢固连接形成管柱基础，如图8-3所示。管柱基础可以在深水及各种覆盖层条件下进行，没有水下作业和不受季节限制，但施工需要有振动沉桩锤、凿岩机、起重设备等大型机具，动力要求也高，在一般公路桥梁中很少采用。

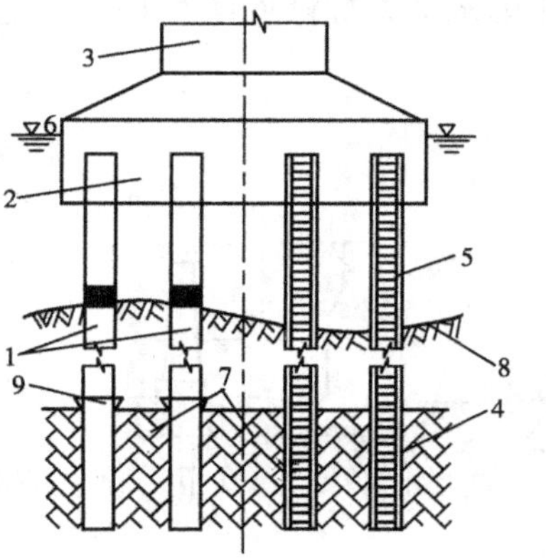

图8-3 管柱基础

1-管柱；2-承台；3-墩身；4-嵌固于岩层；5-钢筋骨架；6-低水位；7-岩层；8-覆盖层；9-钢管靴

3. 挤土桩

1)打入桩(锤击桩)

打入桩是通过锤击(或以高压射水辅助)将各种预先制好的桩(主要是钢筋混凝土实心桩或管桩)打入地基内达到所需要的深度而成为桩基础。一般适用于桩径较小(直径在0.60m以下),地基土质为砂性土、黏性土、粉土、细砂以及松散的不含大卵石或漂石的碎卵石类土质。

2)静力压桩

在软塑性土质中也可以用重力将桩压入土中称为静力压桩。这种压桩施工方法免除了锤击打入的振动影响,是在软土地区,特别是在不允许有强烈振动的条件下建造桩基的一种适用的施工方法。

3)振动下沉桩

振动下沉桩是将大功率的振动打桩机安装在桩顶,利用振动力以减少土对桩的阻力,使桩沉入土体中。通常适用于桩径较大、土的抗剪强度振动时有较大降低的沙土等地基。

二、按受力条件分类

根据桩的受力条件,基桩可分为下列几类。

1. 摩擦桩与端承桩

一根埋在土中的桩,在承受轴向荷载后,桩四周的土与桩侧间将产生摩擦力,同时桩端处的土对桩还存在桩端反力。这种桩顶荷载主要由桩侧摩阻力承受,并考虑桩端阻力的桩称为摩檫桩,如图8-4b)所示。当桩端支承在坚硬的岩层上时,如图8-4a)所示,荷载主要通过桩身直接传到桩端下的岩层中去,这时桩侧摩阻力相对较小,这种桩称为端承桩;端承桩承载力较大,较安全可靠,基础沉降也小。端承桩和摩擦桩由于它们在土中的工作条件不同,它们与土共同作用特点也就不一样,因此在设计中应注意,同一墩台中不能同时使用这两种桩基。

2. 竖直桩和斜桩

按桩轴方向可分为竖直桩和斜桩,如图8-5所示。在桩基础中是否需要设置斜桩,确定怎样的斜度,应根据荷载的具体情况而定。一般结构物基础承受的水平力常较竖直力小得多,且

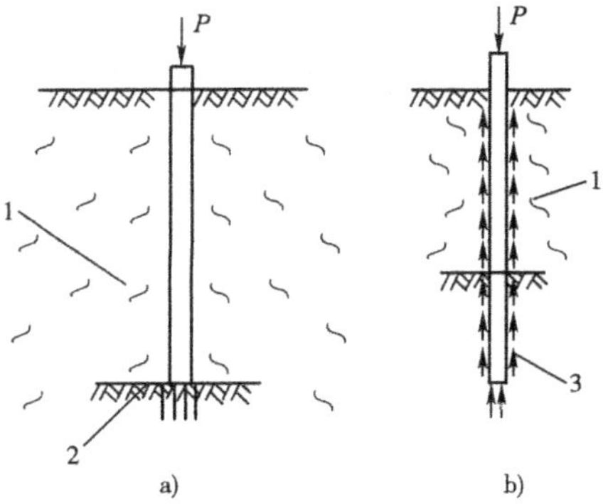

图8-4　端承桩与摩擦桩

1-软弱土层;2-岩层或硬土层;3-中等土层

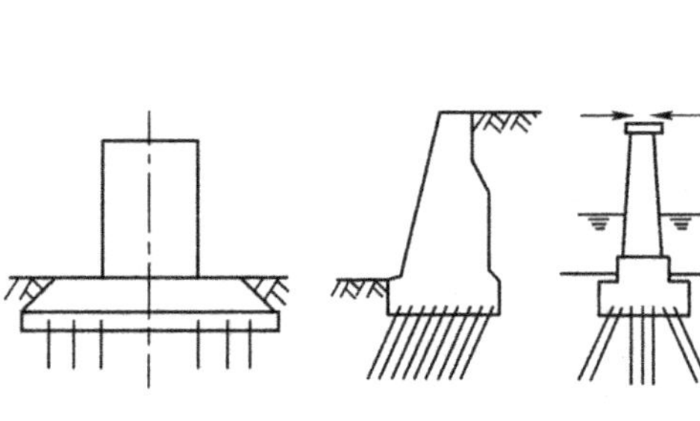

图8-5　竖直桩和斜桩

现已广泛采用的大直径钻(挖)孔灌注桩具有一定的抗弯和抗剪强度,因此,桩基础常全部采用竖直桩。拱桥墩台等结构物的桩基础往往需设斜桩以承受上部结构传来的较大水平推力,减小桩身弯矩、剪力和整个基础的侧向位移。斜桩的桩轴线与竖直线所成倾斜角的正切不宜小于1/8,否则斜桩的作用就不大,且施工斜度误差将显著地影响桩的受力情况。目前,为了适应拱台推力,有些拱台基础已采用倾斜角大于45°的斜桩。

3. 桩墩

桩墩是通过在地基中成孔后灌注混凝土形成的大口径断面柱形深基础,即以单个桩墩代替群桩及承台。桩墩基础底端可支于基岩上,也可嵌入基岩或较坚硬土层之中,分为端承桩墩和摩擦桩墩两种,如图8-6所示。

桩墩一般为直柱形,在桩墩底土较坚硬的情况下,为使桩墩底承受较大的荷载,也可将桩墩底端尺寸扩大而做成扩底桩墩。桩墩断面形状常为圆形,桩身材料一般为钢筋混凝土,当桩墩受力很大时也可用钢套筒或钢核桩墩(图8-6)。桩墩的受力分析与基桩相类似,但由于桩墩断面尺寸较大而具有较高的竖向承载力并可承受较大的水平荷载。对于扩底桩墩还具有抵抗较大上拔力的能力。

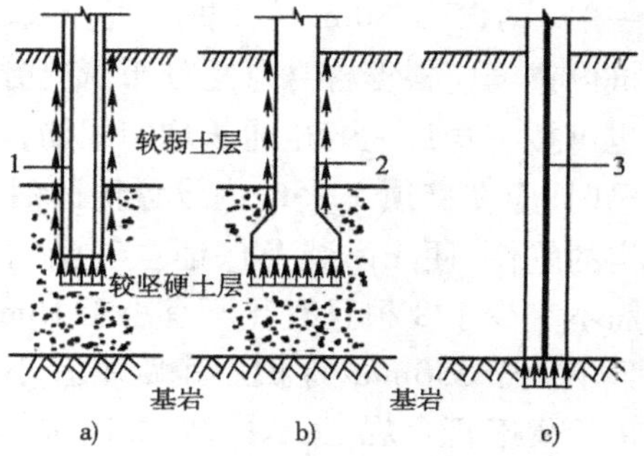

图8-6 桩墩

a)、b)摩擦桩墩;c)端承桩墩

1-钢筋;2-钢套筒;3-钢核

对于上部结构传递的荷载较大,且要求基础墩身面积较小时的情况,可考虑桩墩深基础方案。桩墩的优点在于墩身面积小、美观、施工方便、经济,但它受力大、纵向稳定性较差,对地基要求也高,所以在选定方案时,尤其受较大撞击力的桥梁中,应用此类型桥墩更应注意。

三、桩基础按承台位置分类

如图8-7所示,桩基础按承台位置可分为高桩承台基础和低桩承台基础。高桩承台基础的承台底面位于地面(或冲刷线)以上,低桩承台基础的承台底面位于地面(或冲刷线)以下。高桩承台基础的结构特点是基桩部分桩身埋入土中,部分桩身外露在地面以上(称为桩的自由长度);而低桩承台基础的基桩则全部埋入土中(桩的自由长度为零)。

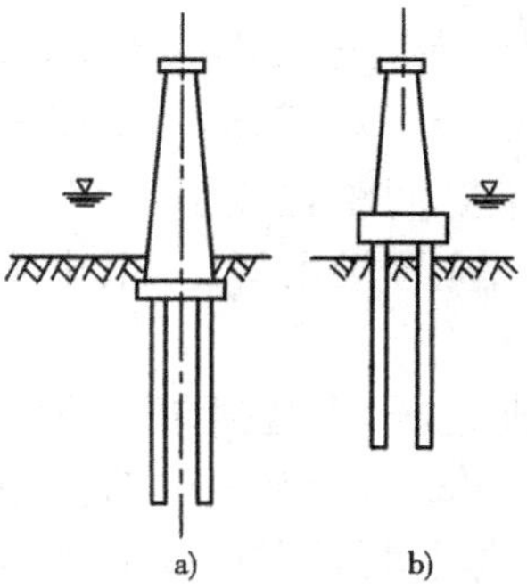

图8-7 高桩承台和低桩承台

a)低桩承台;b)高桩承台

高桩承台基础由于承台位置较高或设在施工水位以上,可减少墩台圬工数量,避免或减少水下作业,施工较为方便。但高桩承台在水平力作用下,由于承台及基桩露出地面的一段自由长度周围无土体来共同承受水平外力,基桩的受力情况较为不利,桩身内力和位移都将大于在同样水平外力作用下的低桩承台,在稳定性方面低桩承台也较高桩承台要好。

随着科学技术的不断发展,由于大直径钻孔灌注桩的采用,桩的刚度、强度都较大,因而高桩承台在桥梁基础工程中也得到广泛应用。

四、桩与桩基础的构造

不同材料修筑的不同类型的桩基础具有不同的构造特点，为了保证桩的质量和桩基础正常工作能力，在设计桩基础时，首先应满足其构造的基本要求。现以目前国内桥梁工程中最常用到的桩与桩基础的构造特点与要求简述如下。

1. 基桩的构造

1）就地灌注钢筋混凝土桩

钻（挖）孔桩是采用就地灌注的钢筋混凝土桩，桩身常为实心断面，混凝土强度等级不低于 C25（管桩填芯混凝土强度等级不低于 C15），钻孔桩设计直径一般不小于 0.80m，挖孔桩的直径或最小边宽度不宜小于 1.20m。桩内钢筋应根据桩身弯矩分布情况分段配筋，短摩擦桩和端承桩也可按桩身最大弯矩通长均匀配筋，当按内力计算桩身不需要配筋时，应在桩顶 3～5m 内设置构造钢筋。为了保证钢筋骨架有一定的刚性，便于吊装及保证主筋受力后的纵向稳定，每根桩中主筋不宜少于 8 根且直径不宜小于 16mm，主筋净距不宜小于 80mm 且不大于 350mm，保护层净距不宜小于 60mm，主筋若需焊接，焊接长度应符合规定：双面缝大于 $5d$（d 为钢筋直径），单面缝大于 $10d$（焊缝不得集中在同一桩截面处），箍筋应适当加强，箍筋直径一般不小于 8mm，中距为 20～40cm。对于直径较大的桩或较长的钢筋骨架，可在钢筋骨架上每隔 2.0～2.5m 设置一道加劲箍筋（直径为 16～32mm），如图 8-8 所示。钻（挖）孔桩的端承桩根据桩底受力情况，如需要嵌入岩层时，嵌入深度应计算确定，并不得小于 0.5m。为了进一步发挥材料的潜力，节约水泥用量，部分工程中采用了大直径的空心钢筋混凝土就地灌注桩，这将是桩基础发展的一个方向。

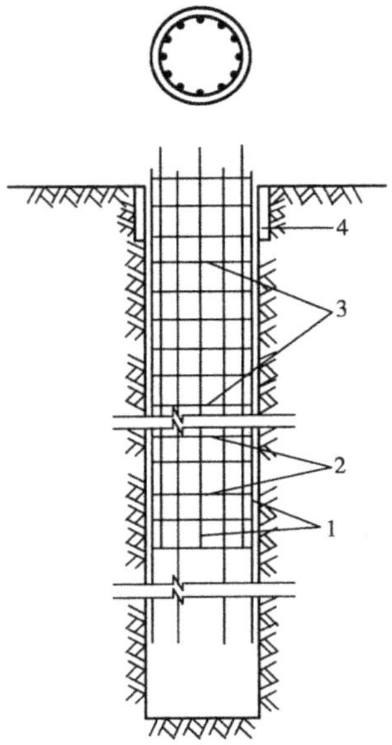

图 8-8　就地灌注钢筋混凝土桩
1-主筋；2-箍筋；3-加强筋；4-护筒

2）预制桩

沉桩（打入桩和振动下沉桩）采用预制的钢筋混凝土桩，有实心的圆桩和方桩（少数为矩形桩），有空心的管桩，另外还有管柱（用于管柱基础）。

钢筋混凝土方桩横断面为 20cm×20cm～50cm×50cm，桩身混凝土强度等级不低于 C25，桩身配筋应考虑制造、运输、施工和使用各阶段的受力要求。主筋一般为 12～25mm，主筋净距不小于 5cm；箍筋直径为6～8 mm，其间距一般不大于 40cm（在两端处间距宜减小，一般为 5cm）。桩顶处，为了承受直接的锤击应设钢筋网加固，为了便于吊运，应预设吊耳，一般由直径为 20～25mm 的圆钢制成，如图 8-9 所示。

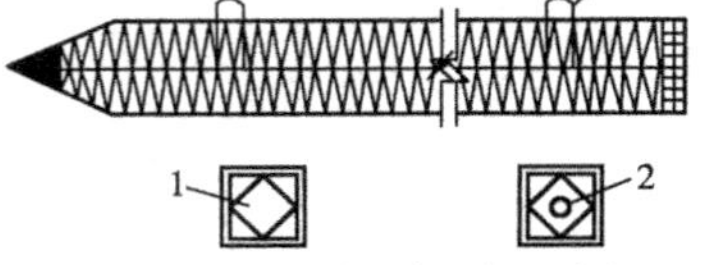

图 8-9　预制钢筋混凝土方桩
1-实心方桩；2-空心方桩；3-吊环

管桩由预制工厂以离心式旋转机生产，有普通钢筋混凝土或预应力钢筋混凝土两种，直径为 400mm、550mm，管壁厚 80mm，混凝土强度等级为 C25～C40，每节管桩两端装有连接钢盘（法兰盘）以供接长。管柱在实质上是一种大直径薄壁钢筋混凝土圆管节，在工厂分节制成，施工时逐节用螺栓接长，它的组成部分是法兰盘、主钢筋、螺旋筋,管壁混凝土不低于 C25,厚为100~140mm,最下端的管柱具有钢刃脚,用薄钢板制成。常采用的管柱直径为 1.50~5.80m 由钢筋混凝土或预应力钢筋混凝土制成,管柱入土深度大于 25m 时,一般采用预应力钢筋混凝土管柱。

预制钢筋混凝土桩柱的分节长度,应根据施工条件决定,并应尽量减少接头数量。接头强度不应低于桩身强度,并有一定的刚度以减少锤振能量的损失。接头法兰盘的平面尺寸不得凸出管壁之外。

3)木桩

在盛产木材地区修筑或抢修桥梁以及建造施工便桥时,可采用木桩,它是用挺直的杉木或松木做成,桩径(稍头)一般为 140~260mm,桩长为 4~8m。木桩桩顶应加设铁箍,以保护桩顶不被打裂,桩尖削成棱锥形,常加铁桩靴,以便打入,如图 8-10 所示。

图 8-10 木桩

2. 桩的布置和间距

桩基础内基桩的布置应根据荷载、地基土质、基桩承载力等决定,采用大直径钻孔灌注桩的中小桥梁常用单排式(桩柱式墩台),如图 8-11a)所示;在大型桥梁或水平推力较大时,则采用多排式(行列式或梅花式),如图 8-11b)、8-11c)所示。

考虑桩与桩侧土的共同工作条件和施工的需要,钻(挖)孔桩的摩擦桩中心距不得小于 2.5 倍成孔直径,支撑或嵌固在岩层上的端承桩不得小于 2.0 倍的成孔直径(矩形桩为边长,下同),桩的最大中心距一般也不超过 5~6 倍桩径。打入桩的中心距不应小于桩径(或边长)的 3 倍,在软土地区还需适当增加。管柱的中心距一般为管柱外径的 2.5~3.0 倍(摩擦桩)或 2.0 倍(端承桩)。

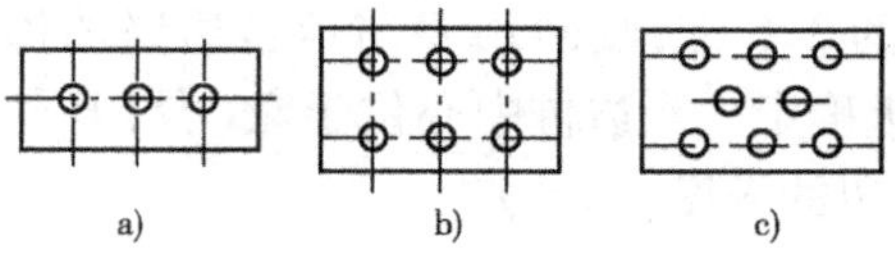

图 8-11 桩的平面布置

如设有斜桩,桩的中心距在桩底处不应小于桩径的 3.0 倍,在承台底面不小于桩径的 1.5 倍;若用振动法沉入砂土内的桩,在桩端处的中心距不应小于桩径的 4.0 倍。

为了避免承台边缘距桩身过近而发生破裂,边桩外侧到承台边缘的距离,对于桩径小于或等于 1m 的桩不应小于 0.5 倍桩径且不小于 250mm;对于桩径大于 1m 的桩不应小于 0.3 倍桩径并不小于 500mm。

3. 承台的构造,桩与承台的连接

承台的平面尺寸和形状应根据上部结构(墩台身)底部尺寸和形状以及基桩的平面布置而定,一般采用矩形和圆端形。

承台厚度应保证承台有足够的强度和刚度,公路桥梁墩台多采用钢筋混凝土或混凝土刚性承台(承台本身材料的变形远小于其位移),其厚度宜为桩直径的 1.0~2.0 倍,且不小于 1.5m。混凝土强度等级不宜低于 C25。对于盖梁式承台和柱式墩台、空心墩台的承台应验算承台强度并设置必要的钢筋,承台厚度可不受上述限制。当桩中心距不大于 3 倍桩直径时,承台受力钢筋应均匀布置于全宽度内;当桩中心距大于 3 倍桩直径时,受力钢筋应均匀布置于距桩中心 1.5 倍桩直径范围内,在此范围以外应布置配筋率不小于 0.1% 的构造钢筋。承台的顶面和侧面应设置表层钢筋网,每个面在两个方向的截面面积,均不小于每米 $400mm^2$,钢筋间距不应大于 400mm。在桩身顶端的承台平面内应设置一层钢筋网,平面内每一方向的每米宽度用量为 1 200 ~ 1 500mm²，钢筋直径采用 12 ~ 16mm，钢筋网在越过桩顶钢筋处不应截断，并应与桩顶主筋连接（图 8-12）。承台竖向连接钢筋，其直径不应小于 16mm。承台的桩中距等于或大于桩直径的 3 倍时，宜在两桩之间，距桩中心各一倍桩直径的中间区段内设置吊筋，如图 8-13 所示，其直径不应小于 12mm，间距不应大于 200mm。

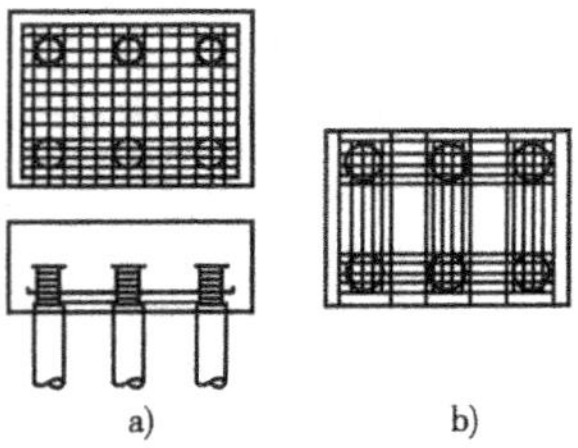

图 8-12　承台底钢筋网

桩和承台的连接，钻（挖）孔灌注桩现都采取将桩顶主筋伸入承台，桩身伸入承台长度一般为 150 ~ 200mm（盖梁式承台，桩身可不伸入），如图 8-14a）、8-14b）所示。伸入承台的桩顶主筋可做成喇叭形，约与竖直线倾斜 15°；若受构造限制，主筋也可不做成喇叭形。伸入承台的钢筋应符合结构规范的锚固长度，一般应不小于 600mm，并设箍筋。对于不受轴向拉力的打入桩可不破桩头，将桩直接埋入承台内，如图 8-14c）所示。桩顶直接埋入承台的长度，对于普通钢筋混凝土桩及预应力混凝土桩，当桩径（或边长）小于 0.6m 时不应小于 2 倍桩径或边长；当桩径在 0.6 ~ 1.2m 时，不应小于 1.2m；当桩径大于1.2m 时，埋入长度不应小于桩径。

在桩之间如为了加强横向联系设有横系梁时，横系梁一般认为不直接承受外力，可不作内力计算，按横截面的 0.1% 配置构造钢筋。横系梁高度一般不小于桩径的 0.8 倍，横系梁宽度一般不小于桩径的 0.6 倍，墩（台）身与承台边缘的襟边尺寸一般按刚性角要求确定。当边桩中心位于墩（台）身底面以外时，应验算承台襟边的强度。

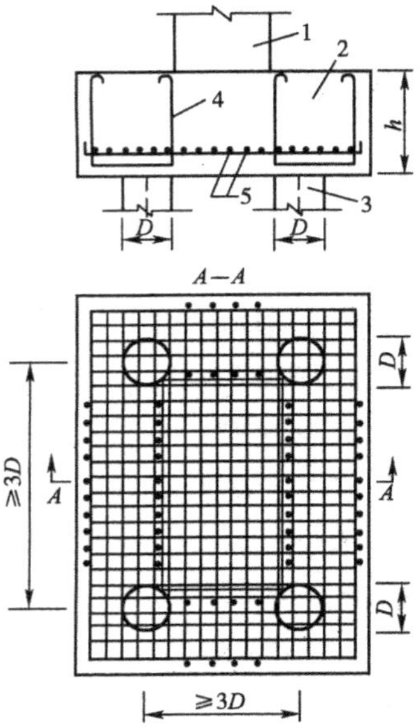

图 8-13　承台吊筋布置

1-墩台身；2-承台；3-桩；4-吊筋；5-主筋；*D*-桩直径

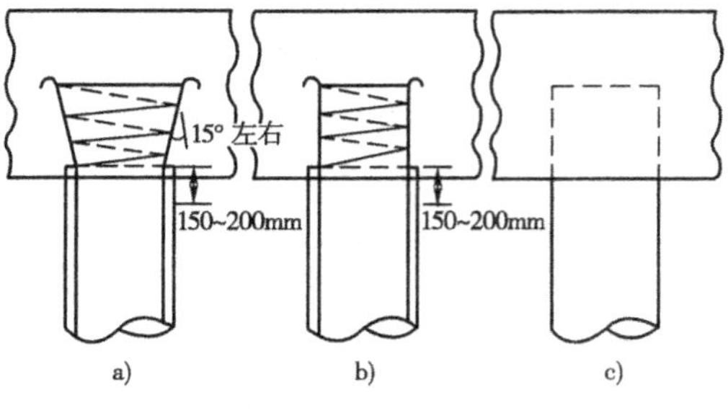

图 8-14　桩和承台的连接

第三节　单桩承载力容许值的确定

桩基础是由若干根基桩所组成，在设计桩基础时，首先应从分析单桩入手，确定单桩承载力容许值，然后结合桩基础的结构和构造形式进行基桩受力分析计算，从而确定基础的承载力。

单桩承载力容许值是指单桩在外荷载作用下,桩土共同作用,地基土和桩本身的强度和稳定性均能得到保证,且变形在容许范围之内桩所能承受的荷载。一般情况下,桩受到轴向力、横轴向力及弯矩作用,因此,需分别研究和确定单桩的轴向承载力容许值、横轴向承载力容许值和容许弯矩,但通常桩主要承受轴向力,所以本节主要研究桩的轴向承载力容许值的确定,简要介绍桩的横向承载力容许值及负摩阻力问题。

一、单桩轴向容许承载力的确定

桩的轴向容许承载力确定的方法有:静载试验法、经验公式(规范法)、理论公式、静力触探法、动力公式可波动方程及按桩身材料确定单桩承载力容许值等方法。

1. 静载试验确定单桩承载力容许值

静载试验法,即在现场对一根沉入设计深度的桩在桩顶逐级施加轴向荷载,直至桩达到破坏状态为止,并在试验过程中测量每级荷载下的桩顶沉降,根据沉降与荷载及时间的关系,分析确定单桩轴向承载力容许值。

静载试验可在现场做试桩或利用基础中已筑好的基桩进行试验。为了保证其可靠性,试桩数目应不少于基桩总数的2%,且不应少于两根;试桩的施工方法以及试桩材料和尺寸、入土深度均应与设计桩相同。

1)试验装置

锚桩法试验装置是常用的一种加荷装置,主要设备由锚桩、横梁和油压千斤顶组成,如图8-15所示。

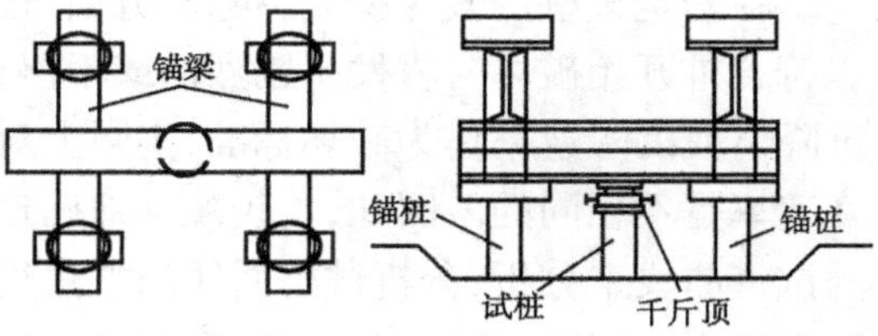

图 8-15 锚桩法试验装置

锚桩可根据情况布设4~6根,锚桩的入土深度等于或大于试桩的入土深度。锚桩与试桩的间距应大于试桩桩径的3倍,以减小对试桩的影响。桩顶沉降常用百分表或位移计量测。

观测装置的固定点(如基准桩)应与试桩、锚桩保持适当的距离,参阅表8-1。

观测装置的固定点与试桩、锚桩的最小距离 表 8-1

锚 桩 数 目	观测装置的固定点与试桩、锚桩的最小距离(m)	
	与 试 桩	与 锚 桩
4	2.4	1.6
6	1.7	1.0

2)测试方法

试桩加载应分级进行,每级荷载约为极限荷载预估值的1/15~1/10;有时也采用递变加载方式,开始阶段每级荷载取极限荷载预估值的1/5~1/2.5,终了阶段取1/15~1/10。

测读沉降时间,在每级加荷后的第一小时内,每隔15min测读一次,以后每隔30 min测读一次，至沉降稳定为止。沉降稳定的标准，通常规定为：对砂性土为 30 min 内不超过 0.1mm；对黏性土为 1h 内不超过 0.1mm。待沉降稳定后，方可施加下一级荷载。循此加载观测，直至桩达到破坏状态，终止试验。

当出现下列情况之一时，一般认为桩已达到破坏状态，所相应施加的荷载即为破坏荷载。

(1)桩的沉降量突然增大，总沉降量大于 40mm，且本级荷载下的沉降量为前一级荷载下沉降量的 5 倍以上。

(2)总沉降量大于或等于 40mm，本级荷载加上后 24h 桩的沉降未趋稳定。

3)极限荷载和轴向承载力容许值的确定

破坏荷载求得以后，可将其前一级荷载作为极限荷载 P_j，则承载力容许值为：

$$[R_a]=\frac{P_j}{K} \tag{8-1}$$

式中：$[R_a]$——单桩轴向受压承载力容许值，kN；

P_j——极限荷载，kN；

K——安全系数，一般取 2。

对于大块碎石类、密实砂类土及硬黏性土，总沉降量值小于 40mm，但荷载已大于或等于设计荷载与设计规定的安全系数乘积时，可取终止加载时的总荷载为极限荷载。

在确定试桩的破坏荷载的标准方面，现在还存在着分歧意见，因为上述破坏活动标准虽然也符合桩开始破坏时将发生剧烈的或不停止的下沉这一概念，但却人为地统一规定了以某个沉降值或沉降速率作为破坏标准，实际上对处于各种土层中的桩，在破坏荷载下的沉降量及沉降速率是不相同的。因此，比较准确地确定桩极限荷载的方法，应当根据试验测得资料所作成的试桩曲线来分析，分析试桩曲线的方法很多，下面仅介绍在由静载试验绘制的 $P\text{-}S$ 曲线（也称为压力—沉降曲线）上，以曲线出现明显下弯转折点所对应的荷载作为极限荷载，如图 8-16a）所示。这是因为当荷载超过极限荷载后，桩底下土达到破坏阶段发生大量塑性变形，引起桩发生较大的或较长时间仍不停止的沉降，所以在 $P\text{-}S$ 曲线上呈现出明显的下弯转折点。但有时，$P\text{-}S$ 曲线的转折点不明显，此时极限荷载就难以确定，需借助其他方法辅助判定，例如，绘制各级荷载下的沉降—时间（$S\text{-}t$）曲线[图 8-16b）]或用对数坐标绘制 $\lg P\text{-}\lg S$ 曲线，可能使转折点显得明确些。

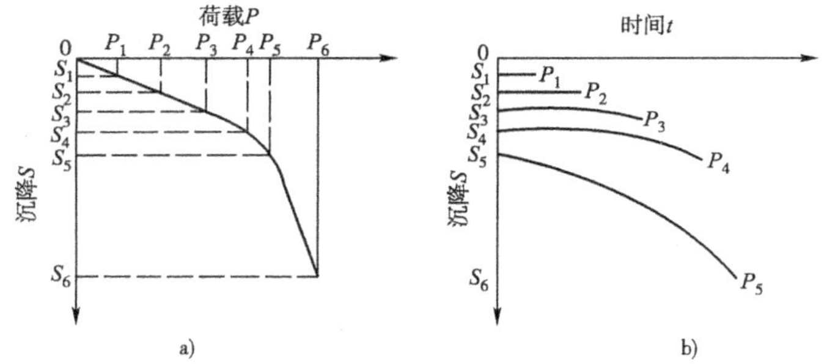

图 8-16　单桩荷载—沉降（$P\text{-}S$）曲线、沉降—时间（$S\text{-}t$）曲线

采用静载试验法确定单桩承载力容许值是比较符合实际情况的,是较可靠的方法,但需要较多的人力物力和较长的试验时间,工程投资较大,因此,一般只在大型、重要工程或地质较复杂的桩基工程中做这种试验。配合其他测试设备,它还可较直接了解桩土的关系,因此也是桩基础研究分析常采用的试验方法。

2. 按经验公式(规范法)确定单桩轴向承载力容许值

我国现行各种设计规范都规定了以经验公式计算单桩轴向承载力容许值的方法。这是一种较简便的方法,规范根据大量的静载试验资料、经过理论分析和统计整理,给出了不同类型的桩,按土的类别、状态、埋置深度等条件下有关土的阻力的经验系数和数据,列出了公式。下面介绍《公路桥涵地基与基础设计规范》(JTG D63—2007)推荐的确定单桩承载力容许值的经验公式,这种方法具有一定的理论根据和实践基础,可在一般桥梁基础设计中直接应用。

1)摩擦桩

摩擦桩单桩轴向受压承载力容许值$[R_a]$,可按下列公式计算:

(1)钻(挖)孔灌注桩:

$$[R_a]=\frac{1}{2}u\sum q_{ik}l_i+A_pq_r \tag{8-2}$$

$$q_r=m_0\lambda\{[f_{a0}]+k_2\gamma_2(h-3)\} \tag{8-3}$$

式中:$[R_a]$——单桩轴向受压承载力容许值,kN,桩身自重与置换土重(当自重计入浮力时,置换土重也计入浮力)的差值作为荷载考虑;

u——桩身周长,m;

A_p——桩端截面面积,m^2,对于扩底桩,取扩底截面面积;

l_i——承台底面或局部冲刷线以下各土层的厚度,m,扩孔部分不计;

q_{ik}——与l_i对应的各土层与桩侧的摩阻力标准值,kPa,宜采用单桩摩阻力试验确定,当无试验条件时,按表8-2采用;

q_r——桩端处土的承载力容许值,kPa,当持力层为沙土、碎石土时,若计算值超过下列值,宜按下列值采用:粉砂1 000kPa;细砂1 150 kPa;中砂、粗砂、砾砂1 450 kPa;碎石土2 750 kPa;

$[f_{a0}]$——桩端处的承载力基本容许值,kPa,按表3-2～表3-8选用。

h——桩端埋置深度,m,对于有冲刷的桩基,埋深由一般冲刷线起算;对无冲刷的桩基,埋深由天然地面线或实际开挖后的地面线算起;h的计算值不大于40m,当大于40m时,按40m计算;

k_2——承载力容许值随深度的修正系数,根据桩端处持力层土类按表3-12选用。

γ_2——桩端以上各土层的加权平均重度,kN/m^3,若持力层在水位以下且不透水时,不论桩端以上土层的透水情况如何,一律取饱和重度;当持力层透水时则水中部分土层取浮重度;

m_0——清底系数,按表8-3选用;

λ——修正系数,按表8-4选用。

钻孔桩桩侧土的摩阻力标准值 q_{ik} 表 8-2

土类		q_{ik}(kPa)
中密炉渣、粉煤灰		40～60
黏性土	流塑，$I_L>1$	20～30
	软塑，$0.75<I_L\leqslant1$	30～50
	可塑、硬塑，$0<I_L\leqslant0.75$	50～80
	坚硬，$0.75<I_L\leqslant0$	80～120
粉土	中密	30～55
	密实	55～80
粉砂、细砂	中密	35～55
	密实	55～70
中砂	中密	45～60
	密实	60～80
粗砂、砾砂	中密	60～90
	密实	90～140
圆砾、角砾	中密	120～150
	密实	150～180
碎石、卵石	中密	160～220
	密实	220～400
漂石、块石	—	400～600

清底系数 m_0 值 表 8-3

t/d	0.3～0.1
m_0	0.7～1.0

注：①t 为桩端沉渣厚度，d 为桩的直径；

②$d\leqslant1.5$m 时，$t\leqslant300$mm；$d>1.5$m 时，$t\leqslant500$mm，且 $0.1<t/d<0.3$。

修正系数 λ 值 表 8-4

l/d	4～20	20～25	>25
透水性土	0.70	0.70～0.85	0.85
不透水性土	0.65	0.65～0.72	0.72

(2)预制沉桩：

$$[R_a]=\frac{1}{2}(u\sum_{i=1}^{n}a_i l_i q_{ik}+a_r A_p q_{rk}) \tag{8-4}$$

式中：$[R_a]$——单桩轴向受压承载力容许值，kN，桩身自重与置换土重(当自重计入浮力时，置换土重也计入浮力)的差值作为荷载考虑；

u——桩身周长，m；

n——土的层数；

l_i——承台底面或局部冲刷线以下各土层的厚度，m；

q_{ik}——与 l_i 对应的各土层与桩侧的摩阻力标准值，kPa，宜采用单桩摩阻力试验或静力触探试验确定，当无试验条件时按表 8-5 选用；

q_{rk}——桩端处土的承载力标准值，kPa，宜采用单桩试验确定或通过静力触探试验测定，当无试验条件时按表 8-6 选用；

a_i、a_r——分别为振动沉桩对各土层桩侧摩阻力和桩端承载力的影响系数，按表 8-7 采用，对于锤击、静压沉桩其值均取为 1.0。

沉桩桩侧土的摩阻力标准值 q_{ik} 表 8-5

土 类	状 态	摩阻力标准值 q_{ik}(kPa)
黏性土	$1 \leqslant I_L \leqslant 1.5$	15~30
	$0.75 \leqslant I_L < 1$	30~45
	$0.5 \leqslant I_L < 0.75$	45~60
	$0.25 \leqslant I_L < 0.5$	60~75
	$0 \leqslant I_L < 0.25$	75~85
	$I_L < 0$	85~95
粉土	稍密	20~35
	中密	35~65
	密实	65~80
粉、细砂	稍密	20~35
	中密	35~65
	密实	65~80
中砂	中密	55~75
	密实	75~90
粗砂	中密	70~90
	密实	90~105

沉桩桩端处土的承载力标准值 q_{rk} 表 8-6

土 类	状 态	桩端承载力标准值 q_{rk}(kPa)		
黏性土	$I_L \geqslant 1$	1 000		
	$0.65 \leqslant I_L < 1$	1 600		
	$0.35 \leqslant I_L < 0.65$	2 200		
	$I_L < 0.35$	3 000		
		桩端进入持力层的相对深度		
		$\frac{h_c}{d} < 1$	$1 \leqslant \frac{h_c}{d} < 4$	$\frac{h_c}{d} \geqslant 4$
粉土	中密	1 700	2 000	2 300
	密实	2 500	3 000	3 500
粉砂	中密	2 500	3 000	3 500
	密实	5 000	6 000	7 000
细砂	中密	3 000	3 500	4 000
	密实	5 500	6 500	7 500
中、粗砂	中密	3 500	4 000	4 500
	密实	6 000	7 000	8 000
圆砾石	中密	4 000	4 500	5 000
	密实	7 000	8 000	9 000

注：表中 h_c 为桩端进入持力层的深度(不包括桩靴)；d 为桩的直径或边长。

系数 a_i、a_r 值表 表 8-7

桩径或边长	黏土	粉质黏土	粉土	砂土
$d\leqslant 0.8$	0.6	0.7	0.9	1.1
$0.8<d\leqslant 2.0$	0.6	0.7	0.9	1.0
$d>2.0$	0.5	0.6	0.7	0.9

2）端承桩

支承在基岩上或嵌入基岩内的灌注桩、沉桩及管柱单桩轴向受压承载力容许值决定于桩底处岩石的强度与嵌入基岩的深度，按下式计算：

$$[R_a]=c_1A_pf_{rk}+u\sum_{i=1}^{m}c_{2i}h_if_{rki}+\frac{1}{2}\zeta_su\sum_{i=1}^{n}l_iq_{ik} \tag{8-5}$$

式中：$[R_a]$——单桩轴向受压承载力容许值，kN，桩身自重与置换土重（当自重计入浮力时，置换土重也计入浮力）的差值作为荷载考虑；

c_1——根据清孔情况、岩石破碎程度等因素而定的端阻发挥系数，按表 8-8 采用；

A_P——桩端截面面积，m^2，对于扩底桩，取扩底截面面积；

f_{rk}——桩端岩石饱和单轴抗压强度标准值，kPa，黏质土岩取天然湿度单轴抗压强度标准值，当 f_{rk} 小于 2MPa 时，按摩擦桩计算（f_{rki} 为第 i 层的 f_{rk} 值）；

c_{2i}——根据清孔情况、岩石破碎程度等因素而定的第 i 层岩层的侧阻发挥系数，按表 8-8 采用；

u——各土层或岩层部分的桩身周长，m；

h_i——桩嵌入各岩层部分的厚度，m，不包括强风化层和全风化层；

m——岩层的层数，不包括强风化层和全风化层；

ζ——覆盖层土的侧阻力发挥系数，根据桩端 f_{rk} 确定：当 $2\text{MPa}\leqslant f_{rk}<15\text{MPa}$ 时，$\zeta=0.8$；当 $15\text{MPa}\leqslant f_{rk}<30\text{MPa}$ 时，$\zeta=0.5$；当 $f_{rk}>30$ MPa 时，$\zeta=0.2$；

l_i——各土层厚度，m；

q_{ik}——与 l_i 对应的各土层与桩侧的摩阻力标准值，kPa，宜采用单桩摩阻力试验确定，当无试验条件时，对于钻（挖）孔桩按表 8-2 采用，对于沉桩按表 8-5 采用；

n——土层层数，强风化和全风化岩层按土层考虑。

系数 c_1、c_2 值 表 8-8

岩石层情况	c_1	c_2
完整、较完整	0.6	0.05
较破碎	0.5	0.04
破碎、极破碎	0.4	0.03

注：①当入岩深度小于或等于 0.5m 时，c_1 乘以 0.75 的折减系数，$c_2=0$；

②对于钻孔桩，系数 c_1、c_2 值应降低 20% 采用；

③对于中风化层作为持力层的情况，c_1、c_2 应分别乘以 0.75 的折减系数。

【例题 8-1】 某桥台基础采用钻孔灌注桩基础，设计桩径 1.20m，采用冲抓锥成孔，桩穿过土层情况如图 8-17 所示，桩长 L = 20m，试按土的阻力求单桩轴向承载力容许值。

解：

$$[R_a]=\frac{1}{2}u\sum_{i=1}^{n}q_{ik}l_i+\lambda m_0A_P\{[f_{a0}]+k_2\gamma_2(h-3)\}$$

桩的设计直径 $d=1.2\text{m}$，取冲抓锥成孔直径 $d=1.2+0.1=1.3(\text{m})$，则 $u=\pi\times1.3\text{m}=4.71\text{m}$，$A_P=\frac{\pi\times1.2^2}{4}=1.13(\text{m}^2)$。

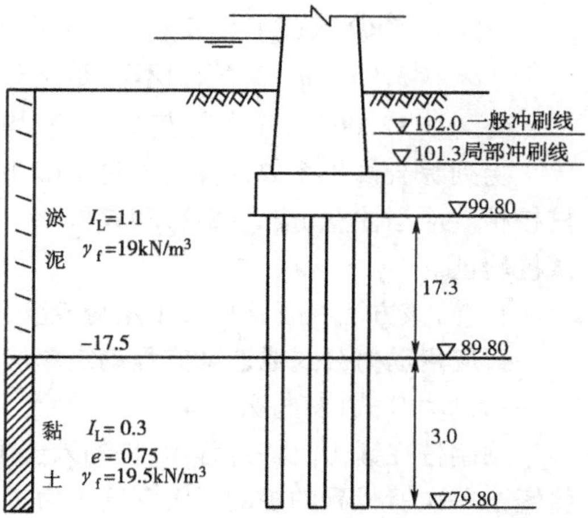

图 8-17　例题 8-1 图

桩穿过各土层厚：$l_1=10\text{m}$，$l_2=10\text{m}$，桩侧土的极限摩阻力查表 8-2，淤泥 $I_L=1.1>1$ 处于流塑状态，取 $q_{1k}=28\text{kPa}$；黏土 $I_L=0.3$ 属于硬塑状态，取 $q_{2k}=73\text{kPa}$。$[f_{a0}]$按 $I_L=0.3$、$e=0.75$ 的黏土查表得$[f_{a0}]=305\text{kPa}$，$k_2=2.5$。桩端埋置深度应从一般冲刷线算起，先假定桩端埋深为 20m。清底系数按一般要求，限制 $t/d=0.4$，查表 8-3 经内插得 $m_0=0.55$，$l/d=16.7$，桩底土不透水，查表 8-4 得 $\lambda=0.65$，于是：

$$[R_a]=\frac{1}{2}u\sum_{i=1}^{n}q_{ik}l_i+\lambda m_0A_P\{[f_{a0}]+k_2\gamma_2(h-3)\}$$

$$=\frac{1}{2}\times4.71\times(10\times28+10\times73)+0.65\times0.7\times1.13\times[305+2.5\times\frac{10\times19+10\times19.5}{10+10}\times(22.2-3.0)]=2378.6+631.9=3010.5(\text{kN})$$

由于各种理论公式所作假设条件的局限性以及土质、地质条件的复杂多变性，按这些理论公式计算的结果往往与实际情况相差很远，且各理论公式所计算结果彼此也相差颇大，因此这种方法尚待进一步研究完善，故本教材不再详细介绍。

3. 静力触探法确定单桩承载力容许值

静力触探是借用静力触探仪的探头贯入土中时受到土的阻力以反映土层强度的特点。普遍认为这是确定桩的轴向承载力容许值很有发展前途的方法。其优点主要是：①设备简单，可现场进行测试，比取土样进行室内试验工效更高；②有利于合理选择持力层；③工作机理与桩相似。但它的工作性能和实际单桩工作性能仍有所不同，所以触探仪所测得的端阻和局部极限摩阻值，需经适当修正后，才能作为实际单桩的桩端承载力和桩侧摩阻力。《公路桥涵地基与基础设计规范》(JTG D63—2007)规定：沉桩当采用静力触探试验测定时，单桩轴向承载力可用式(8-6)计算，其中，q_{ik}和 q_{rk}为：

$$\left.\begin{aligned}q_{ik}&=\beta_i\overline{q}_i\\q_{rk}&=\beta\overline{q}_r\end{aligned}\right\}\qquad(8\text{-}6)$$

式中：$\overline{q}_i$——桩侧第 i 层土的静力触探测得的平均局部侧摩阻力，kPa，当 $\overline{q}_i<5\text{kPa}$ 时，采用 5kPa；

$\overline{q}_r$——桩端(不包括桩靴)高程以上和以下各 $4d$(d 为直径或边长)范围内静力触探端阻力的平均值；若桩端高程以上 $4d$ 范围内的端阻平均值大于桩底以下 $4d$ 的端阻平均值时，则 $\overline{\sigma}_R$ 取桩底以下 $4d$ 的端阻力平均值，kPa；

β_i、β_r——分别为侧摩阻力和端摩阻力的综合修正系数，其值按下面判别标准选用相应的计算公式：当土层 $\bar{q}_r > 2000\text{kPa}$，且 $\bar{q}_i/\bar{q}_r \leqslant 0.014$ 时：$\beta_i = 5.067(\bar{q}_i)^{-0.45}$，$\beta_r = 3.975(\bar{q}_r)^{-0.25}$。如不满足上述 $\bar{q}_r$ 和 $\bar{q}_i/\bar{q}_r$ 条件时，则 $\beta_i = 10.045(\bar{q}_i)^{-0.55}$，$\beta_r = 12.064(\bar{q}_r)^{-0.35}$。其中，$\bar{q}_i$、$\bar{q}_r$ 均以 kPa 计。

上列综合修正系数计算公式对城市杂填土条件下的短桩不适用；用于黄土地基时，应做试桩校核。应当注意，按式(8-2)和式(8-4)计算的单桩轴向承载力容许值，对于重要工程应以试桩验证。

目前，该方法在公路桥梁中用得较少，城市建筑工程中应用较为普遍。

4. 应用动力公式或波动方程确定单桩承载力容许值

1)动力公式(打桩公式)

预制桩在锤击沉桩过程中，桩的入土难易程度可以反映土对桩阻力的大小。施工中一般将锤击一次所得到的桩的下沉深度称为贯入度。当桩刚插入土中时，往往不加锤击，只靠桩的自重就可下沉数米。开始锤击时，每次所得的贯入度较大；随着桩入土深度的增加，桩的贯入度将逐渐减少。如打桩方法、桩身和入土深度都相同，则在硬土中所得的贯入度要比在软土中所得贯入度小。这说明贯入度越小，土对桩的阻力就越大，桩的承载力就越大；反之则桩的承载力就越小。可见贯入度与桩的承载力间存在一定的关系，一般把这种关系的表达式称为动力公式或打桩公式。

根据不同的假设条件，可得出不同的计算公式，目前为止还没有一种普遍认可的计算公式，规范中也未认可此种方法，故本教材不再详细介绍。

需要注意的是，桩打入土中后，经过一段时间的间歇，再打时其贯入度往往会有变化，一般在具有触变性的软黏土中，常为 $e_2 < e_1$(e_1 为原贯入度，e_2 为复打贯入度)，因为这种土受到连续锤击扰动，强度会降低，时隔几天，强度又有恢复，故复打时显出桩的承载力较高。而在中密以上的稍湿沙土中，却出现相反情况，显出复打时的承载力反而有所降低。普遍认为复打所得的贯入度更能反映实际土的阻力，也即认为复打结果更符合桩的实际工作情况，所以应以复打取得的贯入度为准。但施工中不必每根桩都复打，而是取少数桩进行复打，并取这些桩的 e_1/e_2 的平均值，然后进行贯入度修正即可。

2)应用波动方程法

波动方程法是将打桩锤击看成杆件的撞击应力波传递问题来研究。随着计算机的高速发展，运用波动方程的方法分析打桩时的整个力学过程，可用来分析打桩应力，研究和改进桩锤的打桩能力与垫层材料等。用于承载力的确定目前还不成熟，尚需进一步实践研究。

5. 考虑桩身材料确定单桩轴向承载力容许值

钢筋混凝土桩受轴向压力时，由桩内钢筋和混凝土共同承担。作为压杆，除考虑材料强度外，还应考虑纵向挠曲的稳定性。当桩配有普通箍筋时，其轴向承载力容许值按下式计算：

$$[R_a] = \frac{0.9\varphi(f_{cd}A + f'_{sd}A'_s)}{\gamma_0} \tag{8-7}$$

式中：$[R_a]$——钢筋混凝土桩轴向承载力容许值，MN；

A——构件毛截面面积，当纵向钢筋配筋率大于3%时，A 应改用 $A_n = A - A'_s$；

A'_s——全部纵向钢筋的截面面积；

γ_0——结构的重要系数；

φ——纵向挠曲系数，可从表 8-9 查得，一般对高桩承台中的桩需考虑，对低桩承台中的桩，可不考虑纵向挠曲，即取 $\varphi = 1$；表中 l_p 为桩的计算长度，$l_p = kl$，高承台中桩的 l 可参照表 8-10 确定，k 根据基桩上下两端连接情况，参考表 8-11 决定；桩头嵌入承台深度符合规定时，可认为是刚性嵌制（固接），否则作为铰接，桩底一般视桩端土的密实情况而定，b 为矩形截面短边尺寸，d 为圆截面直径，r 为截面最小回转半径，计算时不考虑钢筋截面积，$r = \sqrt{\dfrac{I}{A}}$，A 与 I 为桩的横断面积与截面惯性矩；

f_{cd}——混凝土抗压设计强度，MPa，按混凝土强度等级查表 8-12；

f'_{sd}——纵向钢筋抗压设计强度，MPa，按表 8-13 采用。

系 数 φ 表 8-9

l_p/b	≤8	10	12	14	16	18	20	22	24	26	28	30	32	34
l_p/d	≤7	8.5	10.5	12	14	15.5	17	19	21	22.5	24	26	28	29.5
l_p/r	≤28	35	42	48	55	62	69	76	83	90	97	104	111	118
φ	1.00	0.98	0.95	0.92	0.87	0.81	0.75	0.70	0.65	0.65	0.56	0.52	0.48	0.44

高承台中桩的 l 值 表 8-10

土质	软土 $[f_{a0}] < 100$kPa	中等土 $[f_{a0}] = 100 \sim 250$kPa	好土 $[f_{a0}] > 250$kPa
图式	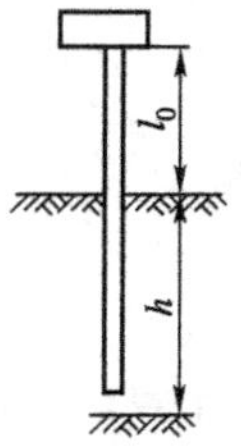	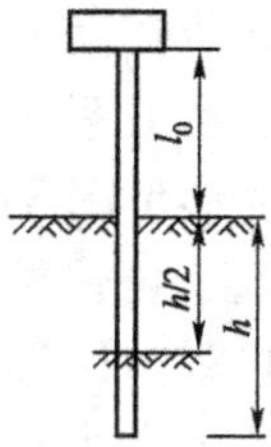	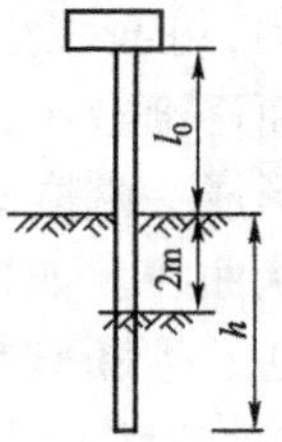
l	$l_0 + h$	$l_0 + \dfrac{h}{2}$	$l_0 + 2$m

桩的计算长度 l_0 表 8-11

连接情况	两端铰接 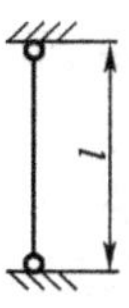	一端固接 一端铰接 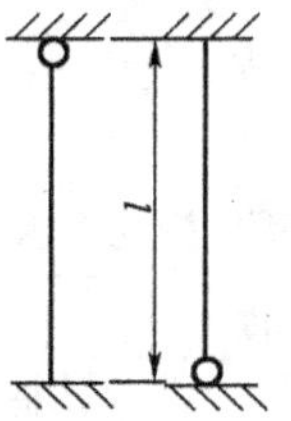	两端固接 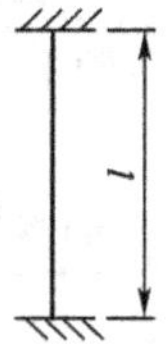	一端自由 一端固接 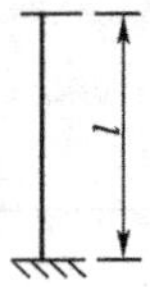
$l_p = kl$	$1.0l$	$0.7l$	$0.5l$	$2l$

混凝土抗压设计强度表 表 8-12

混凝土强度等级 C	15	20	25	30	35	40	45	50	55	60	65	70	75	80
f_{cd}(MPa)	6.9	9.2	11.5	13.8	16.1	18.4	20.5	22.4	24.4	26.5	28.5	30.5	32.4	34.6

纵向钢筋抗压设计强度(MPa)　　表 8-13

钢筋种类	R235($d=8\sim20$)	HRB335($d=6\sim50$)	HRB400($d=6\sim50$)	KL400($d=8\sim40$)
f_{sd}	195	280	330	330
f'_{sd}	195	280	330	330

二、单桩横向承载力容许值的确定

桩的横向承载力,系指桩在与桩轴线垂直方向受力时的承载力。桩在横向力(包括弯矩)作用下,桩身必产生横向位移或挠曲,并与桩侧土共同变形。桩与土共同作用,相互影响,其工作情况较轴向受力时要复杂些,但仍然是从保证桩身材料和地基的强度与稳定性,以及保证桩顶水平位移满足使用要求,限制位移大小在容许范围以内来分析和确定桩的承载力容许值。

桩的横向承载力,按其工作性状分类通常有下列两种情况:

第一种情况,当桩径较大,入土深度较小或周围土层较松软,即桩的刚度远大于土层刚度,受横向力作用后桩身挠曲变形不明显,如同刚体一样围绕桩轴某一点而转动,如图 8-18a)所示。如果不断增大横向荷载,则可能由于桩侧土强度不够而失稳,使桩丧失承载能力或破坏。因此,基桩的横向承载力容许值可能由桩侧土的强度决定。

第二种情况,当桩径较小,入土深度较大或周围土层较坚实,即桩的相对刚度较小时,由于桩侧土有足够大的抗力,桩身发生挠曲变形,其侧向位移随着入土深度增大而逐渐减小,以致达到一定深度后几乎不受荷载影响。形成一端嵌固的地基梁,桩的变形呈图 8-18b)所示的波状曲线。如果不断增大横向荷载,可使桩身在较大弯矩处发生断裂或使桩发生过大的侧向位移超过了桩或结构物容许变形值。因此,基桩的横向承载力容许值将由桩身材料的抗弯强度或侧向变形条件决定。

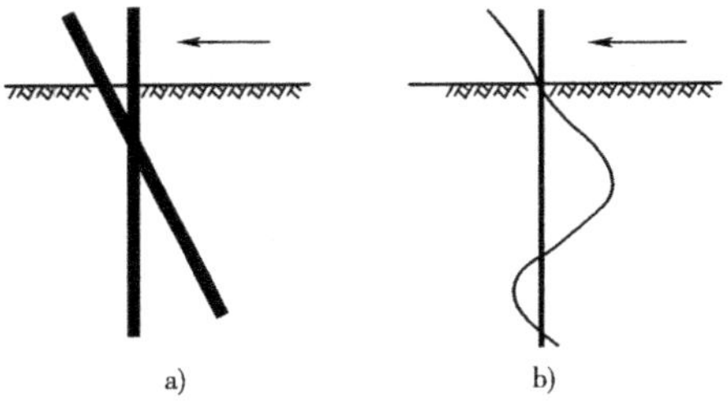

图 8-18　桩在横向力作用下变形示意图
a)刚性桩;b)弹性桩

以上是桩顶自由的情况,桩顶在承台中嵌固的条件,对桩在横向力作用下的抗弯及变形性状是有利的。

确定单桩横向承载力容许值有横向静载试验和分析计算法两种途径。

对于单短桩的横向抗力多用桩周土达到极限平衡状态的条件求解,但现有的计算短桩的一些方法多属近似解。对于小型的不重要的工程,允许用查表法(表 8-14、表 8-15)来估算短桩的水平承载力。

在水平荷载下桩的水平承载力容许值(按地面水平位移 $\Delta h=1\text{cm}$ 计)　　表 8-14

桩周土质	建议的嵌固深度(cm)		设计可用的水平抗力 P_h(kN)					
			木桩直径(cm)			RC 桩断面尺寸(cm)		
	木桩	RC 桩	28	30	32	3 030	3 535	4 040
沙土中除淤泥质粉砂外的中等密实的砂;硬塑黏土	$4.5d$	$6d$	26	28	28	60	70	80
松砂、软塑黏土	$5d$	$7d$	14	15	16	25	30	35
淤泥质粉砂流塑黏土	$6d$	$8d$	5	5	6	10	15	20

在水平荷载下桩的水平承载力容许值(按地面水平位移 $\Delta h=7$cm 计) 表 8-15

桩的种类	桩顶连接情况	桩周土质	容许荷载(kN)	水平承载力容许值(kN)
木桩	自由端	砂	0	70
$d=30$cm	固端	中等坚硬黏土	0	70
		砂	20	0
		中等坚硬黏土	10	80
混凝土桩	自由端	中砂	30	20
$d=40$cm	固端	细砂	20	50
		中等坚硬黏土	20	30

注:摘自麦克纽帝(Mcnulty 1965),固端指桩头嵌入承台深度 >60cm。

对于单长桩在水平力的作用下可视为一个下端嵌固的竖向线弹性地基上的梁,并用线弹性地基反力法求解。长桩水平承载力的大小主要是由桩身材料的抗弯强度所控制,而不是由地基土的抗力所控制。

三、负摩阻力问题简介

桩受轴向压力后,相对于桩侧土作向下位移,土对桩就产生向上作用的摩阻力,称正摩阻力,如图 8-19a)所示。但是,当桩穿过软弱可压缩土层时,由于地表面有较大的荷载作用(如桥头填土及路堤),或地下水下降,或土层属次固结状态等情况,均会引起桩侧地基土压下沉(固结)。若桩侧土体下沉量大于桩受荷后的沉降(包括桩身压缩和桩底下沉),则桩侧土相对于桩向下位移,土对桩就产生向下作用的摩阻力,称负摩阻力,如图8-19b)所示。

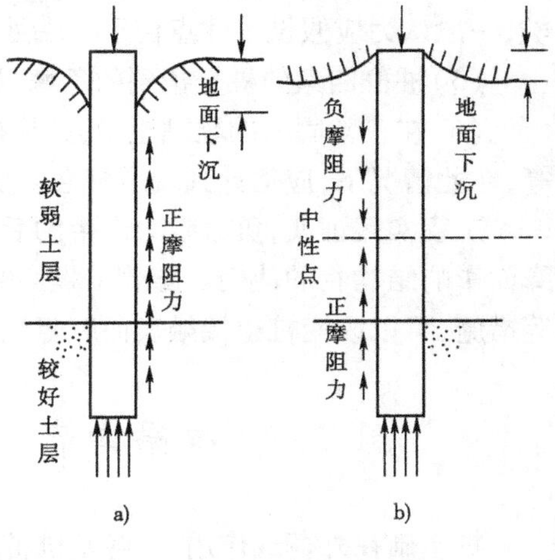

图 8-19 桩的正负摩阻力

由于在桩身表面发生负摩阻力,使桩侧土的一部分重量传递给桩,因此负摩阻力不但不起承载力作用,反而变成施加在桩上的外荷载。这是在软弱黏土或湿陷性黄土等地基中确定单桩轴向承载力容许值和设计桩基础时应该注意的。

要确定桩身负摩阻力的大小,就要先确定产生负摩阻力的深度和负摩阻力强度的大小。桩身负摩阻力并不一定发生于整个软弱压缩土层中,产生负摩阻力的深度就是桩侧土层对桩产生相对下沉的范围,它与桩侧土的压缩固结、桩身压缩及桩底下沉等直接有关。桩侧土的压缩与地表作用荷载及土的压缩性质有关,并随深度逐渐减小;而桩在外荷载作用下,桩底的下沉量为一定值,桩身压缩变形却随深度相应减小,因此,当到达一定深度后,桩侧土下沉量有可能与桩身的位移量相等,土对桩无相对向下位移,即不产生负摩阻力;在此深度以下,桩的位移大于桩侧土的下沉,桩身上仍为向上作用的正摩阻力。正、负摩阻力变换处的位置,称为中性点(图 8-20),显然中性点位置的确定与作用荷载和桩周土的性质有关。例如,当桩侧土压缩变形大,桩底土坚硬,桩位移小时,中性点位置就会较低,乃至可位于压缩层底面;若桩底土较差，桩的位移较大，中性点位置就会上移。因此，中性点的位置即产生负摩阻力的深度随着条件的不同而变动。可按图8-20所示原则，在实践应用中应参考有关书籍和手册，通过计算确定。

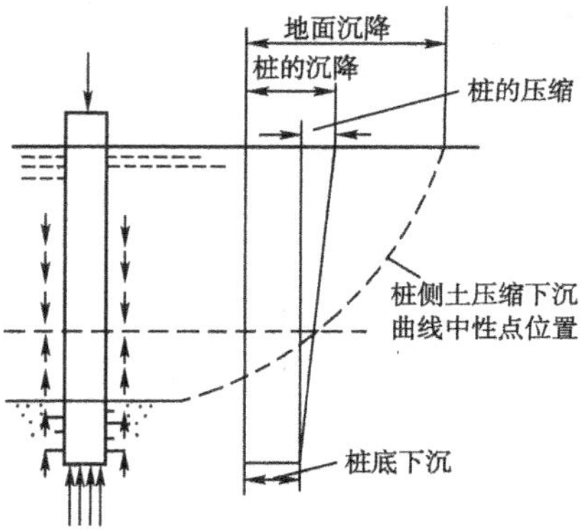

图8-20　中性点位置

桩基设计必须满足地基土的抗力和桩身强度两方面的要求，因此设计中对负摩阻力的考虑主要是看其对地基土抗力和桩身强度的影响，其主要影响如下：

(1)作用于桩侧表面的总负摩阻力有可能使桩的负荷过大，从而使桩基的沉降过大或桩身结构受到损坏。

(2)正如前面已指出过的，由于桩承担了一部分土体重量，即负摩阻力减少了桩端高程处的有效覆盖压力，这可能导致桩端阻力降低。

(3)当建筑物的部分基础或同一基础中部分桩发生负摩阻力，将出现桩群的不均匀沉降，致使上部结构损坏。

(4)负摩阻力对桩的作用可达到中性点的高程处。在挪威，认为如果把中性点以下桩的弹性压缩都考虑在内的话，可假设中性点是位于周围土沉降为5mm的高程处；对打到基岩的桩，一般认为应假设中性点位于桩端处。

(5)桩群四角的桩分担到的负摩阻力比桩群内部的桩要大。

(6)在正常固结的软黏土中，如果桩长是20～25m，其负摩阻力常常与桩的容许荷载值相等，在此情况下，应估计到端承桩会转变为摩擦桩。

工程实践证实，负摩阻力产生的后果主要反映在桩基下沉量的增加或发生基础不均匀沉降而影响结构物的使用。随着工程实践的不断发展，常常采取对桩身涂以处理后的沥青、油漆等措施，可以改变桩土接触表面摩阻性能而减少负摩阻力值。

•第四节　桩的内力和变位计算•

桩基础在外荷载作用下，各基桩桩身内力和变形以及桩基础变位的计算是桩基础设计计算中的主要内容之一。

桩基础上的作用荷载首先是通过承台传给桩，然后再由桩传给地基。承台传给基桩桩顶的作用力包括轴向力、横向力和弯矩。桩在受力后要发生变形，包括轴向变形和桩身挠曲所引起的横向变位。由于埋入土中的桩受到桩侧土的约束，所以桩在发生横向变位时，将受桩侧土横向抗力的作用，在计算时一般将作用于桩上的力分为轴向受力和横向受力(包括来自承台的横向力、弯矩和桩侧土的横向抗力)两部分，分别加以验算。在考虑横向受力问题时，首先要明确桩侧土的横向抗力的分布规律，这个问题比较复杂，目前一些计算方法如K法、c法和m法，都对横向抗力的分布作了一些简化的假定。它们的共同点是运用了弹性地基上梁的计算原理，区别是对影响土的横向抗力分布的地基系数作了不同的假定。为了学习上的方便，下面先说明有关的基本概念，再介绍m法的具体计算。

一、基本概念

1. 土的横向抗力和地基系数

桩受横向力后将发生挠曲变形,如图 8-21 所示。随着桩的横向变位,桩侧土随之产生横向抗力并作用于桩身,横向变位和土的抗力互有影响。运用弹性地基梁的原理,假定地基土是弹性体,土的横向抗力与桩侧土的变形(也即桩的横向位移 x)存在某种关系。按文克尔假设,两者成正比例,若已知深度 z 处桩的横向位移 x(m),则该处土的横向抗力 σ_{zx}(kPa)应为:

$$\sigma_{zx} = Cx \tag{8-8}$$

式中:C——地基系数,kN/m³。

地基系数的物理意义是,使地基产生单位变形时所需施加的压力强度,也即桩侧某点发生单位横向位移时土对桩的横向抗力。所以,地基系数是反映地基土抗力性质的指标,当桩在某点的横向位移 x 为一定时,C 值越大,土的横向抗力越大。C 的大小与土的类别和物理力学性质有关。上面提到的三种方法中,K 法假定地基系数在地面处为零,自地面到桩的挠曲曲线第一个零点 A(见图 8-21,A 点离地面的深度为 l)处,地基系数随深度的增加而增大,到 A 点后不再增大而为常数 K,如图 8-22a)所示。m 法则假定地基系数在地面处为零,随深度成正比例增大,即 $C = mz$,如图 8-22b)所示,其中 m 为地基系数随深度变化的比例系数,是 m 法中表示土抗力性质的一个指标。c 法则假定地基系数沿深度变化的图形为一个凸抛物线,即 $C = cz^{0.5}$,如图 8-22c)所示。现只介绍目前采用较多的 m 法。

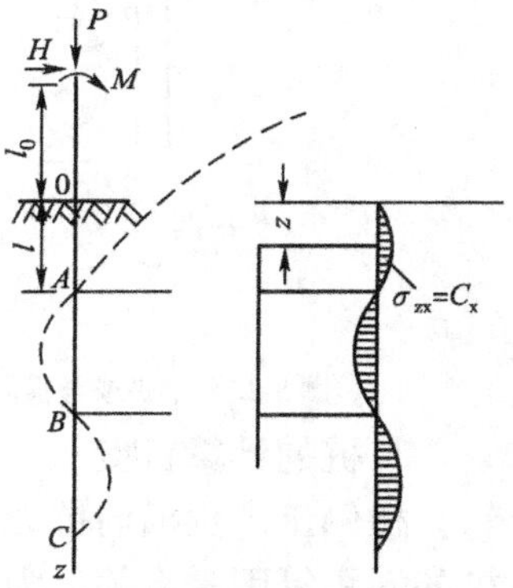

图 8-21 桩的挠曲与土的横向抗力

2. 单桩、单排桩和多排桩

计算基桩内力首先要根据作用在承台底面的外力,计算出作用于每根桩桩顶上的受力,这与桩基础总的桩数和桩的布置情况有关。桩基础按桩的布置方式可分为单桩、单排桩和多排桩三种情况。计算时按横向作用力与基桩布置方式之间的关系,分为下列两种类型。

1)单桩或与横向外力作用方向相垂直的单排桩(图 8-23)

对于单桩即为作用于顶帽上的所有外荷载,对单排桩,当一般横向力作用在对称轴平面上时,各桩变形相同,受力也相等,可将作用于承台上的外力 N、H 和 M 平均分配给每根桩,即每根桩桩顶上受力均为:

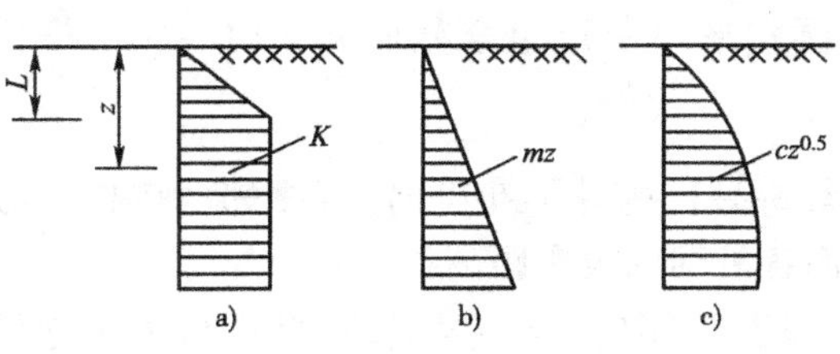

图 8-22 地基系数分布的几种假定

$$\left.\begin{aligned} P_i &= \frac{N}{n} \\ Q_i &= \frac{H}{n} \\ M_i &= \frac{M}{n} \end{aligned}\right\} \tag{8-9}$$

式中：n——桩数。

2）多排桩或顺横向外力作用方向的单排桩

如图 8-24 所示，由于承台刚度远比桩的刚度大，可视为刚体。当一般桩顶与承台连接的牢固程度符合桩头嵌入承台深度的规定时，可视为刚性连接。这类桩基础实际上是一个超静定的空间或平面刚架，其内力分析和变位计算需用超静定方法求解，一般用结构力学中的位移法计算各根桩桩顶的受力。

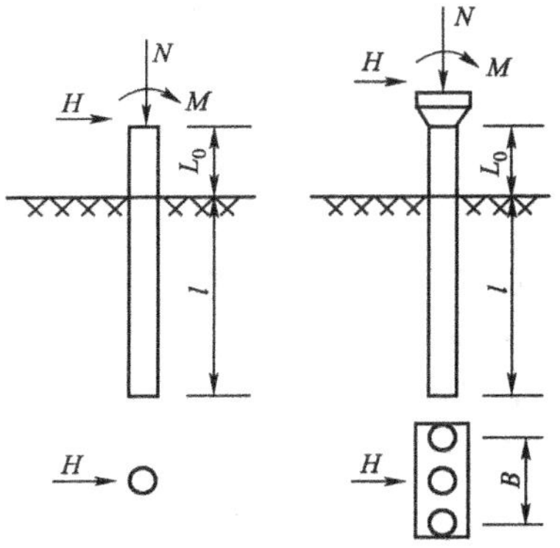

图 8-23　单桩或与横向外力相垂直的单排桩

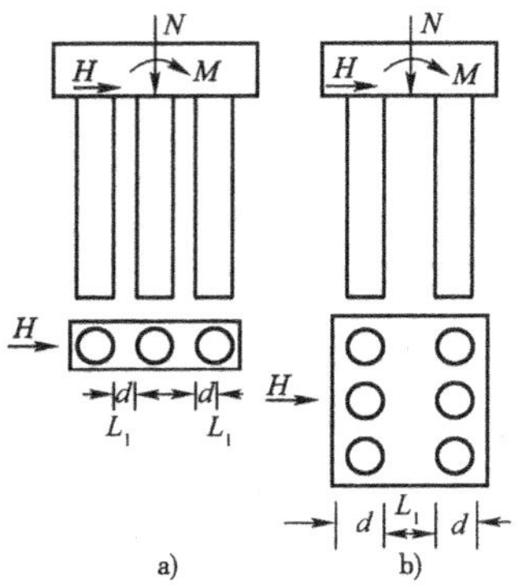

图 8-24　多排桩或顺横向外力作用方向的单排桩

3. 桩的计算宽度

桩侧土产生横向抗力的范围，总要大于桩的侧向尺寸，且与桩的横截面形状、大小和相邻桩的间距等因素有关。为简化计算，又考虑到上述诸因素的影响，在计算中将各种不同情况下桩侧土抗力的实际作用范围，用 b_1 表示，称为桩的计算宽度。假定在 b_1 范围内土的抗力均匀分布，对于多排桩或顺横向力作用方向的单排桩，每根桩的计算宽度为：

$$当\ d \geqslant 1.0\text{m}\ 时，b_1 = kk_f(d+1) \qquad [8\text{-}10a)]$$

$$当\ d < 1.0\text{m}\ 时，b_1 = kk_f(1.5d+0.5) \qquad [8\text{-}10b)]$$

对单排桩或 $L_1 \geqslant 0.6h_1$ 的多排桩　　　$k = 1.0$

对 $L_1 < 0.6h_1$ 的多排桩　　　$k = b_2 + \dfrac{1-b_2}{0.6} \times \dfrac{L_1}{h_1}$

式中：b_1——桩的计算宽度，m，$b_1 \leqslant 2d$；

d——桩径或垂直于水平外力作用方向桩的宽度，m；

k——平行于水平力作用方向的桩间相互影响系数；

k_f——桩形状换算系数，视水平力作用面（垂直于水平力作用方向）而定，圆形或圆端截面 $k_f = 0.9$；矩形截面 $k_f = 1.0$；圆端形与矩形组合截面 $k_f = \left(1 - 0.1\dfrac{a}{d}\right)$（表8-16）；

L_1——平行于水平力作用方向的桩间净距（图 8-24），梅花形布桩时，若相邻两排桩中心距小于 $(d+1)$m 时，可按水平力作用面各桩间的投影距离计算；

h_1——地面或局部冲刷线以下桩的计算埋入深度，可取 $h_1 = 3(d+1)$，但不得大于地面或局部冲刷线以下桩入土深度 h；

b_2——与平行于水平作用力方向的一排桩的桩数 n 有关的系数，见表 8-17。

基础形状换算系数 k_f 和计算宽度 b_1 表 8-16

名称	符号	基础形状			
		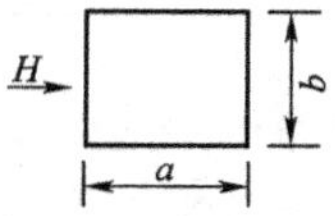	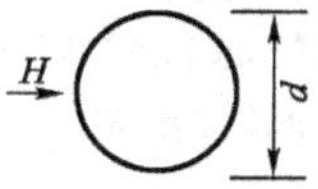	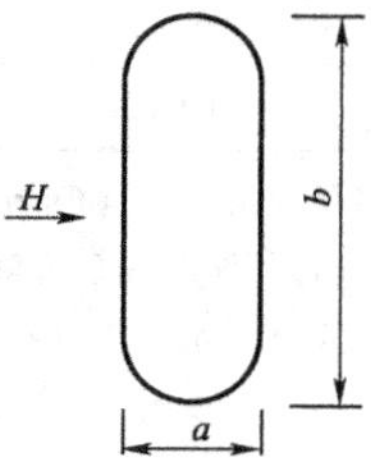	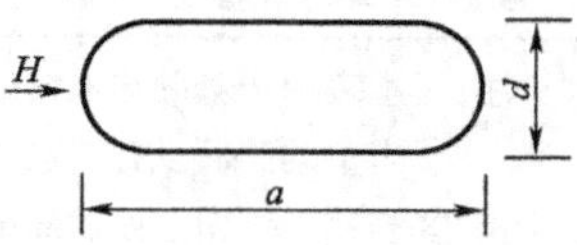
形状换算系数	K_f	1.0	0.9	$\left(1-0.1\frac{a}{b}\right)$	0.9
计算宽度	b_1	$b+1$	$0.9(d+1)$	$\left(1-0.1\frac{a}{b}\right)\times(b+1)$	$0.9(d+1)$

与 n 有关的系数 b_2 表 8-17

n	1	2	3	≥4
b_2	1.0	0.6	0.5	0.45

对于单桩或与横向力作用方向相垂直的单排桩：

$$\left.\begin{aligned}&\text{矩形截面桩柱} \quad b_1=b+1,\mathrm{m}\\&\text{圆形截面桩柱} \quad b_1=0.9(d+1),\mathrm{m}\end{aligned}\right\} \tag{8-11}$$

n 根桩的计算宽度为 nb_1，但不得大于 $(B+1)$，大于 $(B+1)$ 时，按 $(B+1)$ 计算，B 为单排桩两侧桩的外缘之间的距离。

4. 刚性构件与弹性构件

m 法计算中常将置于土中的桩柱分成刚性构件和弹性构件两类。在横向力作用下，如果桩柱本身不发生挠曲变形，只发生转动和位移，那么这种桩柱属刚性构件；如果桩柱本身出现挠曲变形，则这种桩柱就属弹性构件。桩柱是否会出现挠曲变形，主要与桩柱的长度、截面形状、尺寸、桩柱的刚度及土的性质等因素有关。m 法计算中为了反映桩柱截面、刚度和土的性质等对桩柱变形的影响，引入桩变形系数 $\alpha(\mathrm{m}^{-1})$，如下式所示：

$$\alpha=\sqrt[5]{\frac{mb_1}{EI}} \tag{8-12}$$

式中：b_1——桩的计算宽度，m；

E、I——桩的抗弯刚度，其中，E 为桩柱的弹性模量，MPa，I 为截面惯性矩，m^4，$EI=0.8E_cI$（E_c 为桩身混凝土抗压弹性模量）；

m——非岩石地基水平向抗力系数的比例常数。非岩石地基水平向抗力系数随埋深成正比例增大，深度 z 处的地基水平抗力系数 $C_z=m\times z$；桩端地基竖向力系数为 $C_0=m_0\times h$（当 $h<10\mathrm{m}$ 时，取 $C_0=10\times m_0$）。其中，m_0 为桩端处的地基竖向抗力系数的比例系数。m 和 m_0 应通过试验确定，缺乏试验资料时，可参照表 8-18 取用。

非岩石类土的比例系数 m 和 m_0　　表 8-18

土的名称和状态	m 和 m_0 (MN/m^4)	土的名称和状态	m 和 m_0 (MN/m^4)
流塑($I_L \geqslant 1$)黏性土,淤泥	3～5	坚硬、半坚硬($I_L<0$)黏性土,粗砂	20～30
软塑($I_L \geqslant 0.5$)黏性土,粉砂	5～10	砂砾、角(圆)砂砾,碎石,卵石	30～80
硬塑($I_L \geqslant 0$)黏性土,细砂,中砂	10～20	密实卵石类粗砂,密实漂卵石	80～120

注:①本表用于基础在地面处位移最大值不超过 6mm;位移较大时,适当降低;

②当基础侧面设有斜坡或台阶,且其坡度或台阶总宽与深度之比超过 1:20 时,表中 m 值应减少 50%;

③当基础侧面地面或局部冲刷线以下 $h_m=2(d+1)$(对 $h \leqslant 2.5$ 的情况,取 $h_m=h$)深度内有两层土时:

$$m=\gamma m_1+(1-\gamma)m_2 \tag{8-13}$$

γ 按式(8-14)取值:

$$\gamma=5(h_1/h_m)^2 \qquad h_1/h_m \leqslant 0.2 \qquad [8\text{-}14a)]$$

$$\gamma=1-1.25(1-h_1/h_m)^2 \qquad h_1/h_m>0.2 \qquad [8\text{-}14b)]$$

若桩底面置于地面或局部冲刷线以下的深度为 l,根据试验,当 $\alpha l \leqslant 2.5$ 时,可将桩柱视为刚性构件,一般沉井、大直径管桩及其他实体深基础都属于这一类;当 $\alpha l>2.5$ 时,则应将桩柱视为弹性构件,一般沉桩与灌注桩多属这一类。根据不同构件,可采用不同公式计算变位和内力及土的横向抗力。本节主要研究使用较多的弹性构件。

二、单桩及单排桩计算

考虑到桩与土体共同承受外荷载的作用,为了方便计算,在基本理论中作了一些必要的假设:

(1)将土视作弹性变形介质,它具有随深度成正比例增长的地基系数($C=mz$);

(2)土的应力应变关系符合文克尔假定;

(3)计算公式推导时,不考虑桩与土之间的摩擦力和黏结力;

(4)桩与桩侧土在受力前后始终密贴接触;

(5)桩作为一弹性构件。

1. 桩的挠曲微分方程及其内力和变位的计算公式

当一根计算宽度为 b_1 的弹性桩埋在土中,且地面处有水平荷载 Q_0 和力矩 M_0 作用时,桩将发生挠曲,同时桩侧土也随之产生横向抗力 σ_{zx},如图 8-25 所示。通常把图示单桩视为弹性地基梁,只是把梁的位置改为竖直方向。弹性地基梁挠曲时,梁轴挠度与梁上分布荷载 q 之间的关系,即梁的挠曲线微分方程为:

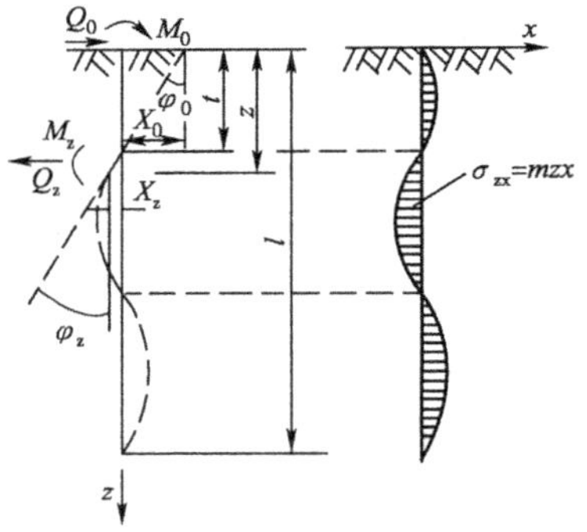

图 8-25　弹性桩受力(力矩)分析图

$$EI\frac{d^4x}{dz^4}=-q$$

式中:E、I——梁的弹性模量与截面惯性矩。

由于梁的挠度与相应点的分布荷载符号相反,所以公式等号右边为"-"。

这样就可得到图 8-25 中桩的挠曲微分方程:

$$EI\frac{d^4x}{dz^4}=-q=\sigma_{zx}b_1=-mzxb_1$$

即
$$\frac{d^4x}{dz^4}+\frac{mb_1}{EI}zx=0$$

或
$$\frac{d^4x}{dz^4}+\alpha^5zx=0 \tag{8-15}$$

式中：α——桩的变形系数，1/m，$\alpha=\sqrt[5]{\frac{mb_1}{EI}}$。

桩的挠曲微分方程式(8-15)，可以根据边界条件（如图8-25所示情况，当 $z=0$ 时，$x=x_0$，$\frac{dx}{dz}=\varphi_0$，$\frac{d^2x}{dz^2}=\frac{M_0}{EI}$及$\frac{d^3x}{dz^3}=\frac{Q_0}{EI}$）求解获得桩身任意截面上的变位（水平位移 x_z 及转角 φ_z）和内力（弯矩 M_z 及剪力 Q_z）公式。若用无量纲系数形式表示，则为：

$$x_z=\frac{Q_0}{\alpha^3EI}A_x+\frac{M_0}{\alpha^2EI}B_x \tag{8-16}$$

$$\varphi_z=\frac{Q_0}{\alpha^2EI}A_\varphi+\frac{M_0}{\alpha EI}B_\varphi \tag{8-17}$$

$$M_z=\frac{Q_0}{\alpha}A_M+M_0B_M \tag{8-18}$$

$$Q_z=Q_0A_Q+\alpha M_0B_Q \tag{8-19}$$

式中：A_x、B_x、A_φ、B_φ、A_M、B_M、A_Q、B_Q——无量纲系数，且均为 $\bar{z}=\alpha z$，$\bar{l}=\alpha l$ 的函数。

由式(8-18)可求得桩在不同深度处的弯矩值，用来验算桩的强度或配置桩中钢筋。其中，A_M 和 B_M 值可从表8-19中查得；桩在地面或局部冲刷线处的横向荷载 Q_0 和 M_0，可按下式求得：

$$\left.\begin{aligned}Q_0&=Q_i\\M_0&=M_i+Q_il_0\end{aligned}\right\} \tag{8-20}$$

式中：Q_i、M_i——作用于桩顶上的横向荷载；

l_0——桩顶到地面或局部冲刷线的长度。

当桩顶露出地面或局部冲刷线的长度为 l_0（图8-21）时，可进一步导得桩顶的水平位移 x_1 及转角 φ_1：

$$x_1=\frac{Q}{\alpha^3EI}A_{x1}+\frac{M}{\alpha^2EI}B_{x1} \tag{8-21}$$

$$\varphi_1=-\left(\frac{Q}{\alpha^2EI}A_{\varphi1}+\frac{M}{\alpha EI}B_{\varphi1}\right) \tag{8-22}$$

式中：M、Q——作用于桩顶上的弯矩和剪力；

A_{x1}、$A_{\varphi1}=B_{x1}$、$B_{\varphi1}$——无量纲系数，可按 $\bar{l}=\alpha l$ 和 $\bar{l}_0=\alpha l_0$ 查表8-20。

以上对桩的内力和位移的正负号规定为：Q 和 x 以顺 x 轴的正方向为正，φ 以逆时针转为正，M 以使桩左侧纤维受拉时为正，反之则为负。

无量纲系数 A_M、B_M　　　　表 8-19

$\bar{l}=\alpha l$	≥4.0		3.5		3.0		2.8		2.6		2.4	
系数 / $z=\alpha l$	A_M	B_M	A_M	B_M	A_M	B_M	A_M	B_M	A_M	B_M	A_M	B_M
0	0	1.000	0	1.000	0	1.000	0	1.000	0	1.000	0	1.000
0.1	0.100	1.000	0.100	1.000	0.100	1.000	0.100	1.000	0.099	1.000	0.099	1.000
0.2	0.197	0.998	0.197	0.998	0.197	0.998	0.196	0.998	0.196	0.998	0.196	0.997
0.3	0.290	0.994	0.290	0.994	0.298	0.993	0.288	0.993	0.287	0.992	0.286	0.991
0.4	0.377	0.986	0.377	0.986	0.375	0.985	0.373	0.984	0.371	0.982	0.367	0.980
0.5	0.458	0.975	0.456	0.974	0.452	0.972	0.449	0.970	0.445	0.967	0.439	0.962
0.6	0.592	0.959	0.527	0.958	0.521	0.954	0.515	0.951	0.508	0.946	0.498	0.939
0.7	0.529	0.938	0.589	0.937	0.579	0.932	0.571	0.927	0.560	0.919	0.544	0.907
0.8	0.646	0.913	0.641	0.912	0.626	0.904	0.614	0.897	0.599	0.886	0.577	0.869
0.9	0.689	0.884	0.683	0.882	0.662	0.871	0.646	0.861	0.625	0.847	0.596	0.824
1.0	0.723	0.851	0.715	0.848	0.687	0.834	0.666	0.821	0.638	0.802	0.601	0.773
1.1	0.747	0.814	0.736	0.811	0.700	0.792	0.675	0.776	0.639	0.751	0.593	0.716
1.2	0.762	0.774	0.748	0.770	0.703	0.747	0.671	0.727	0.628	0.697	0.572	0.654
1.3	0.768	0.732	0.750	0.726	0.696	0.698	0.657	0.674	0.606	0.638	0.539	0.587
1.4	0.765	0.687	0.743	0.680	0.678	0.646	0.633	0.618	0.573	0.576	0.497	0.518
1.5	0.755	0.641	0.729	0.633	0.652	0.593	0.600	0.560	0.531	0.512	0.445	0.447
1.6	0.737	0.594	0.707	0.584	0.618	0.538	0.558	0.501	0.481	0.447	0.387	0.375
1.7	0.714	0.546	0.678	0.535	0.577	0.483	0.510	0.441	0.426	0.382	0.325	0.305
1.8	0.685	0.499	0.644	0.486	0.530	0.427	0.456	0.381	0.365	0.318	0.260	0.237
1.9	0.651	0.452	0.604	0.437	0.478	0.372	0.399	0.323	0.303	0.256	0.196	0.174
2.0	0.614	0.407	0.561	0.390	0.423	0.319	0.339	0.266	0.240	0.198	0.136	0.118
2.2	0.532	0.320	0.466	0.300	0.308	0.218	0.218	0.163	0.123	0.097	0.039	0.033
2.4	0.443	0.243	0.365	0.218	0.195	0.131	0.110	0.078	0.035	0.027	0	—
2.6	0.355	0.175	0.266	0.148	0.097	0.062	0.031	0.021	0	0	—	—
2.8	0.270	0.120	0.174	0.090	0.027	0.016	0	0	—	—	—	—
3.0	0.193	0.076	0.095	0.046	0	0	—	—	—	—	—	—
3.5	0.051	0.014	0	0	—	—	—	—	—	—	—	—
4.0	0	0	—	—	—	—	—	—	—	—	—	—

无量纲系数 A_{X1}、$A_{\varphi 1}=B_{X1}$、$B_{\varphi 1}$　　表 8-20

$\bar{l}=\alpha l$	≥4.0			3.5			3.0			2.8			2.6			2.4		
系数 / $\bar{l}_0=\alpha l_0$	A_{X1}	$A_{\varphi 1}=B_{X1}$	$B_{\varphi 1}$	A_{X1}	$A_{\varphi 1}=B_{X1}$	$B_{\varphi 1}$	A_{X1}	$A_{\varphi 1}=B_{X1}$	$B_{\varphi 1}$	A_{X1}	$A_{\varphi 1}=B_{X1}$	$B_{\varphi 1}$	A_{X1}	$A_{\varphi 1}=B_{X1}$	$B_{\varphi 1}$	A_{X1}	$A_{\varphi 1}=B_{X1}$	$B_{\varphi 1}$
0	2.44	1.62	1.75	2.50	1.64	1.76	2.73	1.76	1.82	2.91	1.87	1.89	3.16	2.05	2.01	3.53	2.33	2.23
0.2	3.16	1.99	1.95	3.23	2.01	1.96	3.51	2.14	2.02	3.73	2.27	2.09	4.07	2.47	2.21	4.55	2.79	2.43
0.4	4.04	2.40	2.15	4.12	2.42	2.16	4.44	2.56	2.22	4.72	2.70	2.29	5.14	2.93	2.41	5.76	3.30	2.63
0.6	5.09	2.85	2.35	5.18	2.88	2.36	5.56	3.03	2.42	5.90	3.18	2.49	6.42	3.44	2.61	7.19	3.84	2.83
0.8	6.33	3.34	2.55	6.42	3.37	2.56	6.87	3.53	2.62	7.28	3.70	2.69	7.90	3.98	2.81	8.84	4.43	3.03
1.0	7.77	3.87	2.75	7.87	3.90	2.76	8.39	4.08	2.82	8.97	4.26	2.89	9.61	4.56	3.01	10.74	5.05	3.23
1.2	9.43	4.44	2.95	9.55	4.47	2.96	10.14	4.66	3.02	10.69	4.86	3.09	11.55	5.18	3.21	12.89	5.72	3.43
1.4	11.32	5.05	3.15	11.45	5.08	3.16	12.13	5.28	3.22	12.76	5.49	3.29	13.76	5.85	3.41	15.32	6.42	3.63
1.6	13.47	5.70	3.35	13.62	5.73	3.36	14.37	5.95	3.42	15.09	6.17	3.49	16.24	6.55	3.61	18.04	7.17	3.83
1.8	15.89	6.39	3.55	16.05	6.42	3.56	16.89	6.65	3.62	17.70	6.89	3.69	19.00	7.29	3.81	21.06	7.96	4.03
2.0	18.59	7.12	3.75	18.76	7.16	3.76	19.70	7.39	3.82	20.60	7.65	3.89	22.07	8.07	4.01	24.41	8.78	4.23
2.2	21.60	7.89	3.95	21.78	7.93	3.96	22.81	8.18	4.02	23.82	8.44	4.09	25.47	8.90	4.21	28.09	9.65	4.43
2.4	24.91	8.70	4.15	25.11	8.74	4.16	26.25	9.00	4.22	27.36	9.28	4.29	29.20	9.76	4.41	32.13	10.55	4.63
2.6	28.56	9.55	4.35	28.77	9.59	4.36	30.02	9.87	4.42	31.25	10.16	4.49	33.28	10.66	4.61	36.54	11.50	4.83
2.8	32.56	10.44	4.55	32.78	10.48	4.56	34.14	10.77	4.62	35.50	11.08	4.69	37.73	11.60	4.81	41.33	12.48	5.03
3.0	36.92	11.37	4.75	37.16	11.41	4.76	38.64	11.71	4.82	40.12	12.04	4.89	42.57	12.59	5.01	46.53	13.51	5.23
3.2	41.66	12.34	4.95	41.92	12.38	7.96	43.52	12.70	5.02	45.13	13.03	5.09	47.81	13.61	5.21	52.14	14.57	5.43
3.4	46.80	13.35	5.15	47.07	13.40	5.16	48.80	13.72	5.22	50.55	14.07	5.29	53.46	14.67	5.41	58.19	15.68	5.63

续上表

$\bar{l}=\alpha l$	≥4.0			3.5			3.0			2.8			2.6			2.4		
$\bar{l}_0=\alpha l_0$ \ 系数	A_{X1}	$A_{\varphi 1}=B_{X1}$	$B_{\varphi 1}$	A_{X1}	$A_{\varphi 1}=B_{X1}$	$B_{\varphi 1}$	A_{X1}	$A_{\varphi 1}=B_{X1}$	$B_{\varphi 1}$	A_{X1}	$A_{\varphi 1}=B_{X1}$	$B_{\varphi 1}$	A_{X1}	$A_{\varphi 1}=B_{X1}$	$B_{\varphi 1}$	A_{X1}	$A_{\varphi 1}=B_{X1}$	$B_{\varphi 1}$
3.6	52.35	14.40	5.35	52.64	14.45	5.36	54.50	14.78	5.42	56.39	15.15	5.49	59.55	15.77	5.61	64.49	16.82	5.83
3.8	58.33	15.49	5.55	58.64	15.54	5.56	60.63	15.89	5.62	62.67	16.27	5.69	66.06	16.92	5.81	71.66	18.01	6.03
4.0	64.57	16.62	5.75	65.08	16.67	5.76	67.22	17.03	5.82	69.41	17.42	5.89	73.09	18.10	6.01	79.10	19.23	6.23
4.2	71.63	17.79	5.95	71.98	17.84	5.96	74.26	18.22	6.09	76.62	18.62	6.09	80.57	19.32	6.21	87.05	20.50	6.43
4.4	78.99	19.00	6.15	79.36	19.05	6.16	81.79	19.44	6.29	84.31	19.86	6.29	88.55	20.58	6.41	95.51	21.81	6.63
4.6	86.84	20.25	6.35	87.23	20.30	6.36	89.82	20.70	6.49	92.51	21.14	6.49	97.04	21.89	6.61	104.50	23.15	6.83
4.8	95.20	21.54	6.55	95.60	21.60	6.56	98.36	22.01	6.69	101.23	22.45	6.69	106.07	23.23	6.81	114.03	24.54	7.03
5.0	104.08	22.87	6.75	104.51	22.93	6.76	107.43	23.35	6.89	110.48	23.81	6.89	115.63	24.61	7.01	124.13	25.96	7.23
5.2	113.50	24.24	6.95	113.95	24.30	6.96	117.05	24.73	7.09	120.28	25.21	7.09	125.76	26.04	7.21	134.81	27.43	7.43
5.4	123.48	25.65	7.15	123.95	25.71	7.16	127.22	26.16	7.29	130.65	26.65	7.29	136.47	27.50	7.41	146.08	28.93	7.63
5.6	134.03	27.10	7.35	134.53	27.16	7.36	137.98	27.62	7.49	141.61	28.13	7.49	147.77	29.00	7.61	157.96	30.48	7.83
5.8	145.17	28.59	7.55	145.69	28.65	7.56	149.33	29.12	7.69	153.16	29.64	7.69	159.67	30.54	7.81	170.47	32.06	8.03
6.0	156.91	30.12	7.75	157.45	30.18	7.76	161.28	30.67	7.89	165.33	31.20	7.89	172.20	32.13	8.01	183.62	33.69	8.23
6.4	182.27	30.30	8.15	182.86	33.37	8.16	187.09	33.88	8.29	191.57	34.44	8.29	199.21	35.41	8.41	211.90	37.06	8.63
6.8	210.24	36.64	8.55	210.88	36.71	8.56	215.53	37.24	8.69	220.47	37.83	8.69	228.90	38.86	8.81	242.95	40.59	9.03
7.2	240.95	40.15	8.95	241.64	40.21	8.96	246.72	40.77	9.09	252.14	41.39	9.09	261.42	42.46	9.21	276.89	44.28	9.43
7.6	274.52	43.81	9.35	275.27	43.88	9.36	280.80	44.46	9.49	286.73	45.10	9.49	296.88	46.23	9.61	313.84	48.13	9.83
8.0	311.08	47.63	9.75	311.89	47.70	9.76	317.90	48.31	9.89	324.35	48.98	9.89	335.43	50.15	10.01	353.94	52.14	10.23
8.5	361.19	52.63	10.25	362.07	52.70	10.26	368.70	53.41	10.39	375.84	54.05	10.39	388.12	55.28	10.51	408.68	57.38	10.73
9.0	416.42	57.88	10.75	417.38	57.96	10.76	424.66	58.62	10.89	432.53	59.37	10.89	446.07	60.66	11.01	468.79	62.87	11.23
9.5	477.02	63.78	11.25	478.06	63.46	11.26	486.03	64.16	11.39	494.66	64.94	11.39	509.53	66.30	11.51	534.51	68.61	11.73
10.0	543.25	69.13	11.75	544.38	69.21	11.76	553.06	69.94	11.89	562.48	70.75	11.89	578.75	72.18	12.01	606.09	74.60	12.23

2. 计算步骤

(1)求出每根桩桩顶受力 P_i、Q_i 和 M_i 及地面或局部冲刷线处横向荷载。这里必须注意，计算轴向荷载和横向荷载时应选用不同的最不利效应组合，因为这两部分荷载对桩的作用是分别验算的。

(2)验算单桩的轴向承载力。要求单桩轴向受力(桩顶轴向力加桩重)不超过承载力容许值。如桩的断面尺寸已定，需要选定的入土深度，则可根据桩的轴向受力等于单桩轴向承载力容许值原则，算出桩所需要的入土深度。

(3)计算桩的计算宽度 b_1 和桩的变形系数 α，并判别是否属弹性构件，如为弹性构件，则可继续以下步骤。

(4)计算桩在不同深度处的弯矩 M_z，绘出 M_z 的分布图，找出最大弯矩值及其截面位置，以便验算桩的截面强度或进行桩身配筋计算。

(5)计算墩(台)顶水平位移。若桥墩如图 8-26 所示，墩顶即桩顶，可直接用公式计算出，墩顶位移 $\Delta = x_1$；若桩顶上有截面不同于桩身的墩(台)柱，如图 8-26 所示，则可按下式计算墩(台)顶的水平位移：

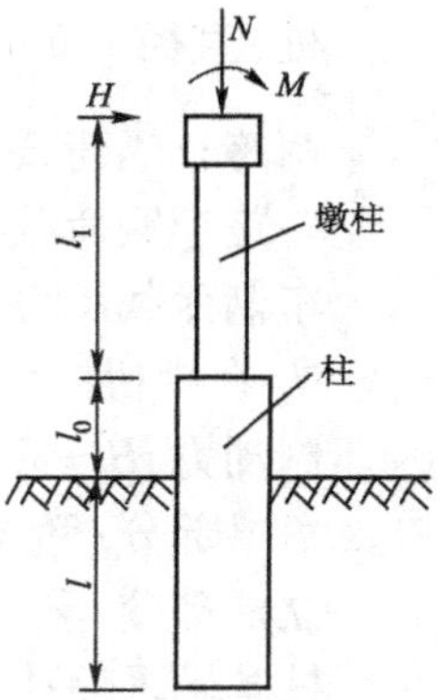

图 8-26 桥墩受力(力矩)图

$$\Delta = x_1 - \varphi_1 l_1 + \Delta_0 \tag{8-23}$$

式中：x_1、φ_1——桩顶的水平位移和截面转角，要注意当 Q、M 均为正值时，按式(8-22)算得的 φ_1 为负值，应以负值代入；

l_1——墩(台)顶到桩顶的高度；

Δ_0——墩柱部分由弹性挠曲所引起的墩顶水平位移，一般按桩顶处为固定端的悬臂梁计算。

针对图 8-26 的受力情况，由材料力学计算挠度公式，Δ_0 为：

$$\Delta_0 = \frac{Hl_1^3}{3E_1I_1} + \frac{Ml_1^2}{2E_1I_1} \tag{8-24}$$

式中：E_1、I_1——墩柱的弹性模量和截面惯性矩。

【例题 8-2】 设计资料(参阅图 8-27)。

(1)地质与水文资料。

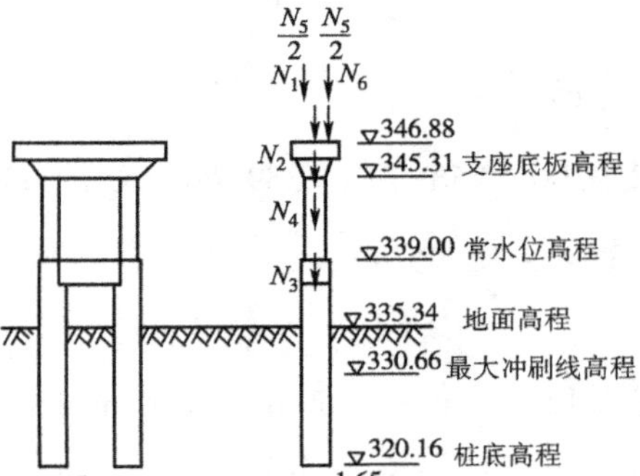

图 8-27 例题 8-2 图

地基土为密实细砂夹砾石，地基土比例系数 $m = 10000\text{kN/m}^4$；地基土的极限摩阻力 $q_k = 70\text{kPa}$；内摩擦角 $\varphi = 40°$，凝聚力 $c = 0$；地基承载力容许值 $[f_{a0}] = 400\text{kPa}$；浮重度 $\gamma = 11.80\text{kN/m}^3$；地面高程为 335.34m，常水位高程为 339.00m，局部冲刷线高程为 330.66m，一般冲刷线高程为 335.34m。

(2)桩、墩尺寸与材料。

墩帽高程为 346.88m，桩顶高程为 339.00m，墩柱顶高程为 345.31m，墩柱直径 1.50m，桩直径 1.65m。

桩身混凝土为 C25，其受压弹性模量 $E_h = 2.6 \times 10^4\text{MPa}$。

(3)荷载情况。

桥墩为单排双柱式，桥面宽7m，设计荷载公路—II级，人群荷载$3kN/m^2$，两侧人行道各宽1.5m。

上部为20m预应力钢筋混凝土梁，每一根桩承受荷载为：

上部结构重力：$N_1 = 1376.00kN$；

盖梁重力：　$N_2 = 256.50kN$；

系梁重力：　$N_3 = 76.40kN$；

墩柱(直径1.50m)重力：$N_4 = \frac{\pi \times 1.5^2}{4} \times 2.5(245.31 - 339.00) = 279.0(kN)$；

桩(直径1.65m)每延米自重：$q = \frac{\pi \times 1.65^2}{4} \times 15 = 32.10(kN)$(已扣除浮力)；

两跨车辆荷载与人群荷载反力：$N_5 = 558.00kN$；

一跨车辆荷载与人群荷载反力：$N_6 = 403.00kN$；

车辆荷载反力已按偏心受压原理考虑横向分布的分配影响。

N_6在顺桥向引起的弯矩：$M = 120.90kN \cdot m$；

制动力：$H = 30kN$；

盖梁部分：$W_1 = 3.00kN$，对桩顶力臂7.06m；

立柱部分：$W_2 = 2.70kN$，对桩顶力臂3.15m；

桩基础采用冲抓锥钻孔灌注桩基础。

试确定桩的入土深度并进行验算。

解：(1)桩长的计算。

由于地基土层单一，用确定单桩承载力容许值的《公路桥涵地基与基础设计规范》(JTG D63—2007)经验公式初步反算桩长，该桩埋入最大冲刷线以下深度为h，一般冲刷线以下深度为h_3，则

$$N_h = [R_a] = \frac{1}{2}u\sum l_i q_{ik} + \lambda m_0 A_p \{[f_{a0}] + k_2\gamma_2(h_3 - 3)\}$$

式中：N_h——一根桩受到的全部竖直荷载，kN，最大冲刷线以下(入土深度)的桩重的一半作外荷载计算。

当在两跨车辆荷载与人群荷载作用下，有

$$\begin{aligned}N_h &= N_1 + N_2 + N_3 + N_4 + N_5 + l_0 q + \frac{1}{2}qh \\ &= 1376.00 + 256.50 + 76.40 + 279.00 + 558.00 + (339.00 - 330.66) \\ &\quad \times 32.10 + \frac{1}{2} \times 32.0 \times h = 2813.61 + 16.05h(kN)\end{aligned}$$

计算$[R_a]$时取以下数据：

桩的设计桩径1.65m，冲抓锥成孔直径1.80m，桩周长$u = \pi \times 1.80m = 5.65m$，$A_p = \frac{\pi(1.65)^2}{4} = 2.14m^2$，$\lambda = 0.7$，$m_0 = 0.8$，$k_2 = 3$，$[f_{a0}] = 400.00kPa$，$\gamma_2 = 11.80kN/m^3$(已扣除浮力)，$q_k = 70kPa$，所以得：

$$[R_a]=\frac{1}{2}(\pi\times1.8\times h\times70)+0.7\times0.8\times2.14\times[400+3\times11.8(h+4.68-3)]$$

$$=N_h=2813.61+16.05h$$

$\therefore$ $h=10.09\text{m}$

现取 $h=10.5\text{m}$，桩底高程为 320.16m；根据以上计算，桩的轴向承载力符合要求。

(2)桩的内力及位移计算。

①确定桩的计算宽度 b_1。

$$b_1=K_f(d+1)=0.9\times(1.65+1)=2.385(\text{m})$$

②计算桩的变形系数 α。

$$\alpha=\sqrt[5]{\frac{mb_1}{EI}}=\sqrt[5]{\frac{1000\times2.385}{0.67\times2.6\times10^7\times0.364}}=0.327(\text{m}^{-1})$$

其中，$I=0.049087\times1.65^4=0.364(\text{m}^4)$；$EI=0.67E_hI$。

桩的换算深度 $\bar{h}=\alpha h=0.327\times10.5=3.4>2.5$，所以按弹性桩计算。

③计算墩柱顶上外力 P_i、Q_i、M_i 及最大冲刷线处桩截面受力 P_0、Q_0、M_0，按一列车辆荷载计算。

$$P_i=1376.00+403.00=1779.00(\text{kN})$$

$$Q_i=30.00\text{kN}$$

$$M_i=120.90\text{kN}\cdot\text{m}$$

换算到最大冲刷线处，即

$$P_0=1779.00+256.50+76.40+279.00+(32.1\times8.34)=2658.60(\text{kN})$$

$$Q_0=30.00+3.00+2.70=35.70(\text{kN})$$

$$M_i=120.90+30.00(346.88-330.66)+3\times15.4+2.7\times11.49$$

$$=684.70(\text{kN}\cdot\text{m})$$

④计算最大冲刷线以下深度 z 处桩截面上的弯矩 M_z。

$$M_z=\frac{Q_0}{\alpha}A_m+M_0B_m$$

由表 8-19 查得无量纲系数 A_m 及 B_m，M_z 值列表计算，其结果见表 8-21。

M_z 值计算表 表 8-21

z	$\bar{z}=\alpha z$	$\bar{h}=\alpha h$	A_m	B_m	$\frac{Q_0}{\alpha}A_m$	M_0B_m	M_z(kN·m)
0	0	3.43	0	1.00 000	0	684.70	684.70
0.616	0.2	3.43	0.196 75	0.997 97	21.48	683.31	704.79
1.23	0.4	3.43	0.375 71	0.985 42	41.02	674.71	715.73
1.85	0.6	3.43	0.523 99	0.956 20	57.21	654.71	711.92
3.08	1.0	3.43	0.700 67	0.840 98	76.50	575.82	652.32
4.31	1.4	3.43	0.710 97	0.663 29	77.62	454.15	531.77
5.54	1.8	3.43	0.586 85	0.456 56	64.97	312.61	376.68
6.77	2.2	3.43	0.386 75	0.259 00	42.22	177.34	219.56
8.00	2.6	3.43	0.181 14	0.104 89	19.78	71.82	91.60
9.23	3	3.43	0.047 68	0.023 06	5.21	15.79	21.00

(3)桩顶纵向水平位移验算。

桩在局部冲刷线处水平位移 x_0 和转角 φ_0：

$$x_0=\frac{Q_0}{\alpha^3EI}A_x+\frac{M_0}{\alpha^2EI}B_x$$

$$=\frac{35.70}{0.67\times2.6\times10^7\times0.327^3\times0.364}\times2.614$$

$$+\frac{684.70}{0.67\times2.6\times10^7\times0.327^2\times0.364}\times1.699$$

$$=2.14\times10^{-3}(\text{m})=2.14(\text{mm})<6\text{mm}(\text{符合规范要求})$$

$$\varphi_0=\frac{Q_0}{\alpha^2EI}A_\varphi+\frac{M_0}{\alpha EI}B_\varphi$$

$$=\frac{35.70\times(-1.699)}{0.67\times2.6\times10^7\times0.327^2\times0.364}$$

$$+\frac{684.70}{0.67\times2.6\times10^7\times0.327\times0.364}\times(-1.788)$$

$$=-6.80\times10^{-4}(\text{rad})$$

$$I_1=\pi\times\frac{(1.5)^4}{64}=0.2485(\text{m}^4),E_1=E$$

所以

$$n=\frac{E_1I_1}{EI}=\frac{(1.5)^4}{(1.65)^4}=0.683$$

$$x_Q=\frac{Q}{2E_1I_1}\left[\frac{1}{3}(nh_2^3)+h_1^3+nh_1h_2(h_1+h_2)\right]$$

$$=\frac{30}{0.67\times2.6\times10^7\times0.2485}\left[\frac{1}{3}(0.683\times8.34^3+6.31^3)\right]$$

$$+0.683\times8.34\times6.31\times(8.34+6.31)$$

$$=5.145\times10^{-3}(\text{m})$$

$$x_m=\frac{M}{2E_1I_1}[h_1^2+nh_2(2h_1+h_2)]$$

$$=\frac{120.90}{2\times0.67\times2.6\times10^7\times0.2485}[6.31^2+0.683\times8.34(2\times6.31+8.34)]$$

$$=2.224\times10^{-3}(\text{m})$$

墩顶纵向水平位移(以墩顶纵向水平位移计)为：

$$x_1=(2.14+0.680\times14.65+5.145+2.224)\times10^{-3}$$

$$=19.47\times10^{-3}(\text{m})=19.5(\text{mm})$$

●第五节　桩基础整体承载力的验算●

一、单桩与群桩的作用特点

桩基础由多根单桩通过承台联成一个整体，当单桩承载力确定以后，整个桩基础的承载力是否等于所有单桩承载力之和,试验证明并不一定。一般对端承桩或相邻桩间距较大的摩擦桩(桩轴间距大于 5 ~8 倍的桩直径),整体桩基础的承载力与单桩承载力之和是相等的,但对于相邻桩轴间距小于 5 ~8 倍桩直径的摩擦桩来说,整体桩基础承载力却小于单桩承载力之和。其原因主要是因为端承桩是通过桩直接将承受的压力传到桩端处的坚硬土层(一般为岩层)中去,压力与桩端处反力平衡,且桩下端承压面等于桩身横截面,其压应力不可能有相互叠加现象。但摩擦桩是通过桩侧与土之间的摩擦作用,将桩顶所承受的压力传到桩端处面积较大的土层中去的,桩下端地基压应力分布面积大于桩身横截面,当群桩中桩轴间距较小时,桩端处地基压应力发生叠加现象,使它的最大应力超过单桩单独作用时的最大应力,这样群桩承载力就相对降低。如果桩间距较大,则桩端处地基压应力不发生叠加现象,如图 8-28 所示,故有上述不同的结果。但目前只能作原理上的解释,由于群桩作用的复杂性,还不能获得单桩承载力与群桩承载力之间的定量关系,无法按单桩承载力去推算整个桩基础的承载力。所以在桩基础的计算中,一方面要保证单桩的轴向受力不超过单桩轴向承载力容许值,另一方面还要把桩基础作为整体,采用如下近似的计算方法验算其承载力,包括考虑地基的强度和必要时验算桩基础的沉降。

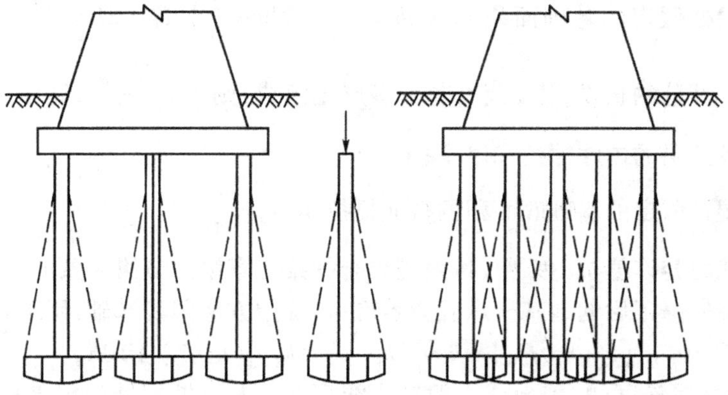

图 8-28 单桩与桩群的作用

二、桩基础承载力的验算

对于端承桩一般可不验算桩基础的承载力。对于摩擦桩,当在桩端平面内桩间中心距小于 6 倍桩直径时,根据桩在传力时的扩散作用,可将桩基础视为如图 8-29 中宽为 b、长为 a 的包括范围 $cdef$ 内的实体刚性基础(从最外侧桩的边缘按 $\varphi/4$ 向下扩散,φ 为桩侧土的内摩擦角),桩端平面作为基底,从而验算其地基强度和计算其变形。

1. 地基强度验算

验算时不考虑水平力的影响。设 N、M 分别为作用于承台底面桩群形心点的竖向力和力矩,G 为所有桩和 $cdef$ 范围内土的总重,则桩端处地基上的最大应力应符合下式:

$$p_{\max}=\frac{N+G}{A}+\frac{M}{W}\leqslant\gamma_{\mathrm{R}}[f_{\mathrm{a}}] \tag{8-25}$$

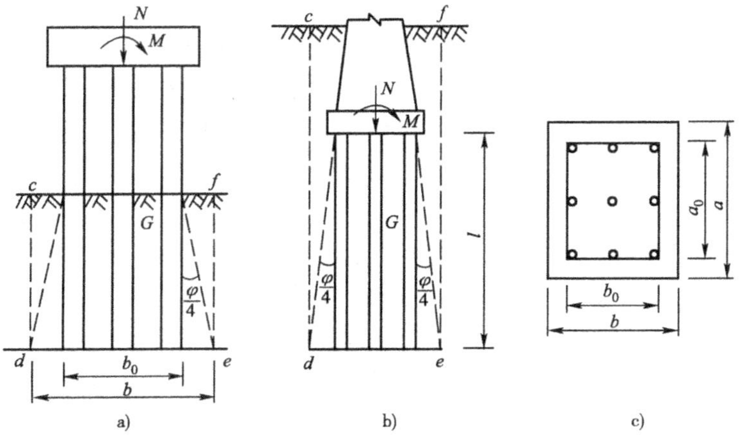

图 8-29　桩基础作为整体基础

a）高桩承台；b）低桩承台；c）桩端处假想受力面积

式中：A——桩端处假定的基础面积，$A=ab=\left(a_0+2l\tan\dfrac{\varphi}{4}\right)\left(b_0+2l\tan\dfrac{\varphi}{4}\right)$，其中，$l$ 为桩埋入土中部分的长度，若 l 范围内由多层土组成，则 $\varphi=\dfrac{\sum\varphi_i l_i}{l}$，其中，$\varphi_i$、$l_i$ 分别为桩穿过各土层的内摩擦角和厚度；

W——桩端处假定的基础底面积的截面抵抗矩，$W=\dfrac{ab^2}{6}$；

γ_R——承载力容许值抗力系数，按效应组合查第三章第四节第 4 条的相关规定；

$[f_a]$——桩端处修正后的地基土承载力容许值，确定方法同浅基础，用下式计算：

$$[f_a]=[f_{a0}]+k_1\gamma_1(b-2)+k_2\gamma_2(h-3)+10h_w$$

h 为桩端的埋置深度（从地面或一般冲刷线算起），b 为桩端处假定基底的宽度。如桩端平面以下不深处有软弱下卧层，则还需验算其强度。

2. 沉降计算

规范规定，有单桩的静载试验资料时，符合下列情况之一者，桩基础总沉降量可采用单桩试验所得之沉降量，不必另行计算。

（1）端承桩。

（2）桩端平面处桩间的中心距大于 6 倍桩直径或边长。

在其他情况下，对于超静定桥梁墩台，应将群桩视为实体基础，按分层总和法计算桩基础的沉降量。要求算得之沉降量，扣除施工期间的沉降量后，不超过规定的允许值。

$$\left.\begin{aligned}S&\leqslant 2.0\sqrt{L}\\ \Delta S&\leqslant 1.0\sqrt{L}\end{aligned}\right\}\tag{8-26}$$

式中：S——墩台基础的均匀总沉降值（不包括施工中的沉降），cm；

ΔS——相邻墩台基础的均匀总沉降差值（不包括施工中的沉降），cm；

L——相邻墩台间最小跨径长度，以 m 计，跨径小于 25m 时仍以 25m 计算。

●第六节 桩基础设计计算步骤●

设计桩基础应根据荷载的性质与大小，上部结构的形式与使用要求，地质和水文资料，以及材料供应和施工条件等，确定适宜的桩基础类型和各组成部分的尺寸，保证承台、基桩和地基在强度、变形和稳定性方面，满足安全和使用上的要求，并应同时考虑技术和经济上的可能性与合理性。桩基础的设计方法与步骤，一般是先根据所收集的必要设计资料拟订出设计方案（包括选择桩基础的类型、桩长、桩径、桩数及桩的布置、承台位置与尺寸等），然后进行基桩和承台强度、稳定、变形验算，经过计算、比较、修改直至符合各项要求，最后确定较佳的设计方案。

桩基础设计应遵循下列设计原则：

(1)设计前进行必要的基本情况调查。

(2)认真选定适用、简便可行而又可靠的设计方法，认真测定和选用有代表性的而且可靠的原始参数。

(3)确定桩的设计承载力时应考虑不同结构物的容许沉降量。

(4)目前，混凝土结构设计规范已采用以概率理论为基础的极限状态设计法，在桩基设计工作中，采用可靠性分析原理，按极限状态设计，自然也是发展的总趋势。因此，在采用传统的“定值设计法”进行桩基设计时，理应在设计概念和方法上逐渐向概率极限状态设计过渡。

(5)设计桩基时应遵循和执行有关技术规范的规定，当然，规范不是法律，在某些特殊情况下可以灵活对待和处理。

一、桩基础类型的选择

选择桩基础类型时应根据设计要求和现场的条件，同时要考虑到各种类型桩和桩基础所具有的不同特点，注意扬长避短，给予综合考虑选定。

1. 桩基础类型、承台位置和尺寸的选定

承台底面的高程应根据桩的受力情况，桩的刚度和地形、地质、水流、施工等条件确定。承台低稳定性较好，但在水中施工难度较大，因此，可用于季节性河流，冲刷小的河流或岸台上墩台及旱地上其他结构物基础。当承台埋于冻胀土层中时，为了避免由于土的冻胀引起桩基础的损坏，承台底面应位于冻结线以下不少于0.25m。对于常年有流水，冲刷较深，或水位较高，施工排水困难，在受力条件允许时，应尽可能采用高桩承台。承台如在水中：在有流水的河道，承台底面应在最低冰层底面以下0.25m；在有其他漂流物或通航的河道，承台底面也应适当放低，以保证基桩不会直接受到撞击，否则应设置防撞击装置。对于有冲刷的河流，还应考虑冲刷影响。采用木桩时，由于木材在湿度经常变化的环境容易腐朽，承台内木桩顶应位于最低水位以下至少0.3m。当作用于桩基础的水平力和弯矩较大，或桩侧土质较差时，为减少桩身所受的弯矩、剪力，可适当降低承台底面。为节省墩台身圬工数量，则可适当提高承台底面。对于采用高桩承台或低桩承台，宜从受力情况、变位情况、稳定情况、施工条件等方面比较选定。

2. 端承桩桩基和摩擦桩桩基的选定

端承桩与摩擦桩的选择主要是根据地质和受力情况确定。端承桩桩基承载力大，沉降量小，较为安全可靠，因此当基岩埋深较浅时应考虑采用端承桩桩基。若适宜的岩层埋置较深或受到施工条件的限制不宜采用端承桩时，则可采用摩擦桩。但在同一桩基础中不宜同时采用端承桩和摩擦桩，同时也不宜采用不同材料、不同直径和长度相差过大的桩，以避免桩基产生不均匀沉降或丧失稳定性，同时也可避免在施工中由此而产生的不便和困难。

当采用端承桩时，除桩底支承在基岩上外，如覆盖层较薄，或水平荷载较大时，还需将桩底端嵌入基岩中一定深度成为嵌岩桩，以增加桩基的稳定性和承载能力。为保证嵌岩桩在横向荷载作用下的稳定性，需嵌入基岩的深度与桩嵌固处的内力及桩周岩石强度有关，应分别考虑弯矩和轴向力的要求，由要求较大的弯矩和轴向力值控制设计深度。考虑弯矩时，可用下述近似方法确定。

如图 8-30 所示，假设忽略嵌固处水平剪力的影响，桩在岩层表面处弯矩 M_H 作用下，绕嵌入深度 h 的 1/2 处转动；不计桩底与岩石的摩阻力；不考虑桩底抵抗弯矩，M_H 由桩侧岩层产生的水平抗力平衡。并考虑到桩侧为圆柱状曲面，其四周受力不均匀，假定最大应力为平均应力的 1.27 倍。

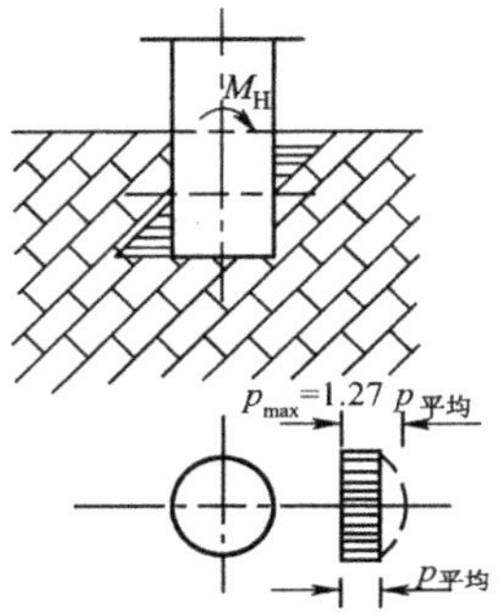

图 8-30　嵌入岩层最小深度计算图式

由以上假设，根据静力平衡条件（$\sum M=0$），便有：

$$M_H=\frac{1}{2}\cdot\frac{p_{max}}{1.27}\cdot\frac{h}{2}\cdot\frac{2}{2}hd$$

因此，圆形桩

$$h=\sqrt{\frac{M_H}{0.065\times5\beta f_{rk}d}} \tag{8-27}$$

矩形桩

$$h=\sqrt{\frac{M_H}{0.083\times3\beta f_{rk}b}} \tag{8-28}$$

式中：h——桩嵌入基岩中（不计强风化层和全风化层）的有效深度，m，不应小于 0.5m；

M_H——在基岩顶面处的弯矩，kN·m；

f_{rk}——岩石饱和单轴抗压强度标准值，kPa，黏土质岩取天然湿度单轴抗压强度标准值；

β——系数，0.5～1.0，根据岩层侧面构造而定，节理发育的取小值；节理不发育的取大值；

d——桩身直径，m；

b——垂直于弯矩作用平面桩的边长，m。

3. 单排桩基础和多排桩基础的选定

单排桩桩基础和多排桩桩基础的确定主要是根据受力情况，并与桩长、桩数的确定密切相关。多排桩稳定性好，抗弯刚度较大，能承受较大的水平荷载，水平位移较小，但多排桩的设置将会增大承台的尺寸，增加施工困难，有时还影响航道；单排桩与此相反，能较好地与柱式墩台结构形式配用，可节省圬工，减小作用在桩基的竖向荷载，因此，当桥梁跨径不大、桥高较矮时，或单桩承载力较大，需要桩数不多时常采用单排排架式基础。公路桥梁自采用了具有较大刚度的钻孔灌注桩后，选用盖梁式承台双柱或多柱式单排墩台桩柱基础也较广泛，对较高的桥台、拱桥桥台、制动墩和单向水平推力墩基础则常需用多排桩。在桩基受有较大水平力作用时,无论是单排桩还是多排桩,一般还需选用斜桩或竖直桩配用斜桩的形式增加桩基抗水平力的能力和稳定性。

4. 施工方式的选择

至于设计时将桩基施工方式拟定为打入桩、震动下沉桩、钻(挖)孔灌注桩或采用管桩基础,则应根据地质情况、上部结构要求和施工技术设备条件等确定。

5. 承台尺寸的拟定

承台尺寸拟定应根据受力情况,按照有关设计规范和施工规范,拟定其平面尺寸和立面尺寸。承台厚度一般为1.0~2.5m,承台底面尺寸的拟定,要求扩展角不超过刚性角。

二、桩径、桩长的拟定和单桩承载力容许值的确定

1. 桩径拟定

当桩基础类型选定以后,桩的横截面尺寸可根据各类桩的特点及常用尺寸,并考虑工程地质情况和施工条件选择确定。预制桩的截面规格第二节已述,若用钻孔桩,则以钻头直径作为设计直径,钻头直径常用规格为0.8m、1.0m、1.25m和1.5m等。

2. 桩长拟定

可先根据地质条件选择适宜的桩底持力层初步确定桩长,因为桩底持力层对于桩的承载力和沉降有着重要影响;此外还应考虑施工的可能性(如钻进的最大深度、孔径等)。

设计时一般总希望把桩底置于岩层或坚实的土层上以得到较大的承载能力和较小的沉降量,如在施工条件容许的深度内没有坚实土层存在,应尽可能选择压缩性较低、强度较高的土层作为持力层,要避免把柱底坐落在软土层上或离软弱下卧层的距离太近,以免桩基础发生过大沉降。

对于摩擦桩,有时桩底持力层可能有多种选择,此时确定桩长与桩数则两者相互牵连,遇此情况,可通过试算比较,选用较合理的桩长。但摩擦桩的桩长不应拟定太短,因为桩长过短则达不到设置桩基把荷载传递到深层或减小基础下沉量的目的,且需增加很多桩,扩大了承台尺寸,这往往是不经济不合理的。摩擦桩的入土深度一般应大于承台宽度的2~3倍以上,且不宜小于4m。此外,为保证发挥摩擦桩桩底土层支承力,桩底端部应插入桩底持力层一定深度(插入深度与持力层土质、厚度及桩径等因素有关),一般不宜小于1m。

3. 单桩承载力容许值的确定

桩横截面积尺寸和桩长确定后,应根据地质资料确定单桩承载力容许值,进而估算桩数和进行桩基验算。单桩承载力容许值的确定,对于一般性桥梁和结构物,或在各种工程的初步设计阶段,可按经验(规范)公式估算,而对于大型、重要桥梁或复杂地基条件,则还应通过试桩或其他方法,并作详细分析比较,较为准确合理地确定。

三、确定基桩的根数及其在平面上的布置

1. 桩的根数估算

一个桩基础所需桩的根数可根据承台底面上的竖向荷载和单桩的承载力容许值按下式

估算：

$$n=\mu\frac{N}{[R_a]} \tag{8-29}$$

式中：n——桩的根数；

N——作用在承台底面的竖向荷载，kN；

$[R_a]$——单桩承载力容许值，kN；

μ——考虑偏心荷载时各桩受力不均匀而适当增加桩数的经验系数，一般可取 $\mu=1.1\sim1.2$；估算的桩数是否合适，尚待验算各桩的受力状况后验证确定。

2. 确定桩的平面布置

一般墩（台）基础，多以纵向荷载控制设计，控制方向上桩的布置应尽可能使各桩受力相近，且考虑施工的可能和方便。当荷载偏心较大时，承台底面的应力图呈梯形，若 p_{max}/p_{min} 比值较大，宜用不等距排列：两侧密、中间疏；若 p_{max}/p_{min} 比值不大，宜用等距排列；而非控制方向上一般均采用等距排列。相邻桩之间的距离不宜太大，因为间距大，承台平面尺寸和质量将相应增大；但也不宜过小，因为间距太小，摩擦桩桩端处的地基应力叠加现象严重，对桩群承载力不利，对打入桩也会增加沉桩时的困难。所以摩擦桩桩轴间距 a 对于打入桩应大于 3 倍桩的直径（或边长）d；对钻孔桩不小于成孔直径的 2.5 倍。对于端承桩规定：打入桩中距 $a\leqslant2.5d$，钻孔桩中距 a 不小于桩成孔直径的两倍。另外规定：边桩外侧至承台边缘的距离，对 $d<1$m 的桩不小于 $0.5d$ 或 25cm，对 $d>1$m 的桩不得小于 $0.3d$ 或 50cm。但桩外侧与盖梁边缘的距离可不受以上限制。

完成以上步骤以后，即可进行桩基的验算。

四、桩基础设计方案检验

根据上述原则所拟订的桩基础设计方案应进行检验，即对桩基础的强度、变形和稳定性进行必要的验算，以验证所拟订的方案是否合理，需否修改，能否优选成为较佳的设计方案。为此，应计算基础及其组成部件（基桩与承台）在与验算项目相应的最不利效应组合下所受到的作用力及相应产生的内力与位移（计算方法见本章第五节），作下列各项验算。

1. 验算桩的受力

桩的受力计算按第五节所介绍的方法进行。然后分别验算桩的轴向承载力和截面强度。

1）桩的轴向受力要求

$$N_{max}+G\leqslant\gamma_R[R_a] \tag{8-30}$$

式中：N_{max}——作用于桩顶上的最大轴向力；

G——桩重，当桩埋在透水土层中时，处于水下的桩应考虑浮力，对钻孔桩，当采用表 8-2 中 q_{ik} 值计算 $[R_a]$ 时，按规定对局部冲刷线以下的桩身应取其自重的 1/2 计，即 G 等于局部冲刷线以上的桩重加局部冲刷线以下桩重的一半；

$[R_a]$——单桩轴向承载力容许值，按土的阻力和材料强度算得结果中的较小值取用；

γ_R——承载力容许值抗力系数，对永久作用与车辆荷载的效应组合取 $\gamma_R=1$，对其他效应组合取 $\gamma_R=1.25$。

2）验算桩身截面强度或考虑配筋

具体验算方法详见教材《桥梁工程》。

在单桩轴向力验算中,如果不能满足式(8-29)的要求,则应增加桩数 n 或调整桩的平面布置,以减少 N_{max} 值。也可加大桩的截面尺寸,重新确定桩数、桩长和布置,直到符合验算要求为止。

2. 承台强度的验算

承台强度验算包括:桩顶处局部压应力,承台抗弯、抗剪强度及桩对承台的冲剪等内容,可参阅《结构设计原理》教材及有关设计手册进行。

3. 验算桩基础整体承载力

有关桩基础整体承载力的验算请参见前节有关内容。

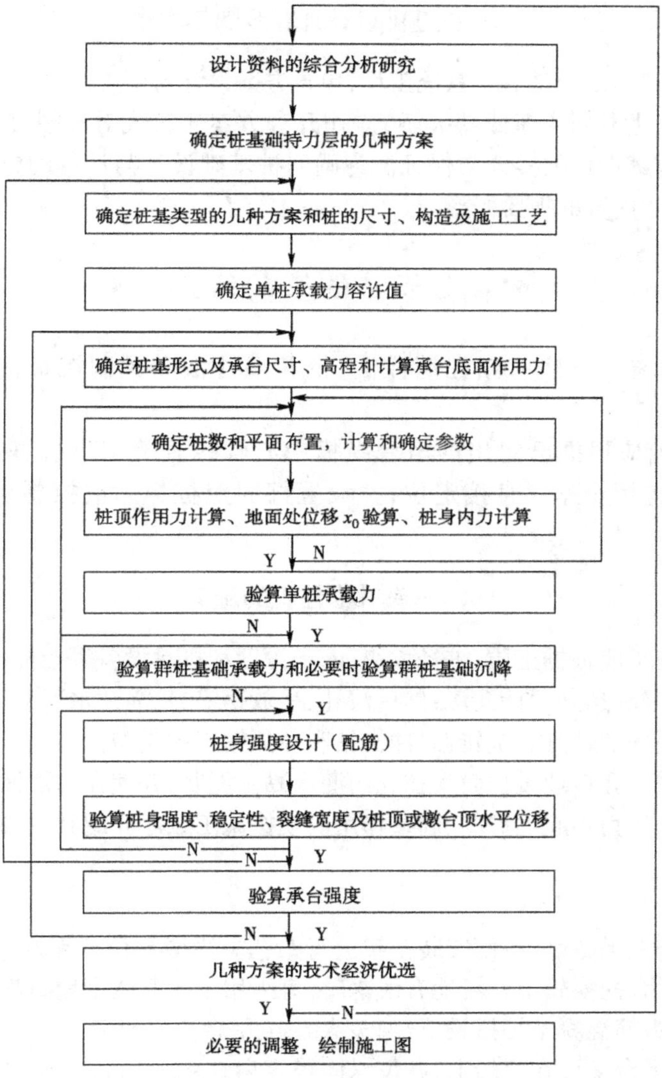

图 8-31 桩基础设计计算步骤与程序示意框图

4. 计算墩台顶的水平位移

墩台顶的水平位移 Δ 按下式计算:

$$\Delta = x_1 - \varphi_1 l_1 + \Delta_0$$

式中:x_1——承台底面中心的水平位移;

φ_1——承台底面的转角;

l_1——墩台顶至承台底的距离;

Δ_0——由承台底到墩台顶面间的弹性挠曲所引起墩台顶部的水平位移。

在荷载作用下,墩台顶水平位移 Δ_0 不应超过规定的容许值$[\Delta]$,即:$\Delta_0 \leqslant [\Delta] = 0.5\sqrt{L}$(cm),其中,$L$ 为桥孔跨径(以 m 计)。

五、桩基础设计计算步骤与程序

综合上述,桩基础设计是一个系统工程,包含方案设计与施工图设计。为取得良好的技术与经济效果,有时(尤其对大桥或特大桥)应作几种方案比较或对已拟订方案进行修正,以使施工图设计成为方案设计的实施与保证。为阐明桩基础设计与计算的整个过程,现以图8-31来说明,也作为本章内容的扼要概括。

●第七节 桩基础的施工●

目前,常用的施工方法有钻孔灌注法、挖孔灌注法和预制沉桩法等,下面分别加以介绍。

桩基础施工前应根据已定出的墩台纵横中心轴线直接定出桩基础轴线和各基桩桩位,目前,已普遍应用全站仪直接定位,并设置好固定桩标志或控制桩,以便施工时随时校核。

一、钻孔灌注桩的施工

钻孔灌注桩施工应根据土质、桩径大小、入土深度和机具设备等条件选用适当的钻具和钻孔方法,以保证能顺利达到预计孔深;然后清孔、吊放钢筋笼、灌注水下混凝土。

目前我国常使用的钻具有旋转钻、冲击钻和冲抓钻三种类型。

为稳固孔壁采用孔口埋设护筒和在孔内灌入黏土泥浆,并使孔内液面高出孔外水位,以在孔内形成向外的静压力而起到护壁、固壁作用。现按施工顺序介绍其主要工序如下。

1. 准备工作

1)准备场地

施工前应将场地平整好,以便安装钻架进行钻孔。当墩台位于无水岸滩时钻架位置处应整平夯实,清除杂物,挖换软土。场地有浅水时,宜采用土或草袋围堰筑岛;当场地为深水或陡坡时,可用木桩或钢筋混凝土桩搭设支架,安装施工平台支承钻机(架)。深水中在水流较平稳时,也可将施工平台架设在浮船上,就位锚固稳定后在水上钻孔。水中支架的结构强度、刚度和船只的浮力、稳定都应事前进行验算。

2）埋置护筒

护筒的作用是：①固定钻孔位置；②开始钻孔时对钻头起导向作用；③保护孔口防止孔口土层坍塌；④隔离孔内孔外表层水，并保持钻孔内水位高出施工水位，以产生足够的静水压力稳固孔壁。因此埋置护筒要求稳固、准确。

护筒制作要求坚固、耐用、不易变形、不漏水、装卸方便和能重复使用。一般用木材、薄钢板或钢筋混凝土制成，如图 8-32 所示。护筒内径应比钻头直径稍大，旋转钻需增大 0.1 ~0.2m，冲击或冲抓钻增大0.2 ~0.3m。

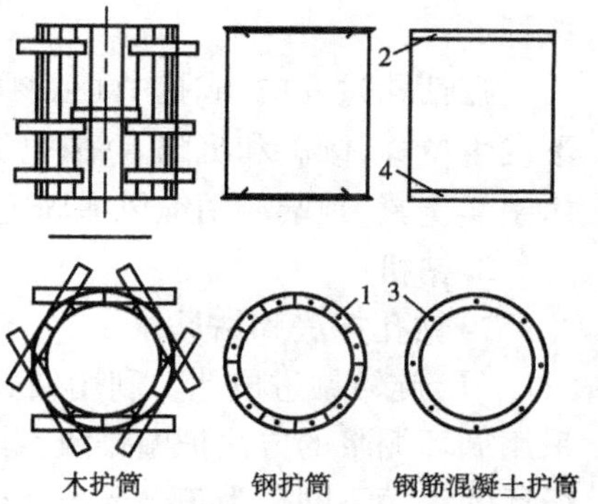

图 8-32 护筒
1-连接螺栓孔；2-连接钢板；3-纵向钢筋；4-连接钢板或刃脚

护筒埋设可采用下埋式［适于旱地埋置，如图 8-33a)］、上埋式［适于旱地或浅水筑岛埋置，如图 8-33b)、图 8-33c)］和下沉埋设［适于深水埋置，如图 8-33d)］。埋置护筒时特别应注意下列几点：

(1)护筒平面位置应埋设正确，偏差不宜大于 50mm。

(2)护筒顶高程应高出地下水位和施工最高水位 1.5 ~2.0m。无水地层钻孔因护壁顶部设有溢浆口，筒顶也应高出地面 0.2 ~0.3m。

(3)护筒底应低于施工最低水位(一般低于0.1 ~0.3m 即可)。深水下沉埋设的护筒应沿导向架借自重、射水、振动或锤击等方法将护筒下沉至稳定深度，入土深度黏性土应达到 0.5 ~1m，砂性土则为 3 ~4m。

(4)下埋式及上埋式护筒挖坑不宜太大(一般比护筒直径大 0.1 ~0.6m)，护筒四周应夯填密实的黏土，护筒应埋置在稳固的黏土层中，否则应换填黏土并夯填密实，其厚度一般为 0.50m。

3）制备泥浆

泥浆在钻孔中的作用是：在孔内产生较大的静水压力，可防止坍孔；泥浆向孔外土层渗漏，孔壁表面形成一层胶泥，具有护壁作用；同时将孔内外水流切断，能稳定孔内水位；泥浆比重大，具有挟带钻渣作用，利于钻渣的排出。因此，在钻孔过程中，孔内应保持一定稠度的泥浆，一般比重以 1.1 ~1.3 为宜，在冲击钻进大卵石层时可用 1.4 以上比重，黏度为 20s，含砂率小于 3%。在较好的黏性土层中钻孔，也可灌入清水，使钻孔时孔内自造泥浆，达到固壁效果。调制泥浆的黏土塑性指数不宜小于 15，粒径大于 0.1mm 的砂粒不宜超过 6%。

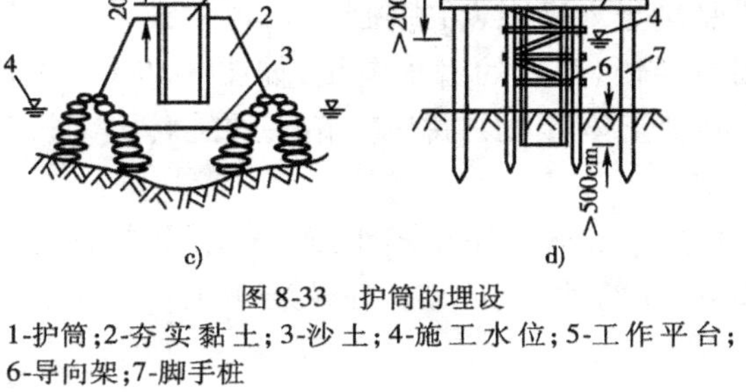

图 8-33 护筒的埋设
1-护筒；2-夯实黏土；3-沙土；4-施工水位；5-工作平台；6-导向架；7-脚手桩

4）安装钻机或钻架

钻架是钻孔、吊放钢筋笼、灌注混凝土的支架。我国生产的定型旋转钻机和冲击钻机都附有定型钻架，其他还有木制的和钢制的四脚架（图 8-34）、三脚架或人字扒杆。

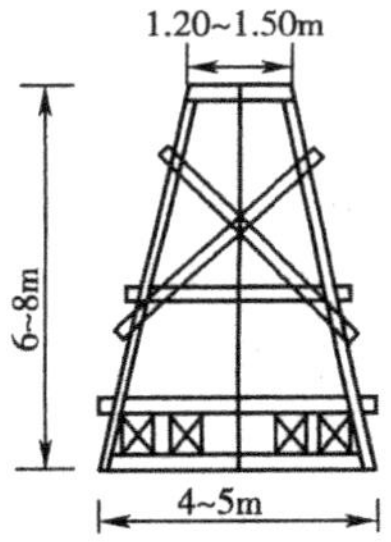

图 8-34　四脚钻架

在钻孔过程中，成孔中心必须对准桩位中心，钻机（架）必须保持平稳，不发生位移、倾斜和沉陷。钻机（架）安装就位时，应详细测量，底座应用枕木垫实塞紧，顶端应用缆风绳固定平稳，并在钻进过程中经常检查。

2. 钻机

1）钻孔方法和钻具

（1）旋转钻进成孔。利用钻具的旋转切削土体钻进，并在钻进的同时采用循环泥浆的方法护壁排渣，继续钻进成孔。我国现用旋转钻机按泥浆循环的程序不同分为正循环与反循环两种。所谓正循环是在钻进的同时，泥浆泵将泥浆压进泥浆笼头，通过钻杆中心从钻头喷入钻孔内，泥浆挟带钻渣沿钻孔上升，从护筒顶部排浆孔排出至沉淀池，钻渣在此沉淀而泥浆仍进入泥浆池循环使用，如图 8-35 所示。

反循环与正循环程序相反，将泥浆用从钻头的钻杆下口吸进，通过钻杆中心排出到沉淀池，泥浆沉淀后再循环使用。反循环钻机的钻进及排渣效率较高，但在接长钻杆时装卸较麻烦，如钻渣粒径超过钻杆内径（一般为 120mm）易堵塞管路，则不宜采用。我国定型生产的旋转钻机在转盘、钻架、动力设备等方面均配套定型，钻头的构造根据土质采用各种形式。

正循环旋转机有鱼尾锥［图 8-36a）］、圆柱形钻头［图 8-36b）］、刺猬钻头［图 8-36c）］等，

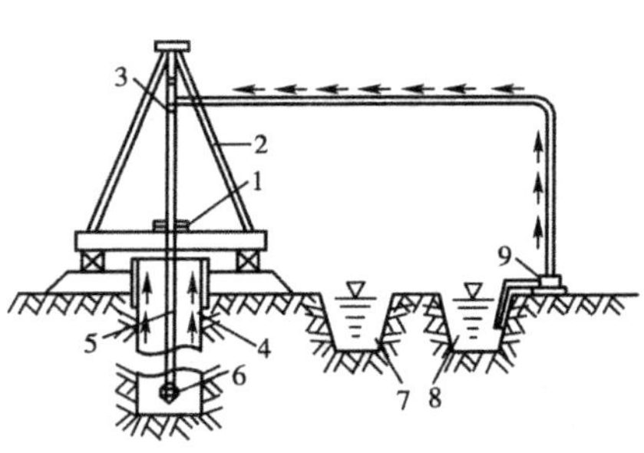
图 8-35　正循环旋转钻孔

1-钻机；2-钻架；3-泥浆笼头；4-护筒；5-钻杆；6-钻头；7-沉淀池；8-泥浆泵；9-泥浆泵

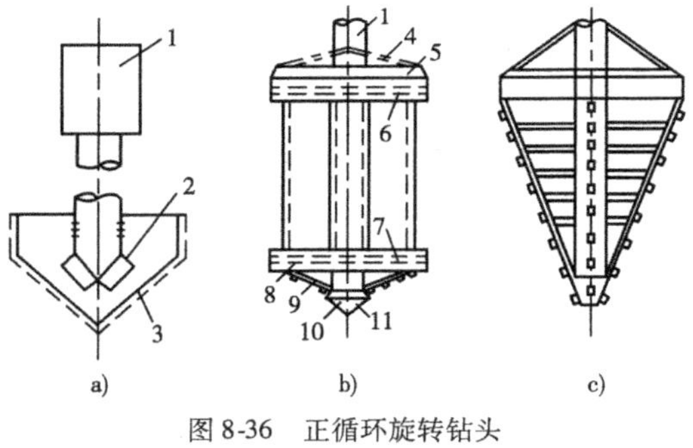

图 8-36　正循环旋转钻头

1-钻杆；2-出浆口；3-刀刃；4-斜撑；5-斜挡板；6-上腰围；7-下腰围；8-耐磨合金钢；9-刮板；10-超前钻；11-出浆口

常用的反循环钻头为三翼空心钻（图 8-37）。旋转钻孔过去采用简易的机具施工，只要配置必要的钻架（图 8-34 所示的钢制或木制钻架）、钻杆、卷扬机和钻头，用人工推钻或机动旋转钻机，钻头一般用大锅锥（图 8-38）。钻孔时旋转锥钻削土入锅，然后提锥出渣，再放锥入孔继续钻进，效率较低，现很少采用。此外，现在也采用更轻便、高效的潜水电钻，如图 8-39 所示，钻孔时钻头旋转刀刃切土，并在端部喷出高速水流冲刷土体，以水力排渣，钻头的旋转电动机及变速装置均经密封后安装在钻头与钻杆之间。

由于旋转钻进成孔的施工方法受到机具和动力的限制，适用于较细、软的土层，如各种塑性状态的黏性土、沙土，夹少量粒径小于 100 ~ 200mm 的砂卵石土层，在软岩中也可使用。这种钻孔方法的深度可达 100mm 以上。

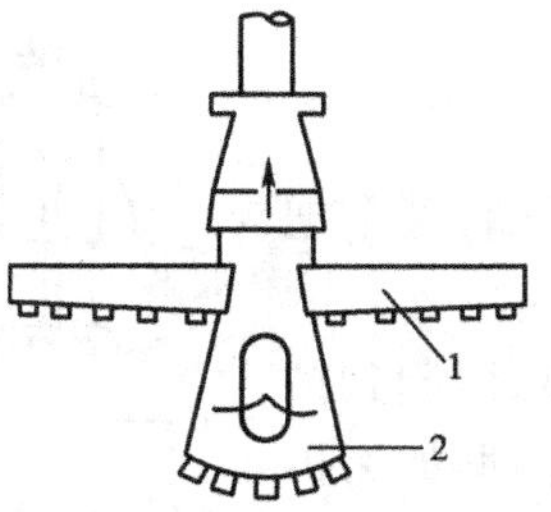

图 8-37 反循环旋转钻头
1-三翼刀板;2-剑尖

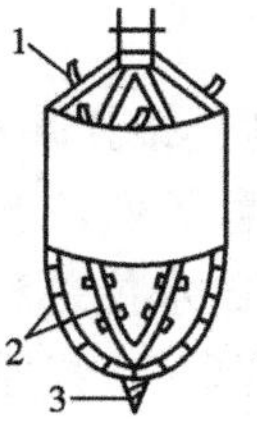

图 8-38 大锅锥
1-扩孔刀;2-切泥刀刃;3-钻尖

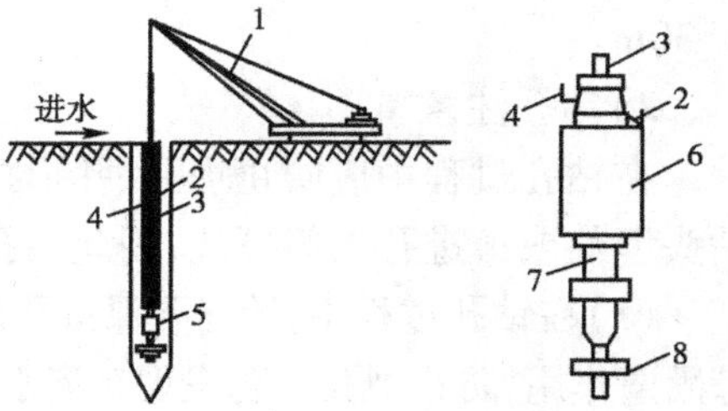

图 8-39 潜水电钻
1-钻机架;2-电缆;3-钻杆;4-进水高压水管;5-潜水电钻头;6-密封电动机;7-密封变速箱;8-钻头母体

(2)冲击钻进成孔。利用钻锥(重为 10 ~ 35kN)不断地提锥、落锥,反复冲击孔底土层,把土层中泥沙、石块挤向四壁或打成碎渣,钻渣悬浮于泥浆中,利用掏渣筒取出,重复上述过程冲击钻进成孔。主要采用的机具有定型的冲击式钻机(包括钻架、动力、起重装置等)、冲击钻头、转向装置和掏渣筒等,也可用 30 ~ 50kN 带离合器的卷扬机配合钢、木钻架及动力组成简易冲击机。

钻头一般是整体铸钢做成的实体钻锥,钻刃为十字形采用高强度耐磨钢材做成,底刃最好不完全平直以加大单位长度上的压重,如图 8-40 所示(图中 $\beta = 70° \sim 90°$,$\varphi = 160° \sim 170°$)。冲击时钻头应有足够的重量、适当的冲程和冲击频率,以使它有足够的能量将岩块打碎。

冲锥每冲击一次旋转一个角度,才能得到圆形的钻孔,因此,在钻头和提升钢丝绳连接处应有转向装置,常用的有合金套或转向环,以保证冲锥的转动,也避免了钢丝绳打结扭断。掏渣筒是用以掏取孔内钻渣的工具,如图 8-41 所示,用厚 30mm 左右钢板制作,下面碗形阀门应与渣筒密合以防止漏水漏浆。

冲击钻孔适用于含有漂卵石,大块石的土层及岩层,也能用于其他土层。成孔深度一般不宜大于 50m。

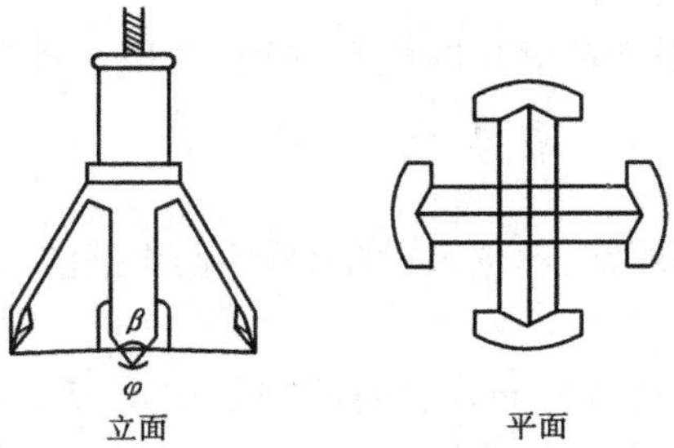

图 8-40 冲击钻锥

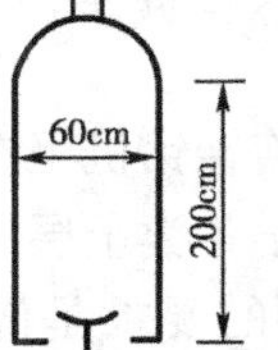

图 8-41 掏渣筒

(3)冲抓钻进成孔。用兼有冲击和抓土作用的抓土瓣,通过钻架,由带离合器的卷扬机操纵,靠冲锥自重(重为 10 ~ 20kN)冲下使抓土瓣锥尖张开插入土层,然后由卷扬机提升锥头收拢抓土瓣将土抓出,弃土后继续冲抓钻进而成孔。

钻锥常采用四瓣或六瓣冲抓锥,其构造如图 8-42 所示。当收紧外套钢丝绳松内套钢丝绳时,内套在自重作用下相对外套下坠,便使锥瓣张开插入土中。

冲抓成孔用于较松或紧密黏性土、砂性土及夹有碎卵石的砂砾土层,成孔深度一般小于30m。

2)钻孔注意事项

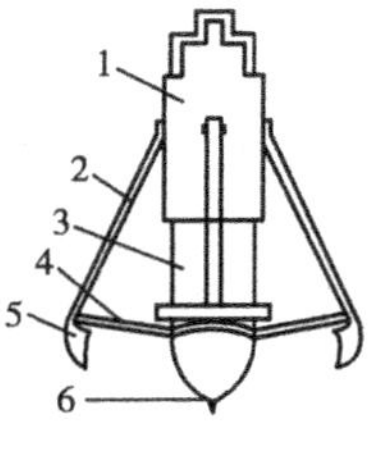

图8-42 冲抓锥
1-外套；2-连杆；3-内套；4-支撑杆；5-叶瓣；6-锥头

在钻孔过程中应防止坍孔、孔形扭歪或孔斜，钻孔漏水、钻杆折断，甚至把钻头埋住或掉进孔内等事故，因此钻孔时应注意下列各点：

(1)在钻孔过程中，始终要保持孔内外既定的水位差和泥浆浓度，以起到护壁固壁作用，防止坍孔。若发现有漏水(漏浆)现象，应找原因及时处理；如为护筒本身漏水或因护筒埋置太浅而发生漏水，应堵塞漏洞或用黏土在护壁周围夯实加固，或重埋护筒；若因孔壁土质松散，泥浆加固孔壁作用较差，应在孔内重新回填黏土，待沉淀后再钻进，以加强泥浆护壁。

(2)在钻孔过程中，应根据土质等情况控制钻进速度、调整泥浆稠度，以防止坍孔及钻孔偏斜、卡钻和旋转钻机负荷超载等情况发生。

(3)钻孔宜一气呵成，不宜中途停钻以避免坍孔，若坍孔严重应回填重钻。

(4)钻孔过程中应加强对桩位、成孔情况的检查工作。终孔时应对桩位、孔径、形状、深度、倾斜度及孔底土质等情况进行检验，合格后立即清孔，吊放钢筋笼，灌注混凝土。

3. 清孔及吊装钢筋笼骨架

清孔目的是除去孔底沉淀的钻渣和泥浆，以保证灌注的钢筋混凝土质量，保证桩的承载力。清孔的方法有以下几种。

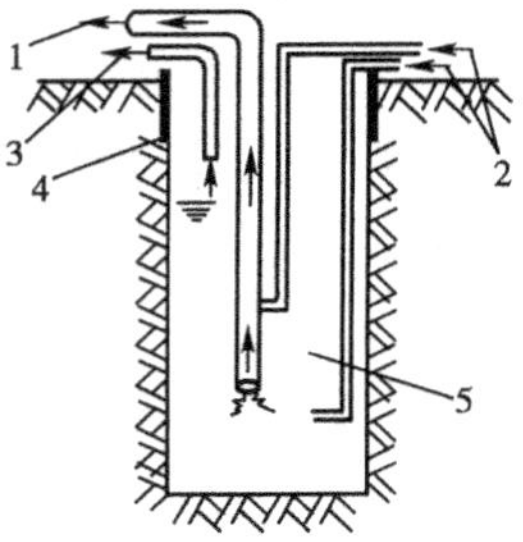

图8-43 抽浆清孔
1-泥浆砂石渣喷出；2-通入压缩空气；3-注入清水；4-护筒；5-孔底沉积物

1)抽浆清孔

用空气吸泥机吸出含钻渣的泥浆而达到清孔。由风管将压缩空气输进排泥管，使泥浆形成密度较小的泥浆空气混合物，在水柱压力下沿排泥管向外排出泥浆和孔底沉渣，同时用水泵向孔内注水，保持水位不变直至喷出清水或沉渣厚度达到设计要求为止，适用于孔壁不易坍塌的各种钻孔方法的端承桩和摩擦桩(图8-43)。

2)掏渣清孔

用掏渣筒或大锅锥掏清孔内粗粒钻渣，适用于冲抓、冲击、简便旋转成孔的摩擦桩。

3)换浆清孔

正、反循环旋转钻机可在钻孔完成后不停钻、不进尺，继续循环换浆清渣，直至达到清理泥浆的要求，适用于各类土层的摩擦桩。

清孔应达到的要求是浇筑混凝土前孔底500 mm以内的泥浆比重应小于1.25、含砂率≤8%、黏度≤28s[见《建筑桩基技术规范》(JGJ 94—94)]。

钻孔桩的钢筋应按设计要求预先焊成钢筋骨架，整体或分段就位，吊入钻孔。钢筋骨架吊放前应检查孔底深度是否符合设计要求；孔壁有无妨碍骨架吊放和正确就位的情况。钢筋骨架吊装可利用钻架或另立扒杆进行。吊放时应避免骨架碰撞孔壁，并保证骨架外混凝土保护层厚度，应随时校正骨架位置。钢筋骨架达到设计高程后，即将骨架牢固定位于孔口，立即灌注混凝土。

4. 灌注水下混凝土

目前我国多采用直升导管法灌注水下混凝上。

1)灌注方法及有关器具

导管法的施工过程如图 8-44 所示。将导管居中插入到离孔底 0.30 ~0.40m(不能插入孔底沉积的泥浆中),导管上口接漏斗,在接口处设隔水栓,以隔绝混凝土与导管内水的接触。在漏斗中储备足够数量的混凝土后,放开隔水栓,储备的混凝土连同隔水栓向孔底猛落,这时孔内水位骤涨外溢,说明混凝土已灌入孔内。若落下有足够数量的混凝土则将导管内水全部压出,并使导管下口埋入孔内混凝土 1 ~1.5m 深,保证钻孔内的水不可能重新流入导管。随着混凝土不断通过漏斗、导管灌入钻孔,钻孔内初期灌注的混凝土及其上面的水或泥浆不断被顶托升高,相应地不断提升导管和拆除导管,这时应保持导管的埋入深度为 2 ~4m,最大不宜大于 4m,拆除导管时间不超过 15min,直至钻孔灌注混凝土完毕。

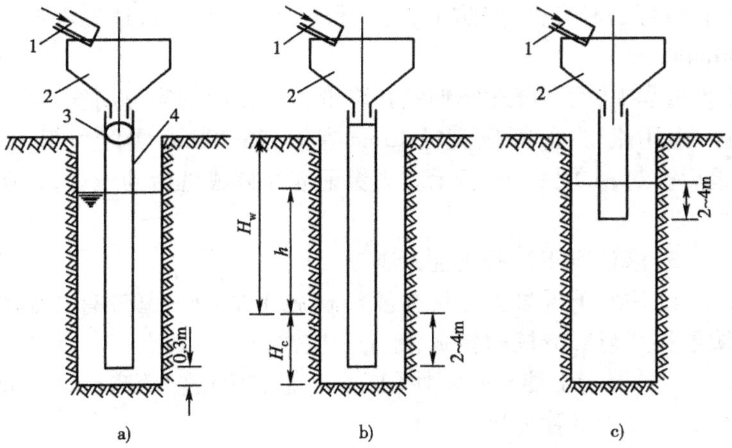

图 8-44　灌注水下混凝土

1-通混凝土储料槽;2-漏斗;3-隔水栓;4-导管

导管是内径 0.20 ~0.40m 的钢管,壁厚 3 ~4m,每节长度为 1 ~2m,最下面一节导管应较长,一般为 3 ~4m。导管两端用法兰盘及螺栓连接,并垫橡皮圈以保证接头不漏水,如图8-45,导管内壁应光滑,内径大小一致,连接牢固,在压力下不漏水。隔水栓过去常用直径较导管内径小 20 ~30mm 的木球、混凝土球、砂袋等,以粗铁丝悬挂在导管上口或近水面处,木球隔水栓如图 8-45 所示,要求能在管内滑动自如不至卡管,现在也有在漏斗与导管接头处设置活门或铁抽板等。

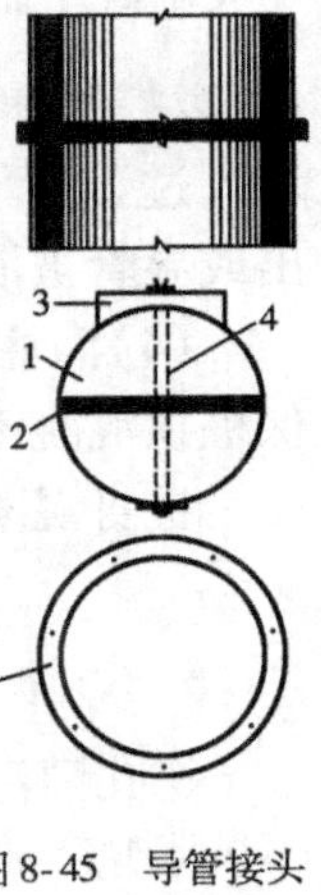

图 8-45　导管接头及木球

1-木球;2-帆布或橡皮垫;3-导向架;4-螺栓;5-法兰盘

为了首批灌注桩的混凝上数量能保证将导管内水全部压出并满足导管初次埋入深度的需要,应计算漏斗应有的最小容量从而确定漏斗的尺寸大小。漏斗和储料槽最小容量(m^3)为[参看图 8-44b)]:

$$V = h_1 \times \frac{\pi d^2}{4} + H_c \times \frac{\pi D^2}{4} \quad (8\text{-}31)$$

式中:H_c——导管初次埋深加开始时导管底离孔底的间距,m;

h_1——孔内混凝土高度达 H_c 时,导管内混凝土柱与导管外水压平衡所需要高度,m,按下式计算:

$$h_1 = H_w \gamma_w / \gamma_c$$

H_w——孔内水面到混凝土面的高度,m;

γ_w、γ_c——孔内水或泥浆、混凝土重度；

d、D——导管、桩孔直径，m；

其余符号意义见图 8-44。

漏斗顶端应比桩顶（桩顶在水面以下时应比水面）高出至少 3m，以保证灌注混凝土最后阶段时，管内混凝土能满足顶托管外混凝土及其上水压或泥浆重量的需要。

2）对混凝土材料的要求

为了保证灌注水下混凝土的质量，混凝土的配合比按设计强度的混凝土强度等级提高 20% 进行设计；混凝土应有必要的流动性，以坍落度表示，宜在 180 ~ 220mm 范围内；每立方米（m^3）混凝土用量不少于 350 kg，水灰比宜用 0.5 ~ 0.6，并可适当提高含砂率（宜采用 40% ~ 50%），使混凝土有较好的和易性；为防卡管，石料尽可能用卵石，适宜粒径为 5 ~ 30mm，最大粒径不应超过 40mm。

在混凝土浇筑过程中，为了随时掌握钻孔内混凝土顶面的实际高度，可用测绳和测深锤直接测定。测深锤一般用锥形锤，锤底直径 15cm 左右，高 20cm，质量为 5kg，外壳可用钢板焊制，内装铁砂配重后密封，如图 8-46 所示。为保证灌注桩成桩后的质量，现在可用超声波法等进行无损检测。

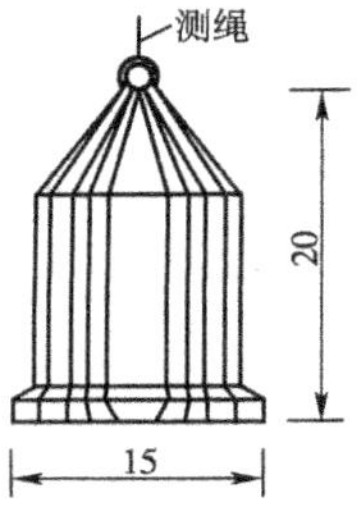

图 8-46　测深锤（尺寸单位：cm）

3）灌注水下混凝土注意事项

灌注水下混凝土是钻孔灌注桩施工最后一道带有关键性的工序，其施工质量将严重影响桩的质量，施工中应注意以下几点：

（1）混凝土拌和必须均匀，尽可能缩短运输距离和减小颠簸，防止混凝土离析而发生卡管事故。

（2）灌注混凝土必须连续作业，一气呵成，避免任何原因的中断灌注，因此，混凝土的搅拌和运输设备应满足连续作业的要求，孔内混凝土上升到接近钢筋笼架底处时应防止钢筋笼架被混凝土顶起。

（3）在灌注过程中，要随时测量和记录孔内混凝土灌注高程和导管入孔长度，以控制和保证导管埋入孔内混凝土有适当的深度，防止导管提升过猛管底提离混凝土面或埋入过浅，而使导管内进水造成断桩夹泥；也要防止导管埋入过深，而造成导管内混凝土压不出或导管被混凝土埋住而不能提升，导致中止浇灌而断桩。

（4）灌注的桩顶高程应比设计值预加一定的高度，此范围内的浮浆和混凝土应凿除，以确保桩顶混凝土的质量，预加高度一般为 0.5m，深桩应酌情增加。

桩身混凝土达到设计强度要求后，按规定检查后方可灌注系梁、盖梁或承台。

二、挖孔灌注桩的施工

挖孔灌注桩适用于无水或少水的较密实的各类土层中，桩的直径（或边长）不宜小于 1.4m，孔深一般不宜超过 20m，挖孔桩施工，必须在保证安全的前提下不间断地快速进行。每一桩孔开挖、提升出土、排水、支撑、立模板、吊装钢筋骨架、灌注混凝土等作业都应事先准备好，紧密配合。

1. 开挖桩孔

一般采用人工开挖，开挖之前应清除现场四周及山坡上悬石、浮土等，排除一切不安全的因素，做好孔口四周临时围护和排水设备。孔口应采取措施防止土石掉入孔内，并安排好排土提升设备（卷扬机或木绞车等），布置好弃土通道，必要时孔口应搭雨棚。

挖孔过程中要随时检查桩孔尺寸和平面位置，防止出现偏差。注意施工安全，下孔人员必须配戴安全帽和安全绳，提取土渣的机具必须经常检查。孔深超过 10m 时，应经常检查孔内二氧化碳浓度，如超过 0.3% 应增加通风措施。孔内如用爆破施工，采用浅眼爆破法，且在炮眼附近要加强支护，以防止震坍孔壁。桩孔较深时，应采用电引爆，爆破后应通风排烟，经检查孔内无毒后施工人员方可下孔继续开挖。

2. 护壁和支撑

挖孔桩开挖过程中，开挖和护壁两个工序，必须连续作业，以确保孔壁不坍。应根据地质、水文条件、材料来源等情况因地制宜选择支撑及护壁方法。桩孔较深，土质较差，出水量较大或遇流沙等情况时，宜采用就地灌注混凝土护壁，如图 8-47a）所示，每下挖 1 ~2m 灌注一次，随挖随支。护壁厚度一般采用 0.15 ~0.20m，混凝土为 C15 ~ C20，必要时可配置少量的钢筋，也可采用下沉预制钢筋混凝土圆管护壁。如土质较松散而渗水量不大时，可考虑用木料作框架式支撑或在木框架后面铺架木板作支撑，如图 8-47b）所示。木框架或木框架与木板间应用扒钉钉牢，木板后面也应与土面塞紧，如土质情况尚好，若渗水不大时也可用荆条、竹笆作护壁，随挖随护壁，以保证挖土安全进行。

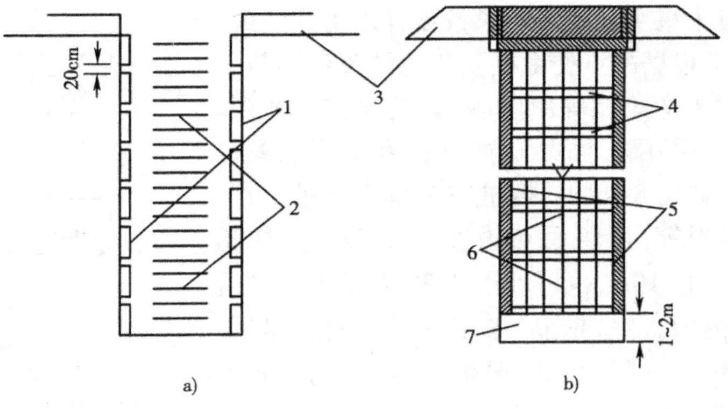

图 8-47　护壁和支撑

1-就地灌注混凝土护壁；2-固定在护壁上供人上下用的钢筋；3-孔口围护；4-木框架支撑；5-支撑木板（满铺或间隔铺）；6-木框架间支撑；7-不设支撑地段

3. 排水

孔内如渗水量不大，可采用人工排水（手摇木绞车或小卷扬机配合提升）；如渗水量较大，可用高扬程抽水机或将抽水机吊入孔内抽水。若同一墩台有几个桩孔同时施工，可以安排一孔超前开挖，使地下水集中在一孔排除。

4. 吊装钢筋骨架及灌注桩身混凝土

孔挖到设计深度后，应检查和处理孔底、孔壁。清除孔壁及孔底浮土，孔底必须平整，符合设计条件及尺寸，以保证桩身混凝土与孔壁及孔底密贴，受力均匀。吊装钢筋骨架及灌注水下混凝土的有关方法及注意事项与钻孔灌注桩基本相同。

挖孔桩在挖孔过深（超过 15 ~20m），或孔壁土质易于坍塌，或渗水量较大的情况下，应慎重考虑，避免不安全事故发生。

三、预制沉桩的施工

1. 桩的预制

钢筋混凝土预制桩分实心桩和空心管桩两种。钢筋混凝土空心管桩制作工艺较复杂，一般采用离心成型法在预制厂制造。实心桩可在预制厂制造，但当工地附近没有预制厂时，从远处工厂将桩运往工地往往不经济，宜在工地选择合适的场地进行预制。这时要注意：

(1)场地布置要紧凑，尽量靠近打桩地点，但地势要考虑到防止被洪水所淹；

(2)地基要平整密实，并应铺设混凝土地坪或专设桩台；

(3)制桩材料的进场路线与成桩运往打桩地点的路线，不应互受干扰。

预制桩的混凝土必须连续一次浇制完成，宜用机械搅拌和振捣，以确保桩的质量。桩上应标明编号、制作日期，并填写制桩记录。桩的混凝土强度必须大于设计强度的70%时，方可吊运；达到设计强度等级时方可使用。

2. 桩的吊运

预制的钢筋混凝土桩由预制场地吊运到桩架内，在起吊、运输、堆放时，都应该按照设计计算的吊点位置起吊(一般吊点应在桩内预埋直径20～25㎜的钢筋吊环，或以油漆在桩身标明)，否则桩身受力情况与计算不符，可能引起桩身混凝土开裂。

预制钢筋混凝土桩主筋是沿桩长按设计内力配置的，吊运时吊点位置，常根据吊点处由桩重产生的负弯矩与吊点间由桩重产生的正弯矩相等原则确定，这样较为经济。一般的桩在吊运时，采用两个吊点，如桩长为L，吊点离每端距离为$0.207L$，如图8-48a)，插桩时为单点起吊，为了使桩内正、负弯矩相等，可将吊点设在$0.293L$处，如图8-48b)，如桩长不超过10m，也可利用$0.207L$吊点。吊运较长的桩，为减少内力，节省钢筋，采用三点或四点起吊，吊点的布置如图8-48c)所示。根据相应的弯矩值，即可进行桩身配筋，或验算其吊运时的强度。

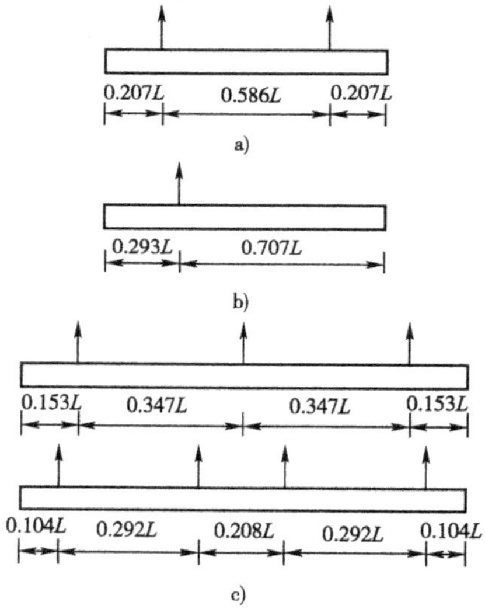

图8-48 吊点布置

3. 预制桩的施工方法

1)打入法

打入法是靠桩锤的冲击能量将桩打入土中，因此桩径不能太大(在一般土质中桩径不大于0.6m)，桩的入土深度也不宜太深(在一般土质中不超过40m，否则打桩设备要求较高，而打桩效率很差。打入桩所用的基桩主要为预制的钢筋混凝土桩或预应力钢筋混凝土桩。打入桩常用的设备是桩锤和桩架。此外，还有射水装置、桩帽和送桩等辅助设备。

(1)桩锤。常用的桩锤有坠锤、单动汽锤、双动汽锤、柴油锤及液压汽垫锤等几种。

坠锤是最简单的桩锤，它是由铸铁或其他材料做成的锥形或柱形重块，重2～20kN，用绳索或钢丝绳通过吊钩由人力或卷扬机沿桩架导杆提升1～2m，然后使锤自由落下锤击桩顶，如图8-49所示。此法打桩效率低，每分钟仅能打数次，但设备较简单，适用于小型工程中打木桩或小直径的钢筋混凝土预制桩。

单动汽锤、双动汽锤是利用蒸汽或压缩空气将桩锤在桩架内顶起、下落、锤击基桩，单动汽锤如图 8-50a）所示，锤重 10 ~ 100kN，每分钟冲击 20 ~ 40 次，冲程 1.5m左右；双动汽锤重 3 ~ 10kN，每分钟冲击 100 ~ 300 次，冲程数百毫米，打桩效率高。单动汽锤适用于打钢桩和钢筋混凝土实心桩，双动汽锤冲击频率高，一次冲击动能较小，适用于打较轻的钢筋混凝土桩或钢板桩，它除了打桩还可以拔桩。

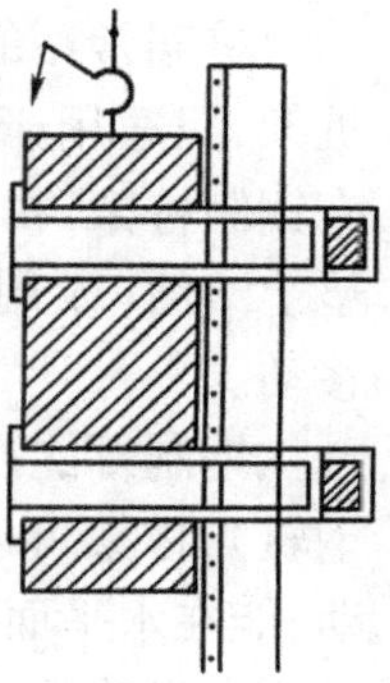

图 8-49 坠锤

柴油锤实际上是一个柴油汽缸，工作原理同柴油机，利用柴油在汽缸内压缩发热点燃而爆炸将汽缸沿导向杆顶起，下落时锤击桩顶，如图 8-50b）所示。柴油锤不需要汽锤那样笨重的桩架和动力设备，但冲击能量较低，国内常用的各种锤重 6 ~ 35kN，每分钟冲击 50 ~ 60 次，冲程 1m 左右，常用来打较轻型的钢筋混凝土桩。国内少数工程采用重型柴油锤，锤重达 70kN，可打钢桩或钢筋混凝土桩。

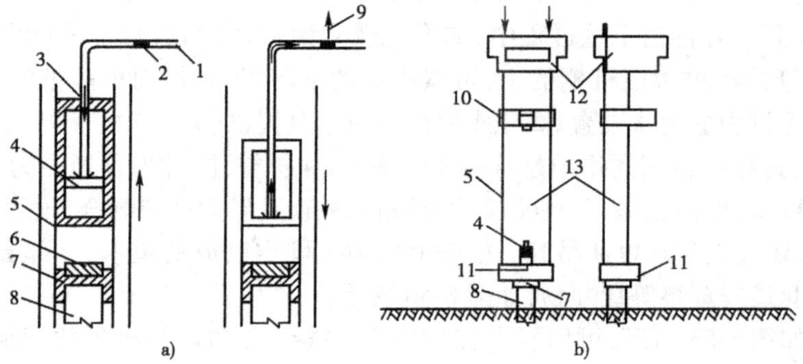

图 8-50 单动汽锤

1-输入高压蒸汽；2-汽阀；3-外壳；4-活塞；5-导向杆；6-垫木；7-桩帽；8-桩；9-排气；10-外缸体；11-油泵；12-顶帽；13-导杆

另外施工中还应考虑防音罩，从能准确地获得桩的承载力看，锤击法是一种较为优越的施工方法，但因噪声高，故在市区内难以采用。防音罩是为了防止噪声，用它将整个柴油锤包裹起来，可达到防止噪声扩散和油烟发散的目的。

打入桩施工时，应适当选择桩锤重量，桩锤过轻桩难以打下，效率太低，还可能将桩头打坏，所以一般认为应重锤轻打，但桩锤过重，则各机具、动力设备都需加大，不经济。锤重与桩重的比值一般不宜小于表 8-22 的参考数值。

锤重与桩重的比值　　表 8-22

锤类 / 土状态 / 桩类别	单动汽锤		双动汽锤		柴油锤		坠锤	
	硬土	软土	硬土	软土	硬土	软土	硬土	软土
钢筋混凝土桩	1.4	0.4	1.8	0.6	1.5	1.0	1.5	0.35
木　桩	3.0	2.0	2.5	1.5	3.5	2.5	4.0	2.0
钢　桩	2.0	0.7	2.5	1.5	2.5	2.0	2.0	1.0

(2)桩架。桩架的作用是装吊桩锤、插桩、打桩、控制桩锤的上下方向，由导杆（又称龙门，控制锤和桩在打桩时的上下和打入方向）、起吊设备（滑轮、绞车、动力设备等）、撑架（支撑导杆）及底盘（承托以上设备）等组成。桩架在结构上必须有足够强度、刚度和稳定性，保证在打桩过程中的动力作用下桩架不会发生移动和变位。桩架的高度应保证桩吊立就位时的需要冲程及锤击的必要冲程。

桩架常用的有木桩架和钢桩架,如图 8-51 所示的木桩架,只适用于坠锤或小型的单动汽锤。柴油锤本身带有钢制桩架,由型钢组成。桩移动时可在底盘托板下面垫上滚筒,或用轮子和钢轨等方式,利用动力装置牵引移动。

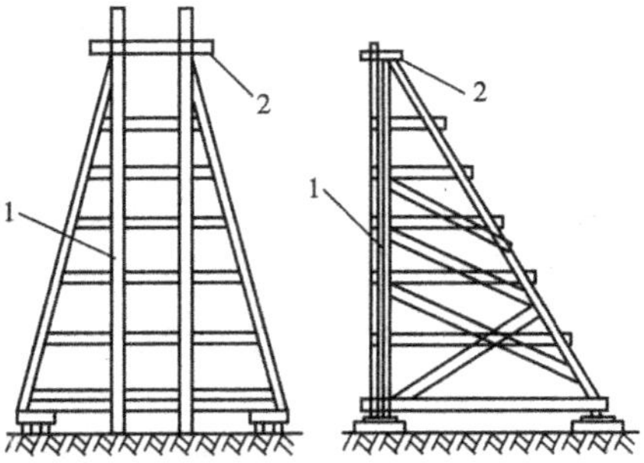

图 8-51 桩架
1-导杆;2-风缆

钢制万能打桩架的底盘带有转台和车轮(下面铺设钢轨),撑架可以调整导向杆的斜度,因此,它能沿轨道移动,能在水平面作 360°旋转,也能打斜桩,施工很方便,但桩架本身笨重,拆装运输较困难。

在水中的墩台桩基础,应先打好水中支架桩(小型的钢筋混凝土桩或木桩),上面搭设打桩工作平台,当水中墩台较多或河水较深时,也可采用船上打桩架施工。

(3)射水装置。在锤击沉桩过程中,如下沉遇到困难,可用射水方法助沉,因为利用高压水流通过射水管冲刷桩端或桩侧的土,可减小桩的下沉阻力,从而提高桩的下沉效率。如图 8-52 为设置于管桩中的射水装置,高压水流由高压水泵提供。

(4)桩帽与送桩。桩帽的作用是直接承受锤击、保护桩顶,并保证锤击力作用于桩的断面中心。因此,要求桩帽构造坚固,桩帽尺寸与锤底、桩顶及导向杆相吻合,顶面与底面均平整且与中轴线垂直,还应设耳环以便吊起。桩帽上部为由硬木制成的垫木,下部套在桩顶上,桩帽与桩顶间宜填麻袋或草垫等缓冲物,如图 8-50 所示。

送桩构造如图 8-53 所示,可用硬木、钢或钢筋混凝土制成。当桩顶位于水下或地面以下,或打桩机位置较高时,可用一定长度的送桩套联在桩顶上,就可使桩顶沉到设计高程。送桩长度应按实际需要确定,为施工方便,应多备几根不同长度的送桩。

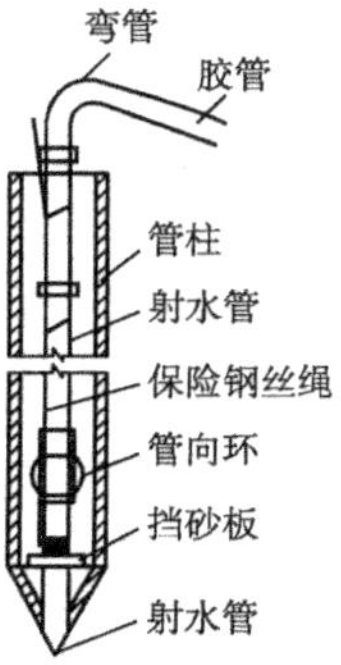

图 8-52 管桩中的射水装置

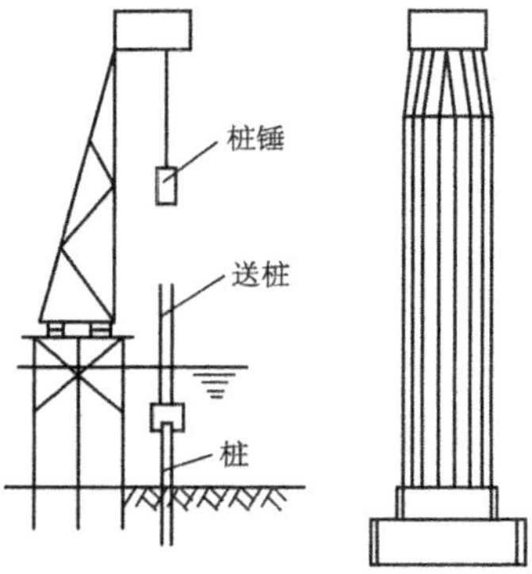

图 8-53 送桩

(5)打桩过程注意事项。

①为了避免或减轻打桩时由于土的挤压,使后打桩打入困难或先打入的桩被推挤而发生移动,打桩的顺序应由基础的一端向另一端进行,当桩基础平面尺寸较大时,也可由中间向两端进行。

②在打桩前,应检查锤的上下活动中心线与桩的中心线是否一致,锤的重心与桩中心线是

否一致，桩位是否正确，桩的垂直度或倾斜度是否符合设计要求，打桩架是否安置牢固平稳。桩顶应采用桩帽、桩垫保护，以免打裂。

③桩开始打入时，应轻击慢打，每次的锤击能不宜过大，随着桩的打入，逐渐增大锤击的冲击能量。

④在打桩过程中，随着桩入土深度的增加，每次锤击的贯入度将随之减小，它在一定程度上能反映出桩的承载能力，因此在打桩时，应记录好桩的贯入度，作为桩是否达到设计要求的一个参考数据。对于特大桥梁和地质复杂的大、中桥，打桩工程开始前应进行试桩和静载试验，以确定基桩的入土深度及贯入度，保证基桩具有设计的承载能力。

⑤打桩过程中应随时注意观测打入情况，防止基桩的偏移，并填写好打桩记录。打桩时往往会因桩锤重量配备不妥，锤提升高度不当或地质情况的变化而发生，如：桩身突然倾斜；锤击时锤严重回弹；桩的贯入度突然变化；或桩头破损、桩身产生裂缝等情况。此时应暂停打桩查明原因，采取措施（如：用射水沉桩法配合锤击；改变打桩设备；加固桩身等）后方可继续施工。

打桩完毕按规定检查后，方可灌注承台。

2）振动法

振动法是用振动打桩机（振动桩锤）将桩打入土中的施工方法。其原理是由振动打桩机使桩产生上下方向的振动，在清除桩与周围土层间摩擦力的同时使桩端地基松动，从而使桩贯入或拔出。

桥梁基础采用管柱基础时，直径大，重量也大，特别适宜用振动法沉桩。振动法沉桩的主要设备是振动打桩机，它是前苏联在20世纪40年代首创。1954年我国武汉长江大桥首次应用，在南京长江大桥时已经发展到激振力为500t的振动打桩机。现在日本是世界上制造振动打桩机最多的国家。

振动法施工不仅可有效地用于打桩，也可用以拔桩；虽然是振动下沉，但噪声较小；在砂性土中最有效，硬地基中难以打进；施工速度快；不会损坏桩头；不用导向架也能打进；移位操作方便；需要的电源功率大。

振动桩锤的重量（或振动力）与桩打进能力的关系是：桩的断面大和桩身长者，桩锤重量应大；随地基的硬度加大，桩锤的重量也应增大；振动力大则桩的贯入速度快。

3）射水法

射水法是利用小孔喷嘴以300～500kPa的压力喷射水，使桩端和桩周围土松动的同时，桩受自重作用而下沉的方法。它极少单独使用，常与锤击和振动法联合使用。当射水沉桩到距设计高程尚差1～1.5m时，停止射水，用锤击或振动恢复其承载力。这种施工方法对黏性土、砂性土都可适用，在细砂土层中特别有效。

射水沉桩的特点是：对较小尺寸的桩不会损坏；施工时噪声和振动极小。

4）压入法

在软土地基中，用液压千斤顶或桩头加重物以施加顶进力将桩压入土层中的施工方法称为压入法。其特点为：施工时产生的噪声和振动较小；桩头不易损坏；桩在贯入时相当于给桩做静载试验，故可准确知道桩的承载力；压入法不仅可用于竖直桩，而且可用于斜桩和水平桩；但机械的拼装移动等均需要较多的时间。

四、桩基础施工中常见事故预防及处理措施

1. 灌注桩施工中常见事故预防及处理措施

灌注桩施工中常见事故主要是坍孔和桩中夹泥和断裂。此外还可能出现弯孔、斜孔、缩孔、梅花孔、卡钻和掉钻等现象，也应预防。万一出现这些情况，均应及时处理，分述如下。

1）坍孔

（1）现象。在钻孔和清孔过程中，常易发生坍孔，特别是砂性土地基。其迹象是孔内水位骤然降落，并冒细密水泡，长时间钻进深度很小，钻机负荷显著增加，甚至锥头运转不起来。

（2）原因分析。

①护筒埋置太浅，周围封填不密实而漏水。

②操作不当，如提升钻头。冲击（抓）锥或掏渣筒倾倒或放钢筋骨架时碰撞孔壁。

③泥浆稠度小，起不到护壁作用。

④泥浆水位高度不够，对孔壁压力小。

⑤向孔内加水时流速过大，直接冲刷孔壁。

⑥在松软砂层中钻进，进尺太快。

（3）预防与处理措施。

①孔口坍塌时，可拆除护筒，回填钻孔、重新埋设护筒再钻。

②轻度坍孔，可加大泥浆相对密度和提高水位。

③严重坍孔，用黏土泥膏（或纤维素）投入，待孔壁稳定后采用低速钻进。

④汛期或潮汐地区水位变化大时，应采取升高护筒，增加水头或用虹吸管等措施保证水头相对稳定。

⑤提升钻头、下钢筋笼架保持垂直，尽量不要碰撞孔壁。

⑥在松软砂层钻进时，应控制进尺速度，且用较好泥浆护壁。

⑦坍塌情况不严重时，可回填至坍孔位置以上 1 ~ 2m，加大泥浆比重继续钻进。

⑧遇流沙坍孔情况严重，可用沙夹黏土或小砾石夹黏上，甚至块片石加水泥回填，再行钻进。

2）钻孔偏斜

（1）现象。在造孔过程中要经常用检孔器吊入孔内检查。检孔器可用较粗钢筋焊成圆笼状，其外径等于桩的设计孔径，长为直径的 4 ~ 6 倍。当检孔器不能沉到已钻的深度或发现钻杆倾斜、吊绳偏移护筒中心，或锥头上提困难、转动不灵等情况，应考虑可能发生弯孔、缩孔和梅花孔等现象，如图 8-54 所示。

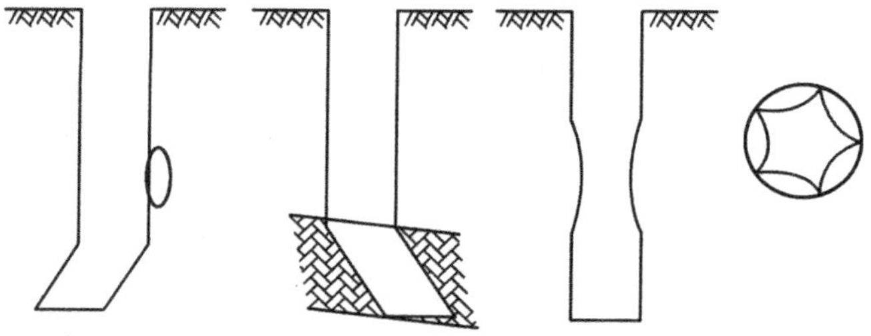

图 8-54　钻孔偏斜现象

(2)原因分析。

①桩架不稳,钻杆导架不垂直,钻机磨耗,部件松动;

②上层软硬不匀,致使钻头受力不匀;

③钻孔中遇有较大孤石或探头石;

④扩孔较大处,钻头摆偏向一方;

⑤钻杆弯曲,接头不正。

(3)预防与处理措施。

①将桩架重新安装牢固,并对导架进行水平和垂直校正,检修钻孔设备;

②偏斜过大时,填入石子黏土,重新钻进,控制钻速,慢速提升、下降,往复扫孔纠正;

③如有探头石,宜用钻机钻透,用冲孔机时用低锤击密,把石打碎,基岩倾斜时,可用混凝土填平,待凝固后再钻。

3)卡钻

(1)原因分析。

①孔内出现梅花孔、探头石、缩孔等未及时处理;

②钻头被坍孔落下的石块或误落入孔内的大工具卡住;

③入孔较深的钢护筒倾斜或下端被钻头撞击严重变形;

④钻头尺寸不统一,焊补的钻头过大;

⑤下钻头太猛,或吊绳太长,使钻头倾斜卡在孔壁上。

(2)预防与处理措施。

①对于向下能活动的上卡可用上下提升法,即上下提动钻头,并配以将钢丝绳左右拔移,旋转的方法;

②上卡时还可用小钻头冲击法;

③对于下卡和不能活动的上卡,可采用强提法,即除用钻机上卷扬机提拉外,还采用滑车组、杠杆、千斤顶等设备强提。

4)掉钻

(1)原因分析。

①卡钻时强提强拉、操作不当,使钢丝绳或钻杆疲劳断裂;

②钻杆接头不良或滑丝;

③马达接线错误,使不应反转的钻机反转钻杆松脱。

(2)预防与处理措施。

①卡钻时应设有保护绳才准强提,严防钻头空打;

②经常检查钻具、钻杆、钢丝绳和连接装置;

③掉钻后可采用打捞叉、打捞钩、打捞活套、偏钩和钻锥平钩等工具打捞。

5)桩中夹泥或断裂

(1)原因分析。

①在灌注水下混凝土中,如导管提升过快,以致其下口拔离钻孔中的混凝土面,则将使桩中夹泥;

②当一个桩孔未能保证混凝土的连续浇筑,两次浇筑之间的时间相隔较长时,由于孔中混

凝土表面已凝固，而使桩身在该处断裂。

(2)预防与处理措施。拔起导管，在已灌注的混凝土中，钻一个较小直径的钻孔，并另插一个较小的钢筋笼，重新用导管灌注混凝土，如图8-55所示。

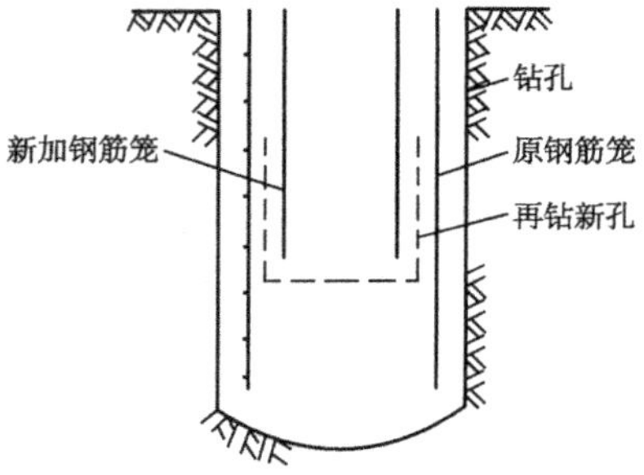

图8-55 断桩的补救措施

2. 预制桩施工中常见事故预防及处理措施

1)桩顶破损

(1)原因分析。

①桩顶部分混凝土质量差，强度低；

②锤击偏心，即桩顶面与桩轴线不垂直，锤与桩面不垂直；

③未安置桩帽或帽内无缓冲垫或缓冲垫不良没有及时调换；

④遇坚硬土层，或中途停歇后土质恢复，阻力增大，用重锤猛打所致。

(2)预防及处理措施。

①加强桩预制、装、运的管理，确保桩的质量要求；

②施工中及时纠正桩位，使锤击力顺桩轴方向；

③采用合适桩帽，并及时调换缓冲垫；

④正确选用合适桩锤，且施工时每桩要一气呵成。

2)桩身破裂

(1)原因分析。

①桩质量不符合设计要求；

②装卸中吊装时吊点或支点不符合规定，悬臂过长或中跨过多所致；

③打桩时，桩的自由长度过大，产生较大纵向挠曲和振动；

④锤击或振动过甚。

(2)预防及处理措施。

①加强预制、装、运、卸管理；

②木桩可用8号镀锌铁丝捆绕加强；

③当混凝土桩的破裂位于水上部位时，用钢夹箍加螺栓拉紧焊接补强加固；当位于水中部位时用套筒横板浇筑混凝土加固补强；

④适当减小桩锤落距或降低锤击频率。

3)桩身扭转或位移

(1)原因分析。桩端制造不对称，或桩身有弯曲。

(2)预防与处理措施。用棍撬、慢锤低击纠正；偏心不大，可不处理。

4)桩身倾斜或位移

(1)原因分析。

①桩头不平，桩端倾斜过大；

②桩接头破坏；

③一侧遇石块等障碍物，土层有陡的倾斜角；

④桩帽桩身不在一条直线上。

(2)预防与处理措施。

①偏差过大,应拔出移位再打;

②入土深小于1m,偏差不大时,可利用木架顶正,再慢锤打入;

③障碍物如不深时,可挖除回填后再继续沉桩。

5)桩涌起

(1)原因分析。桩在较厚软土上或遇流沙现象。

(2)预防及处理措施。应选择涌起量较大桩做静载试验,如合格可不再复打,如不合格,进行复打或重打。

6)桩急剧下沉,有时随着发生倾斜或移位

(1)原因分析。

①遇软土层、土洞;

②接头破裂或桩端劈裂;

③桩身弯曲或有严重的横向裂缝;

④落锤过高,接桩不垂直。

(2)预防及处理措施。

①应暂停沉桩,查明情况,再决定处理措施;

②如不能查明时,可将桩拔起,检查、改正、重打,或在靠近原桩位作补桩处理。

7)桩贯入度突然减小

(1)原因分析。

①桩由软土层进入硬土层;

②桩端遇到石块等障碍物。

(2)预防与处理措施。

①查明原因,不能硬打;

②改用能量较大桩锤;

③配合射水沉桩。

8)桩不易沉入或达不到设计高程

(1)原因分析。

①遇旧埋设物、坚硬土夹层或砂夹层;

②打桩间歇时间过长,摩阻力增大;

③定错桩位。

(2)预防及处理措施。

①遇障碍或硬土层,用钻孔机钻透后再复打;

②根据地质资料正确确定桩长,如确实已达要求时,可将桩头截除。

9)桩身跳动,桩锤回弹

(1)原因分析。

①桩端遇障碍物,如树根或坚硬土层;

②桩身过曲,接桩过长;

③落锤过高;

④冻土地区沉桩困难。

(2)预防与处理措施。

①检查原因,穿过或避开障碍物;

②如入土不深,应将桩拔起避开或换桩重打;

③应先将冻土挖除或解冻后进行。如用电热解冻,应在切断电源后沉桩。

五、深水桩、斜桩和长桩施工要点

1.深水钻孔桩的施工

1)深水钻孔施工方法

在深水中进行钻孔桩施工,其方法主要有:搭设支架法,船上钻孔法,钢板桩围堰法,浮动薄壳沉井法和木排钻孔法等,其中以前面两种较为常用。

(1)搭设支架法。在深水中墩(台)的位置,打若干根露出水面的木桩或钢筋混凝土桩作为支架桩,将各桩通过支架连接起来,并在桩顶设置纵、横梁和木板,在水面上造成一个工作平台。在平台上搭设吊装钻孔钻架,安装钻机并埋设护筒后,就可进行钻孔施工。吊钢筋笼骨架和灌注水下混凝土的工作也在工作平台上进行,甚至可将工作平台作为承台和墩身的模板支撑,完成整个水中桥墩的施工。

(2)船上钻孔法。用船只拼装钻孔施工工作平台,常在较深水位处施工。

①钻船的拼装。钻船大小应根据水流情况、工作平台尺寸和需要的载重决定。按钻架和钻孔操作要求定好两只船的间距后,用钢丝绳绕过船底将两船连成整体,在船上搭工作台,安装钻架,即可将船浮运至墩位处施工。

②钻船定位。钻船在墩位处前后左右四个方向都应抛锚定位。在流速较大和有风浪的河流,上游方向应增设两道主锚,以免钻船受水流和风的影响移位。先抛设主锚再设其他锚,用仪器观测、指挥逐步定位。钻船就位后,每天应有专人负责检查位置。在有潮汐和通航的河流上,应根据它们的影响随时检查校核船位。钻机安装在钻船工作平台上操作,其方法基本与岸滩上钻孔相同。

③埋设护筒。护筒的埋设与孔位处的地质情况和水深条件有关,在土质地基中将护筒压入土中,各节护筒接头要垫好橡皮圈防止漏水;在岩面覆盖层不深的地基中钻孔时,用抓斗清除覆盖层后设置护筒,护筒的两半和上下节均用螺栓连接,接缝都加橡皮或油毛毡。以上两种情况护筒内顶面都应高出施工水位0.5m。

2)深水钻孔桩混凝土的灌注

深水钻孔桩一般采用高承台方式,河底以下的混凝土与岸滩上水下混凝土施工相同,不再赘述。河底以上的桩身和承台因位于水中,故另需要一些辅助措施,其主要辅助施工方法有:

(1)设置水中桩身模板。用钻孔前埋设的钢筋混凝土护筒作为水中模板,在护筒内灌注混凝土出水面,护筒作为桩的一部分,不再拆除,水中桩身与河底下的桩身不同直径。为了节省护筒,避免水中桩身与河底下桩身不同直径的缺点,使深水桩既节省混凝土数量,又是同一直径,可采用如下方法处理:钢筋混凝土护筒内放蔑笼作内模;钢护筒内设木模;钢护筒内壁贴油毛毡并涂油。

(2)设置混凝土拌和站。灌注水中钻孔桩混凝土,一般设水上混凝土工厂,并将拌和船靠近灌注平台,使拌制的混凝土迅速地灌注到孔内,避免混凝上在运输中砂石离析。如果墩台距岸边不远或岸边水浅不便设置拌和船时,可在岸上设拌和站,搭便桥运送混凝土。

2. 斜桩的施工

斜桩选用反循环钻机钻斜孔,许多工序与直孔施工相同,所差只是斜度设置方法。钻斜孔时除采用斜钻架外,也可用竖直钻架调整成不同的斜度。钻斜孔时钻头与钻直孔相同,钻杆为了防止扭断,在每节钻杆两端焊加劲钢板。为了保证按要求的斜度钻进,钻杆外周设一个长1.5~2.5m的导向筒。钻机操作方法与钻直孔相同,钻进慢坍孔机会增多,故钻杆转速一般为18~28rad/min。

钢筋骨架在斜孔内会向孔的前壁陷进,所以就位时应有导向设备,且骨架的主筋末端处宜焊一圈箍筋,以利它沿导向架下滑至设计位置。导管下放时应注意控制位置,可采用钢筋笼骨架上设置弧形托或在导管上设导向器使导管准确地到达灌注位置,然后按直桩混凝土灌注方法进行混凝土的灌注。斜孔钻孔桩施工应严格控制斜孔的偏差,防止坍孔。严格检查斜钻孔桩的施工质量。

3. 长桩的施工

现代常常需要修建大跨径桥梁,为了适应现代桥梁承载力的要求使得钻孔桩的长度和直径方面有了新的发展,施工使用长桩方案与沉井、管柱基础方案比较,有结构简单、经济、施工快速方便等特点,但长桩施工较困难,由于钻孔过程时间较长,出现事故的机率相对增多,且灌注混凝土的数量较大,对施工技术要求严格,所以施工前必须有充分的准备,加强技术和质量方面的岗位责任制,确保长桩施工质量。

长桩施工工序和一般钻孔桩施工相同,操作方法也大致相同。但它的施工工艺要求高,故长桩施工中,对钻孔机械的选择、灌注水下混凝土设备的设置应特别注意,关键是在保证质量的前提下如何提高速度问题。如施工水位较深时可按深水桩基础处理。

1)钻孔机械的选择

长桩多在普通土质中因冲刷较深、设计荷载较大而被采用。所以采用正、反循环钻机造孔最为合适,它的钻进速度比冲击、冲抓法快,使用效果也比较好。

2)钻杆的选择

钻杆是由钻头传递动力并进行钻进的主要受力部件,钻机虽然是定型产品,它的钻杆不一定符合长桩施工使用,故有时施工单位需要自己配制钻杆。一般来说钻杆的受力状态是比较复杂的,上部受拉,下部受压,同时还存在受弯和受扭作用,选择钻杆时应对上述三种受力情况同时加以考虑。

3)泥浆泵的选择

泥浆泵选择的要点是确定需要的流量和泵压。对大直径的钻孔来说,流量是主要因素,如果流量不足,钻进效率不仅降低,而且还会发生故障,长桩施工中泵压也是应该验算的一个因素。

4)长桩施工注意事项

长桩钻孔时使用旋转钻机,施工上大致与旋转钻孔桩操作相同,施工中值得注意的问题如下:选用较好的钻头形式,要求它钻进速度快,导向性能好,使之加快施工进度并避免斜孔现象;保持钻孔的垂直度;减少孔底沉淀层厚度;在硬土层采用扩孔的方法钻进,先用小孔径的钻头钻进，后用大孔径的钻头扩钻，这样不但减轻钻机负荷，而且减少钻具的激烈跳动，提高钻孔正常运转率；长桩水下大数量的混凝土应快速灌注，做好各项准备工作，一气呵成；检查钻孔平面位置、地质情况、桩径、桩的垂直度、孔底沉淀层厚度以及桩长度。

复习思考题

1. 什么情况下可选用桩基础？它有哪些优点？
2. 何谓端承桩？何谓摩擦桩？它们的作用有什么不同？
3. 确定单桩轴向承载力容许值应从哪两方面考虑？
4. 按土对桩的阻力确定单桩轴向承载力容许值的方法有哪几种？如何确定和计算？
5. 何谓贯入度？动力公式中为什么要用复打时的贯入度值？
6. 什么叫地基系数？目前有哪几种确定地基系数的方法？其假定的分布图形是怎样的？
7. 为什么计算桩侧土的横向抗力要用桩的计算宽度？确定计算宽度时，考虑了哪几方面的因素？
8. 何谓刚性构件与弹性构件？如何判别？
9. 单桩基础中包括哪些计算步骤和内容？
10. 多排桩基础中各桩的桩顶受力作用用什么方法求解？要采取哪些主要步骤？
11. 试说明桩顶刚度系数的物理意义。
12. 如何求算高承台底面中心的变位？
13. 承台埋入土中的桩基础，如何考虑承台侧面土的横向拉力的影响？如何求算其底面中的变位？
14. 多排桩受力计算包括哪些具体步骤？
15. 预制桩吊运时如何考虑桩的强度？
16. 桩作为受力构件与一般压杆有什么区别？其计算长度 l_p 怎样计算？
17. 桩基础在验算单桩受力以后，为什么还要进行整体验算？如何验算？
18. 桩基础的设计计算包括哪些步骤？
19. 预制桩基础施工有哪些主要施工工序？如何选择桩锤？
20. 就地灌注桩的钻孔方法有哪几种？各种方法的适应性如何？
21. 用水下混凝土灌注钻孔桩的施工程序有哪些？施工中要注意哪些问题？
22. 钻孔中常见的事故有哪些？如何预防和处理？

第九章 沉井基础

教学要求

1. 解释沉井基础的有关概念及实用性；
2. 描述沉井基础的分类与特点；
3. 描述沉井的构造及作用；
4. 描述沉井的施工方法及施工中的常见问题。

●第一节 概 述●

沉井基础是实体深基础的一种，由于施工中不需要很复杂的机械设备，施工技术也较简单，所以目前在一定条件下，仍常选用这种基础。

沉井是一个无底无盖的井状结构物，常用水泥混凝土或钢筋混凝土先在建筑地点预制好，然后在井孔内不断挖土，井体即可借自重克服外壁与土的摩阻力而不断下沉，故称“沉井”。在下沉过程中，沉井作为坑壁围护结构，起挡土、挡水作用；当沉井沉至设计高程，并经过封底、填芯以后，又作为桥梁墩台的基础，如图 9-1 所示。所以沉井既是一种施工方法，又可以说是一种深基础形式。

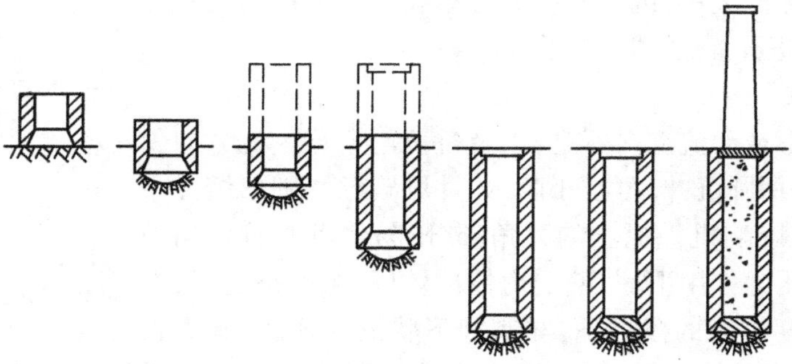

图 9-1 沉井施工

a）制作沉井；b）挖土下沉；c）接高沉井；d）继续挖土下沉和接高；e）清基；f）封底；g）填芯浇筑盖扳

当墩台承受荷载较大，要求地基承载力较高，而地面下却被较厚的软土所覆盖时，或者河水很深，坚硬土层上软土覆盖层很浅，虽也可用天然地基土的浅基础，但围堰、排水、基坑开挖等工程量很大，又不宜采用桩基础时，可考虑采用沉井。支承在坚硬土层上的沉井基础承载力大，整体性强，稳定性好，还能承受较大的水平推力，其缺点是施工期往往要比桩基础长，且遇到下列情况之一时，沉井下沉将会出现很大困难，甚至有可能失败：

（1）土层中夹有大孤石、大树干、沉船或被埋没的旧建筑物等障碍时，将使沉井下沉受阻而很难克服；

（2）沉井在饱和细砂、粉砂和亚砂土层中采取排水挖土时，易发生严重的流沙现象，致使挖土下沉无法继续进行下去；

（3）基岩层面倾斜、起伏很大，致使沉井底部有一部分搁在岩层上，又有一部分仍支承在软土上，当基础受力后将发生倾斜。

所以如遇上述情况，一般不宜采用沉井。

●第二节　沉井的类型与构造●

一、沉井的类型

1. 按使用材料分

制作沉井的材料，可按下沉的深度、作用的大小，结合就地取材的原则选定。

基础较浅，承受荷载也不大时，可用石砌或混凝土浇筑，也可将底节沉井用钢筋混凝土浇筑，其余用石砌甚至砖砌。

基础较深，荷载较大时，一般用钢筋混凝土沉井或钢沉井，后者在我国还用得不多。

2. 按平面形状分

沉井的平面形状，应与桥墩、桥台底部的形状相适应。公路桥梁中所采用的沉井平面形状，多为圆端形和矩形，也有用圆形的。根据平面尺寸的大小，沉井井孔又分单孔、双孔和多孔，双孔和多孔沉井中间设隔墙，如图9-2所示。

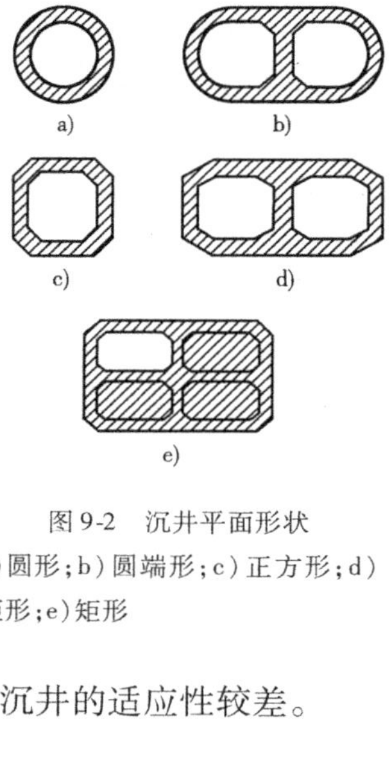

图9-2　沉井平面形状

a）圆形；b）圆端形；c）正方形；d）矩形；e）矩形

1）圆形沉井

当墩身是圆形或河流流向不定，以及桥位与河流主流方向斜交较为厉害时，采用圆沉井，可减小阻水、冲刷现象。圆形沉井中挖土较容易，没有影响机械抓土的死角部分，易使沉井较均匀地下沉；此外，在侧压力作用下，井壁受力情况较好，主要是受压；在截面积和入土深度相同的条件下，与其他形状沉井比较，其周长最小，故下沉摩阻力较小。但墩台底面形状多为圆端形或矩形，故圆沉井的适应性较差。

2）矩形沉井

对墩台底面形状的适应性较好，模板制作、安装都较简单。但采用不排水下沉时，边角部位的土不易挖除，使沉井因挖土不均匀而造成下沉，易出现倾斜的现象。与圆沉井比较，井壁受力条件较差，存在较大的剪力与弯矩，故井壁跨度受到限制。另外矩形沉井有较大的阻水特性，故在使用过程中易使河床受到较大的局部冲刷。此外，在下沉中侧壁摩阻力也较大。

3）圆端形沉井

这种沉井能更好地与桥墩平面形状相适应，阻水流冲刷现象较轻，故用得较多。除模板制作较复杂一些外，其优缺点介于前两种沉井之间，较接近于矩形沉井。

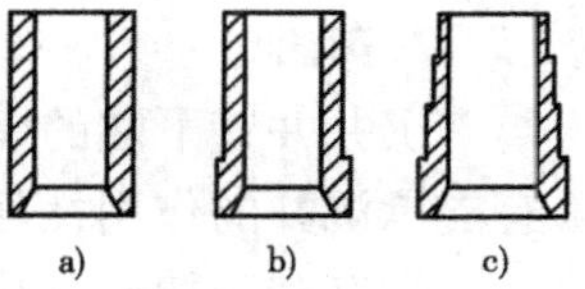

图 9-3　沉井的构造
a）直筒式；b）、c）阶梯式

3. 按立面形状分

按立面形状分，通常有直筒形（柱形）和阶梯形两种，如图 9-3 所示。

1）直筒式

构造简单，模板可重复使用，当土质较松软、沉井埋置深度不大时，可采用这种形式。由于井壁外侧竖直，在下沉时井壁外侧土层紧贴沉井，故在下沉时不易产生倾斜。由于土体对井壁有较大的摩阻力，故可提高基础的承载能力。但当摩阻力过大时，会增加沉井下沉时的困难。

2）阶梯式

这种沉井除第一节沉井外，其他各节井壁与土体间多少有一定空隙，从而减小了摩阻力。所以当土质比较密实、沉井埋置较深，估计用直筒形沉井下沉会遇到困难时，宜用阶梯式。但这种沉井，由于井壁外侧土的约束力减小，故下沉时容易产生较大的偏斜现象，台阶宽度越大，下沉摩阻力越小，也越易偏斜。根据施工经验，台阶宽度以 10～20cm 为宜，台阶高度可为沉井全高的 1/4～1/3。当沉井较深，摩阻力较大时，可用多阶梯形，台阶可设在每节的接头处，其收分率不宜大于 1/50～1/20。

二、沉井的构造

沉井一般由井壁、刃脚、隔墙、封底、填芯和盖板等几部分组成。当沉井顶面低于施工水位时，还应加设临时的井顶围堰，如图 9-4 所示。

沉井通常要分节制作，每节高度视沉井全高、地基土质和施工条件而定。应能保证制作时沉井本身的稳定性，并有足够重量使沉井能顺利下沉。每节设计不宜小于 3m，也不宜高于 5m。

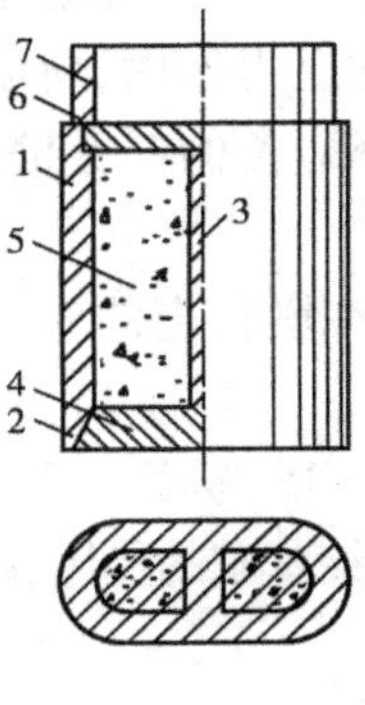

图 9-4　沉井的构造
1-井壁；2-刃脚；3-隔墙；4-封底；5-填芯；6-盖板；7-井顶围堰

1. 井壁

井壁是沉井的主体部分，其作用是：

（1）作为施工时的围堰，用以挡土、隔水；

（2）提供足够的重量，使沉井能克服阻力顺利下沉；

（3）沉至设计高程并经填芯后，作为墩台基础。

因此，井壁必须有足够的结构强度，一般要根据施工时的受力条件，在井壁内配以竖向和水平向的受力钢筋；如受力不大，经计算也容许用部分竹筋代替钢筋，水平钢筋不宜在井壁转角处有接头。浇筑沉井的混凝土强度等级不应低于 C15。为了满足重量要求，井壁应有足够厚度，一般为 0.8～1.5m，厚的可达 2m，最薄不宜小于 0.4m，以便绑扎钢筋和浇筑混凝土。浮运薄壁钢筋混凝土沉井井壁混凝土强度等级不应低于 C25，厚度则由计算确定。

2. 刃脚

沉井井壁下端的楔形部分称为刃脚。主要作用在于沉井下沉时切土和克服障碍，同时也有支承沉井的作用，因此它是受力最集中的部分，必须有足够强度。刃脚构造如图9-5所示。

为有利于切土，刃脚斜面在保证刃脚受弯和受剪的强度要求下，应尽量做得陡些，一般斜面与水平面的交角应大于45°。考虑到刃脚的支承作用，通常要求刃脚带踏面，其宽度为10～20cm。踏面可使沉井在下沉初期不致下沉过快而造成较大倾斜。如果沉井要沉入坚硬土层和到达岩层，则宜采用有钢刃尖的刃脚。刃脚高度应当考虑便于抽垫木和人工挖掏刃脚下面的土，最好大于1m。刃脚一般应用强度等级不低于C25的钢筋混凝土制成。对带有踏面的刃脚，如沉井要通过像夹卵石、漂石那类较硬的土层，那么底面应用角钢和槽钢加强，以免刃脚受损。

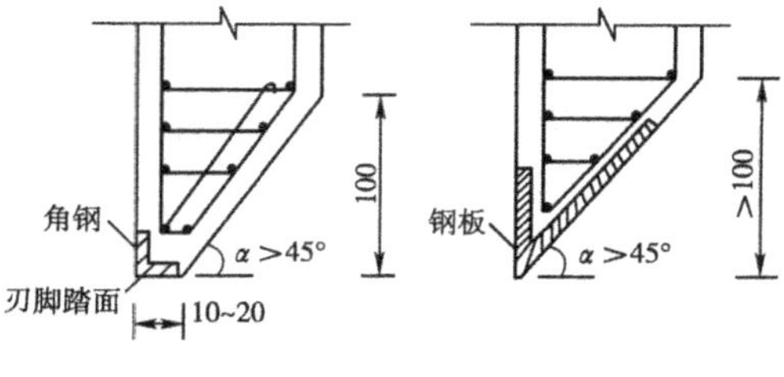

图9-5　刃脚构造（尺寸单位：cm）

3. 隔墙（内壁）

沉井尺寸较大时，内设隔墙可增大沉井整体的刚度，减小井壁的跨度，从而减小井壁承受的弯矩和剪力。隔墙的设置，还使沉井内形成多个对称的井孔，有利于掌握挖土位置从而控制下沉和方向。隔墙间距一般不大于5～6m，厚度一般小于井壁。隔墙受力较小，其底面距刃脚踏面高度，既要考虑支承刃脚悬臂，使刃脚作为悬臂和水平方向的框架共同起作用，而又不使隔墙底面下的土因搁住沉井而妨碍下沉。所以，一般要求其底面高出刃脚底面不小于0.5m。当需要提高隔墙底面高度时，可在其底部与刃脚联结处设置梗肋，可将隔墙底面做成抛物线或梯形（图9-8），这样人可在井孔间通行，否则，隔墙下部还应设过人孔，孔口一般为1.0m×1.2m。

沉井内的井孔，作为挖土施工的空间，尺寸要满足使用要求且还要满足挖土和有利于挖土机械上、下的要求。

4. 封底、填芯和盖板

沉井下沉到设计高程，持力层表面经过清理后，一般用强度等级不低于C25混凝土填封底层（如为岩石地基，可用C20混凝土）。封底多采用灌注水下混凝土的办法，待封底混凝土达到设计强度，如井孔内需填芯，可进行抽水。水抽干后，封底将承受土和水的反力作用，所以要有足够强度，其厚度按受力条件计算确定。厚度的经验值为不小于井孔最小边长的1.5倍，且封底的顶面应高出刃脚根部50cm以上。

井孔内填芯可用片石混凝土、贫混凝土；无冰冻地区也可用砂砾。当作用在墩台上的作用不大时，也可不填芯。

填砂砾或空心沉井的顶面，需设置钢筋混凝土盖板，其混凝土强度等级不低于C15，厚度一般为1～2m，配筋可按计算或构造需要确定，要求有足够的强度，足以承受得住从墩台传给基础的作用。

• 第三节　沉井的施工 •

先介绍旱地上沉井施工的程序和要点，再说明在水中进行沉井施工时应采取的措施。

施工前应充分了解现场的地质和土层情况，以便拟订相应的施工措施。如沉井要在水中施工，则还应对河流汛期、河床的冲刷、航道等情况作好调查研究，工期尽量安排在枯水季节。对需在施工中渡汛的沉井，应有可靠措施，以确保安全。

一、旱地上沉井基础的施工

1. 定位放样、平整场地、浇筑底节沉井

(1)在定位放样以后，应将基础处的地面进行平整和夯实，防止在浇筑沉井时和养生期内出现不均匀沉降，在地面上还应铺设厚为0.3～0.5m的砂垫层。

(2)铺垫木、立底节沉井模板和绑扎钢筋。在砂垫层上先在刃脚处对称地铺设垫木，如图9-6所示。垫木一般为枕木或方木，其数量可按垫木底面压力不大于100kPa求算。

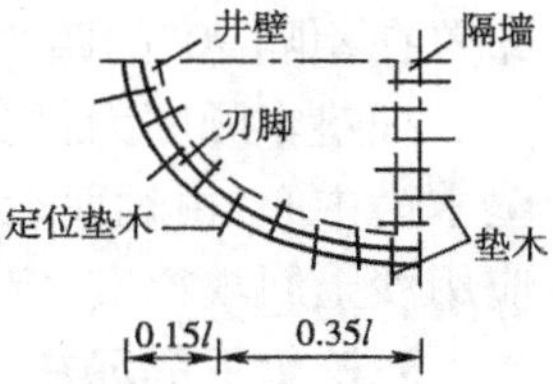

图9-6 垫木布置

地面上铺砂垫层，主要是为了在沉井下沉前便于抽除垫木，所以垫木之间的间隙也要用砂填实，然后在上面放出刃脚踏面大样，铺上踏面底模，安放保护刃脚的型钢，立刃脚斜底模、隔墙底模和沉井内模，绑扎钢筋，最后立外模和模板拉杆。为减小下沉时的摩阻力，外模板接触混凝土的一面必须刨光。模板接缝处宜做成企口形，以免漏浆。模板应有足够的整体强度和刚度，避免浇混凝土时发生变形。井壁模板如图9-7所示。

当场地土质较好时，沉井下部也可用土模，但应事先做好防水、排水措施，如图9-8所示。

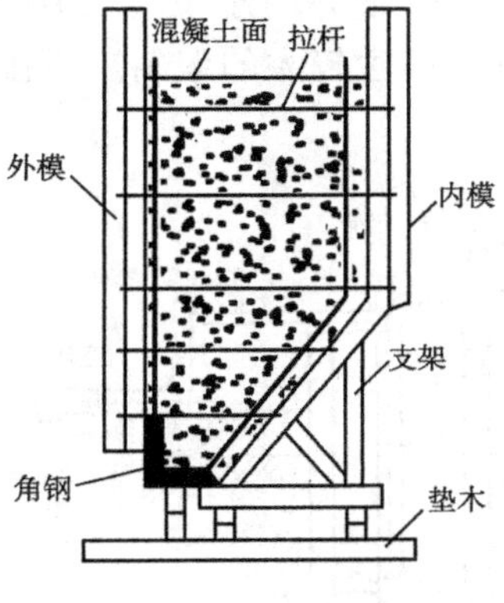

图9-7 井壁模板

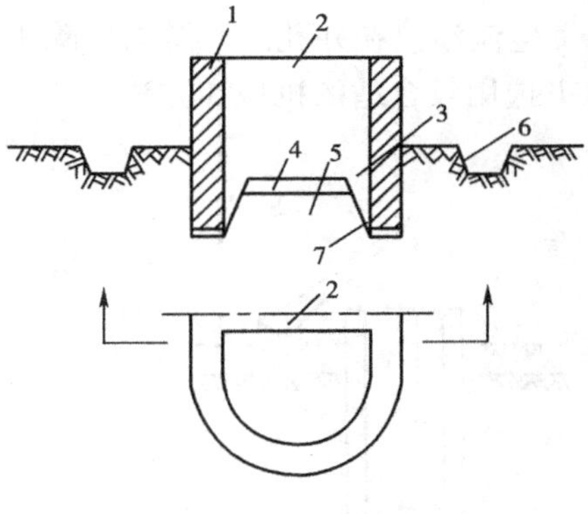

图9-8 沉井底部土模

1-井壁；2-隔墙；3-隔墙梗肋；4-木板；5-黏土土模；6-排水沟；7-水泥浆层

同时还要注意混凝土养生浇水时，应细水匀浇，以免冲坏土模。拆除土模时，黏附在刃脚斜面及隔墙底面的土模残留物，应清除干净，以免影响封底质量。

底节沉井的高度，一般为4～5m，如井底下为松软土时，其高度不宜超过沉井宽度的0.8倍，以防开始下沉时产生过大倾斜。

(3)浇筑混凝土。在浇筑混凝土前，必须检查核对模板各部分尺寸和钢筋布置是否符合设计要求，支撑及各种紧固联系是否安全可靠。在充分湿润模板后，才开始浇筑混凝土，要保证它的密实和整体性，随时检查模板有无漏浆和支撑是否良好。故混凝土应对称均匀灌注，分层连续、均匀振捣，每层厚度均为0.3～0.4m。混凝土浇好后，要注意养生，可先用草袋等遮盖混凝土

表面。在气温高于5℃时，可用自然养生，经常用水充分湿润模板及混凝土表面。夏季防曝晒，冬季严防冻结。

2. 拆模和抽除垫木

混凝土达到设计强度的25%时，即可拆侧模，达到设计强度的75%时，可拆除隔墙底模和刃脚斜面模板，完全达到强度时，即可拆除垫木。垫木中最后拆除的四根，称定位垫木，常用红漆标明。这四根垫木的位置，应能使沉井受力最佳，并保持沉井的稳定。对矩形和圆端形沉井，定位垫木应布置在长边上，它们至对称轴的距离约为长边的0.3～0.4倍；如为圆沉井，则布置在相隔90°的四个点上。

抽垫木顺序为：先内壁、后外壁，先短边、后长边。长边下的垫木是隔一根抽一根，以定位垫木为中心，由远而近对称地抽除，抽垫木前，可先撬松垫木下的砂，每抽去一根，在刃脚处即应用沙土回填捣实，定位垫木拆除后，沉井即全支承在砂垫层上。

3. 挖土下沉沉井

垫木抽完后，应检查沉井位置是否有移动或倾斜，位置正确，即可在井内挖土。一般宜采用不排水除土下沉，当限于设备条件，在稳定的土层中，也可采用排水除土下沉，但应有安全措施，防止发生人身安全事故。挖土要均匀，一般情况下高差不宜超过50cm，通常是先挖井孔中心，再挖隔墙下的土，后刃脚下的土。挖到一定程度，沉井即借自重切土下沉一定深度，这样不断挖土、下沉，当沉到井顶离地面1～2m时应暂停挖土。不排水除土可用抓泥斗或吸泥机，如图9-9和图9-10所示。使用吸泥机时，要不断向井孔内补水，使井内水位高出井外水位1～2m，以免发生流沙。在井孔内均需均匀除土，否则易使沉井产生较大的偏斜。不排水挖土可参考表9-1选用较合适的机械和方法。

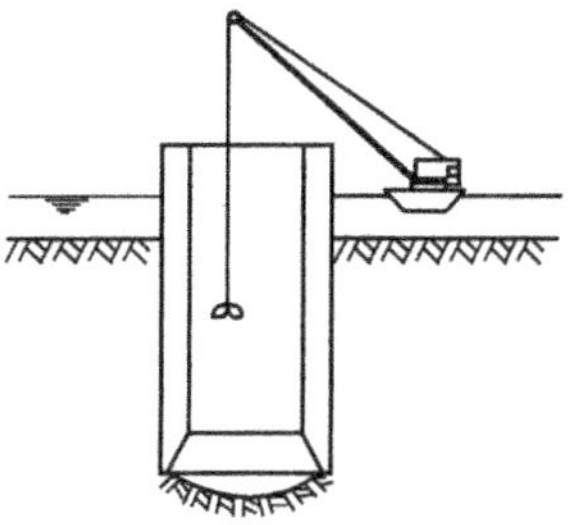

图9-9　抓泥斗除土

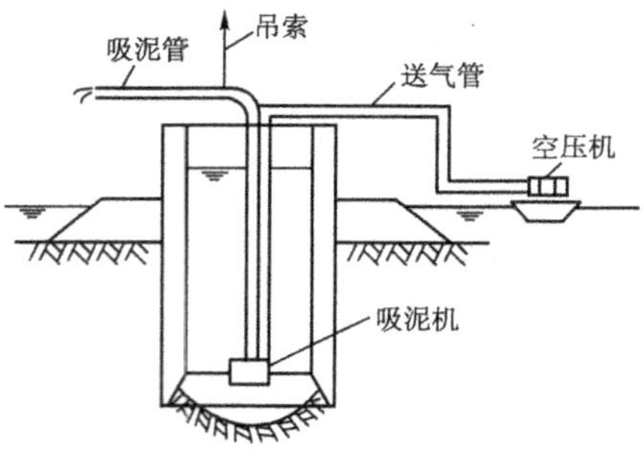

图9-10　吸泥机除土

不排水时挖土方法的选用　　表9-1

土　质	除土方法	说　明
沙土	抓土、吸泥	抓土时宜用两瓣式抓斗
卵石	吸泥、抓土	以直径大于卵石粒径的吸泥机为好；若抓土，宜用四瓣抓斗
黏性土	吸泥、抓土	一般辅以高压射水，冲散土层
风化岩	射水、冲击锥、放炮	冲击锥钻进，碎块用抓斗或吸泥机清除

从井孔排出的土应卸至远离沉井的地方，或卸至河床较深的一侧，以防对沉井产生单向侧压力，导致沉井倾斜。

沉井在下沉过程中，要经常检查沉井的平面位置和垂直度。有偏斜就要及时纠正，否则下沉越深，纠偏越难。

4. 接筑沉井

当沉井顶面离地 1 ~ 2m 时，如还要下沉，就应接筑沉井，每节沉井高度以 4 ~ 6m 为宜。接高的沉井中轴应与底节沉井中轴重合。

为防止沉井在接高时突然下沉或倾斜，必要时应回填刃脚下的土。接高时应尽量对称均匀加重。混凝土施工接缝应按设计要求布置接缝钢筋，清除浮浆并凿毛。

待接筑沉井达到设计强度，即可继续挖土下沉。如此逐节接高沉井并不断挖土下沉，直到井底达到设计高程。如最后一节沉井顶面在地面以下，应加筑井顶围堰，视其高度大小，分别用混凝土或石砌或砖砌。

5. 检验地基、封底、填芯和设置盖板

必须检验基底的地质情况是否与设计资料相符，能抽干水的可直接检验，否则要由潜水工下水检验，必要时用钻机取样鉴定。

如检验符合要求，即应清理和处理地基，宜尽可能在排水的情况下进行，要求：

(1)基底面应尽量整平。

(2)应清除浮泥，使基底没有软弱夹层。

(3)基底为沙土或黏性土时，应铺以碎、砾石，至刃脚踏面以上 20cm，对抽水下沉的沉井，还须沿刃脚口四周边的下面用碎、砾石填平夯实。

(4)基底为风化岩时，沉井应尽可能嵌入风化岩层，以防排水清基引起流沙。

(5)基底为未风化岩时，岩面残留物(风化岩碎块、卵石、砂)应清除干净。有效面积(沉井底面积和除刃脚不能完全清除干净的面积)不得小于设计要求。

(6)不得已需在水下清基时，可用射水、吸泥和抓泥交替进行，也可由潜水工在水下操纵射水管清理。

基底处理完毕，即可封底，也宜尽可能在排水情况下进行；抽干水有困难才用水下灌混凝土方法。待封底混凝土达到设计强度方可将水抽干，然后填芯。当基础设计按全部断面承受作用考虑时，填芯混凝土强度应符合设计要求；如作用由沉井井壁承受，则填芯可用贫混凝土或片石混凝土，也可填砂或保持空孔。

对填砂或空孔的沉井，必须在井顶浇筑钢筋混凝土盖板。盖板达到设计强度后，即可砌筑墩台。

二、水中下沉沉井的措施

当基础处于水中时，沉井施工可采取筑岛法或浮运法，一般需根据水深、水流速度、施工设备及施工技术等条件选用。

1. 筑岛法

在河流的浅滩或施工水位不深的情况下，可用筑岛法，即先修筑人工砂岛，再在岛上进行沉井的制作和挖土下沉。

砂岛分无围堰和有围堰两种。

无围堰砂岛应保证施工期水流受压缩后砂岛本身有足够的稳定性，一般用于水深不超过

1～2m，水流速度不大于表9-2规定时，砂岛边坡坡度常为1∶2，必要时可用草袋、卵石和竹笼、柴排等护坡。砂岛面的宽度，要考虑在沉井周围留有不小于2m的护道，如图9-11a）所示。

无围堰砂岛允许流速　　表9-2

筑岛材料	细　砂	粗　砂	中粒砾石	粗粒砾石
允许水流流速（m/s）	0.3	0.8	1.2	1.5

当河水较深或流速超过表9-2规定时，宜用钢板桩围堰砂岛，如图9-11b）所示。

有围堰砂岛的护道宽度可按下式计算，但不应小于1.5m。

$$b \geqslant H\tan\left(45° - \frac{\varphi}{2}\right) \tag{9-1}$$

式中：H——砂岛高度，m；

φ——筑岛土在饱水时的内摩擦角。

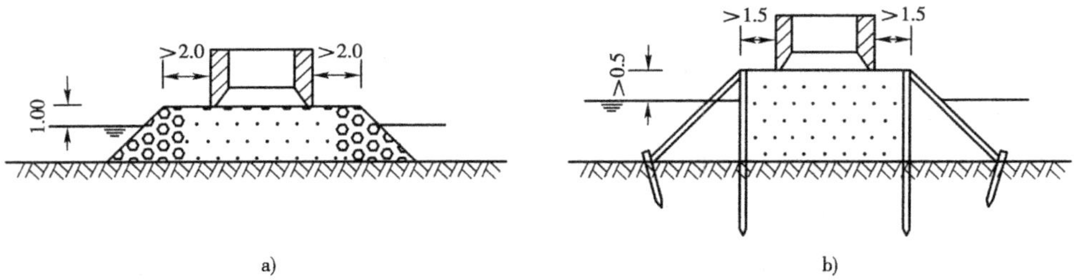

图9-11　筑岛法（尺寸单位：m）

a）草袋护坡砂岛；b）钢板桩围堰砂岛

在筑岛前，河床面上的淤泥等软土应予挖除。不论是否有围堰，筑岛材料应用透水性好且易于压实的砂类土、砾石和较小卵石填筑，要边填边夯实。不得用黏土、淤泥、黄土等填筑。

砂岛面当有围堰时，应高出施工期间高水位（包括浪高）至少0.5m；无围堰时高出0.75～1.0m。

2. 浮运法

在深水河道中，当用筑岛法有困难或不经济时，可采用浮运沉井的方法进行施工。

采用浮运法的沉井，一种是普通沉井在刃脚处安装上临时性不漏水的木底板，这样就能浮于水中，就位后在井内灌水下沉，沉到河底后再拆除底板，如图9-12a）所示。另一种是空腹薄壁沉井，如图9-12b）所示。井壁可用钢筋混凝土、水泥钢丝网或钢壳制成，钢筋混凝土壁厚约

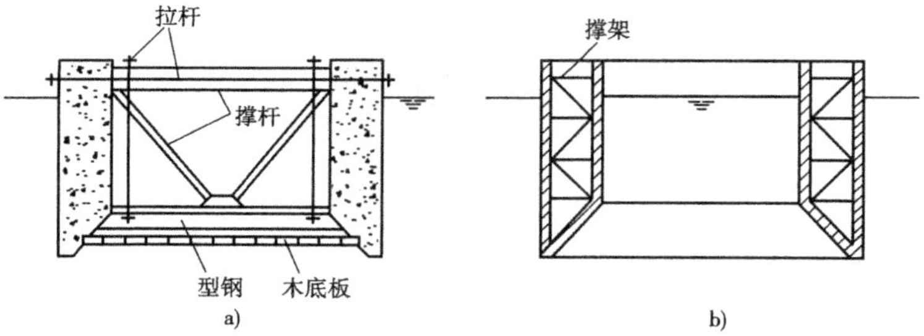

图9-12　浮运沉井结构

a）安装临时木底板；b）空腹薄壁沉井

10cm，钢丝网水泥壁厚仅需3cm，空腹中设置撑架，这样沉井重量大大减小有利于浮运，向空腹中灌混凝土或水，即可下沉。

一般先在岸上预制沉井，再用滑道等方法将沉井放入水中，浮于水面上，最后拉运到墩位处。也可用船只浮运沉井，如图9-13所示。

沉井运到墩位附近后，其定位方法是：用小划艇将预先准备好的锚碇运至预定的锚位放入河中，在岸上用经纬仪根据小三角网法标定的墩位位置控制整个浮体（船及沉井）的移动，指挥船上的卷扬机，松紧锚绳，使沉井准确就位，如图9-14所示。锚碇的重量及锚绳的粗细和拖入长度，应按整个浮体所受到的水力、风力的计算确定。

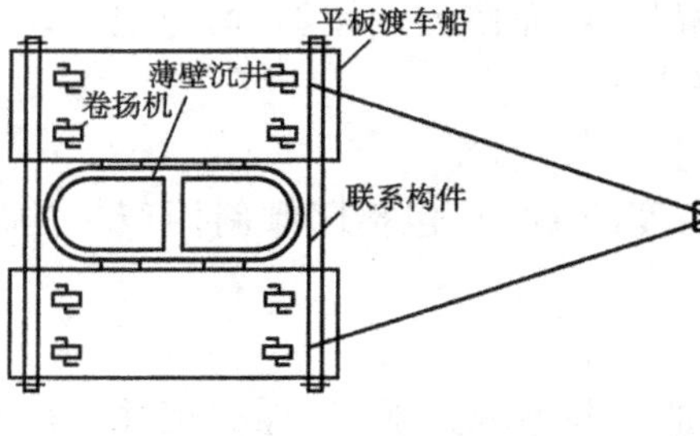

图9-13　船只浮运沉井

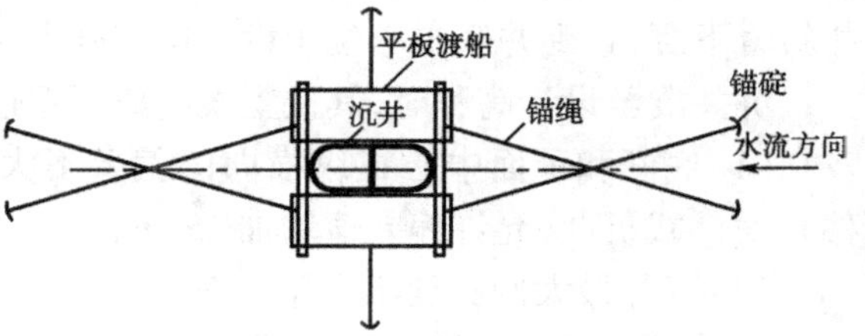

图9-14　沉井抛锚定位

沉井准确就位后，应尽快均匀地灌水入沉井壁的空腹内，使沉井沉到河床上，然后按预先编号的隔仓（图9-15），均匀对称地向井壁空腹内浇筑水下混凝土，以增加沉井重量，最后挖土下沉入土中。在浮运、下沉沉井过程中，沉井顶到水面的高度均不得小于1m。

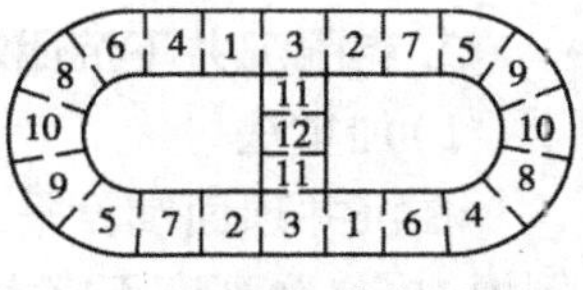

图9-15　空腹沉井井壁隔仓

三、沉井下沉中常遇到的问题及处理方法

沉井开始下沉阶段，井体入土不深，下沉阻力较小，且由于沉井大部分还在地面以上，侧向土体的约束作用很小，故最容易产生偏移和倾斜。这一阶段应严格控制挖土的程序和深度，注意要均匀挖土。实际上沉井不可能始终是理想地竖直均匀下沉的，每沉一次，难免有些倾斜，继续挖土时可在沉得少的一边多挖一些。所以在开始阶段，要经常检查沉井的平面位置，随时注意防止较大的倾斜。在中间阶段，可能会开始出现下沉困难的现象，但接高沉井后，下沉又会变得顺利，且仍易出现偏斜。当下沉到后阶段，主要问题将是下沉困难，偏斜可能性却很小。针对上述两个问题，可考虑采取下述措施。

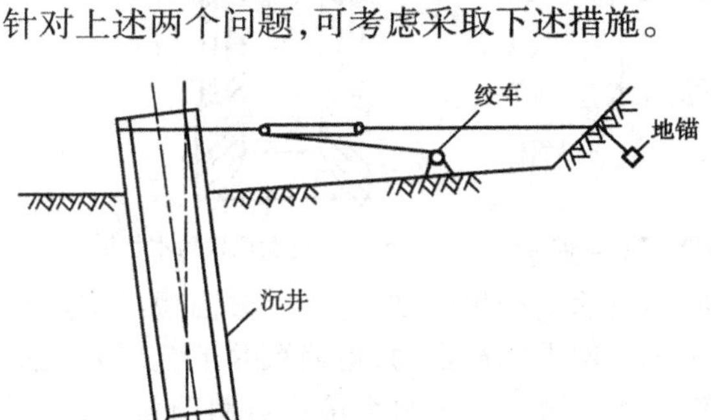

图9-16　扶正沉井

1. 纠正偏斜的措施

引起沉井偏斜的原因，除挖土不均匀因素外，还与地层土质不均匀有关。纠正方法除沉得少的一边多挖土，沉得多的一边少挖土或不挖土这一方法外，还可采取不对称压重、不对称射水和施加侧向力把沉井扶正（图9-16）等措施。

有时也可能因沉井底部的一部分遇到障碍物，致使沉井倾斜，这时应立即停止挖土，查清情况，在不排水挖土条件下，要由潜水员下去观察，然后根据具体情况，采取不同措施排除障碍。

（1）遇到较小孤石时，可将孤石四周土挖掉将其取出；如为较大孤石或旧建筑物的残破圬工体，则可用小量爆破方法将其破碎后取出。但不能把炸药放在孤石表面临空爆破，对刃脚下的孤石应不使炮眼的最小抵抗线朝向刃脚，装药量控制在0.2kg以内，并在孤石上压放土袋，以防炸坏刃脚和井壁。遇成层的大块卵石，可先清除覆盖的泥沙，然后找出松动或薄弱处，用挖、铲、撬的办法挖掉。对较大卵石，在不排水的情况下，也可用直径大于卵石的吸泥机吸出。

（2）遇到钢件，可切割排除。如沉井中心位置发生偏移，可先使沉井倾斜，均匀挖土让沉井斜着下沉，直到井底中心位于设计中心线上，再将沉井扶正。

沉井沉至设计高程时，其位置误差应不超过下述规定：

（1）底面和顶面中心在纵横向的偏差不大于沉井高度的1/50（包括因倾斜而产生的位移），对浮式沉井，允许偏差值增加25cm。

（2）沉井最大倾斜度不大于1/50。

（3）矩形、圆端形沉井的平面扭转角偏差，就地制作的沉井不得大于1°，浮式沉井不得大于2°。

2. 克服沉井下沉困难的措施

1）加重法

在沉井顶面铺设平台，然后在平台上放置重物，如沙袋、干垒块（片）石等，但应防止重物倒坍，故叠置高度不宜太高。此法多在平面面积不大的沉井中使用。

2）抽水法

对不排水下沉的沉井，可从井孔中抽出一部分水，从而减小浮力，增加向下压力使沉井下沉。此法对渗水性大的砂、卵石层，效果不大，对易发生流沙现象的土，也不宜用此法。

3）射水法

在井壁腔内的不同高度处对称地预埋几组高压射水管道，在井壁外侧留有喇叭口朝上方的射水嘴，如图9-17所示，高压水把井壁附近的土冲松，水沿井壁上升，起润滑作用，从而减小井壁摩阻力，帮助沉井下沉。此法对砂性土较有效。

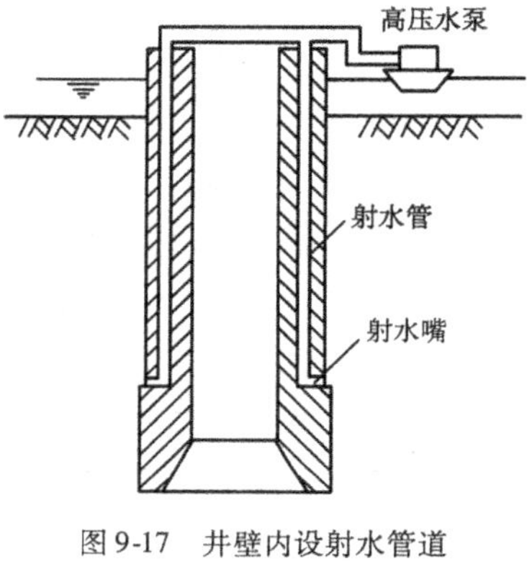

图9-17 井壁内设射水管道

采用射水法时，应加强下沉观测，掌握各孔的出水量，防止因射水不均匀而使沉井偏斜。

4）炮震法

沉井下沉至一定深度后，如下沉有困难，可用炮震法强迫沉井下沉。此法是在井孔的底部埋置适量的炸药，引爆后所产生的震动力，一方面减小了刃脚下土的反力和井壁上土的摩阻力，另一方面增加了沉井向下的冲击力，迫使沉井下沉。要注意炸药量过大，有可能炸坏沉井；药量太少，则震动效果不显著。一般每个爆炸点用药量以0.2kg左右为宜，大而深的沉井可用至0.3kg。不排水下沉时，炸药应放至水底，水较浅或无水时，应将炸药埋入井底下数十厘米处，这样既不易炸坏沉井，效果也较好。如沉井有几个井孔，应在所有井孔内同时起爆，否则有可能震裂隔墙，甚至会使沉井产生偏斜。有可能采用炮震法的沉井，事先在结构上应适当加强，以免受损。对下沉深度不大的沉井，最好不用此法。

5）采用泥浆润滑套

用触变性较大的泥浆在沉井外侧形成一个具有润滑作用的泥浆套，可大大减小沉井下沉时的井壁摩阻力。这种泥浆在静止时处于凝胶状态，具有一定强度，当沉井下沉时，泥浆受机械扰动即变为流动的溶胶，从而大大减小了井壁摩阻力，使沉井能顺利下沉。这种泥浆的主要成分为黏土、水及适量的化学处理剂。一般的质量配合比为黏土35%～45%，水55%～65%，碳酸钠化学处理剂0.4%～0.6%（按泥浆总重计）。黏土要选颗粒细、分散性较高，并具有一定触变性的微晶高岭土。

泥浆套的施工方法分内管法和外管法两种，通常用内管法。

内管法是在底节以上各节沉井的井壁内，预制若干竖直的压浆孔道，可用钢丝胶管或钢管预埋在沉井模板内，待浇筑的混凝土初凝，将胶管或钢管拔出而成。在靠近底节与第二节沉井的台阶上设喷浆嘴，嘴前设有泥浆射口的防护围堰，以防止高压的泥浆直接冲刷土壁和喷浆嘴被堵塞。台阶宽10～20cm，以便在下沉中，让井壁外侧与台阶所形成的空隙，成为泥浆润滑套，如图9-18a）所示。

外管法是把压浆管直接置于井壁外侧，通过喷浆嘴喷浆，如图9-18b）所示。

为了预防地面上的砂、石杂物等掉入或流入泥浆套内，因此，在井口处要设地表围圈。围圈可用钢板与型钢组成，或用钢筋混凝土围圈，见图9-18b），其外侧的回填土要用黏土分层夯实，以防渗水。地表围圈高度一般为1.5～2.0m，上加顶盖。地表围圈也可作为泥浆储备池之用。

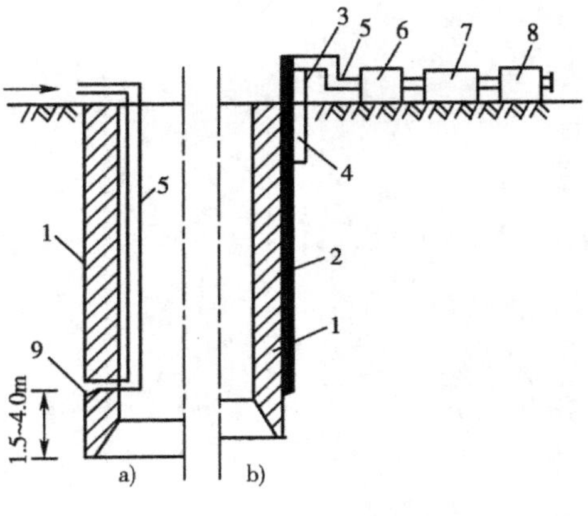

图9-18 泥浆润滑套

1-沉井壁；2-泥浆套；3-地表围堰；4-储浆槽；5-泥浆管；6-压浆机；7-泥浆池；8-拌和机；9-防护围堰

沉井在下沉时，要不断补充泥浆，泥浆面不得低于地表围圈的底面。同时要注意使沉井孔内外水位相近，以防发生流沙、涌水，而使泥浆套受到破坏。还要注意井孔中挖土应均匀，避免过多地掏空刃脚下的土，以防造成通路使大量泥浆流失和沉井突然下沉，造成土壁坍塌，孔内发生流沙和地表坍陷。当气温低于-3℃时，要做好防冻工作。

当沉井底达到设计高程时，应压进水泥砂浆把触变泥浆挤出，使井壁与四周的土重新获得新的摩阻力。

泥浆润滑套方法，不宜用于砾石、卵石层。

6）气幕法

在沉井井壁内预埋若干管道和横向环形管道，每层环形管上钻有很多小孔，压缩空气由管道通过小孔向外喷射，使沉井井壁周围的土液化，从而减小井壁与土之间的摩阻力。在水深流急处无法采用泥浆润滑套施工时，可用这种方法。

复习思考题

1. 叙述沉井基础的适用范围及其特点。
2. 沉井有哪些类型？各有哪些优缺点？
3. 沉井在构造上由哪些部分组成？各有什么作用？
4. 在旱地上或筑岛进行沉井施工有哪些程序？下沉中易遇到些什么问题？如何处理？

第十章

试验部分

•第一节　固结试验•

一、试验目的

固结试验的目的是测定试样的压缩性。

二、仪器设备

(1)固结仪:试样面积 30cm^2 和 50cm^2,高 2cm。

(2)环刀:直径为 61.8mm 和 79.8mm,高度为 20mm。环刀应具有一定的刚度,内壁应保持较高的光洁度,宜涂一薄层硅脂或聚四氟乙烯。

(3)透水石:由氧化铝或不受土腐蚀的金属材料组成,其透水系数应大于试样的透水系数。用固定式容器时,顶部透水石直径小于环刀内径 0.2 ~ 0.5mm;当用浮环式容器时,上下部透水石直径相等。

(4)变形量测设备:量程 10mm,最小分度为 0.01mm 的百分表或零级位移传感器。

(5)其他:天平、秒表、烘箱、钢丝锯、刮土刀、铝盒等。

三、试验步骤

(1)在切好土样的环刀外壁涂一层凡士林,然后将刀口向下放入护环内。

(2)将底板放入容器内,底板上放透水石、滤纸,借助提环螺丝将土样环刀及护环放入容器中,土样上面覆滤纸、透水石,然后放下加压导环和传压活塞,使各部分紧密接触,保持平稳。

(3)将压缩容器置于加压框架正中,密合传压活塞及横梁,预加 1.0kPa 的压力,使固结仪各部分紧密接触,装好百分表,并调整读数至零。

(4)去掉预压荷载,立即加第一级荷载。加砝码时应避免冲击和摇晃,在加上砝码的同时,立即开动秒表。荷载等级一般规定为 50kPa、100kPa、200kPa、300kPa 和 400kPa。有时根据土的软硬程度,第一级荷载可考虑用 25kPa。

(5)如系饱和试样,则在施加第一级荷载后,立即向容器中注水至满,如系非饱和试样,须以湿棉纱围住上下透水面四周,避免水分蒸发。

(6)如需确定原状土的先期固结压力时,荷载率宜小于1,可采用0.5或0.25倍,最后一级荷载应大于1 000kPa,使 e-lg$p$ 曲线下端出现直线段。

(7)一般按0s、15s、1min、2min、4min、6min、9min、12min、16min、20min、25min、35min、45min、60min,至稳定为止,各级荷载下的压缩时间定为1h,最后一级荷载下加读到稳定沉降时的读数。固结稳定的标准是最后变形量不超过0.01mm。

当不需要测定沉降速度时,则施加每级压力后24h,测记试样高度变化作为稳定标准,当试样渗透系数大于 10^{-5}cm/s 时,允许以主固结完成作为相对稳定标准。按此步骤逐级加压至试验结束(测定沉降速率仅适用于饱和土)。

(8)试验结束后拆除仪器,小心取出完整土样,称其质量,并测定其终结含水率(如测定试验后的饱和度,则不必测定终结含水率),并将仪器擦洗干净。

四、结果整理

(1)按下式计算试验开始时的孔隙比:

$$e_0=\frac{\rho_s(1+0.01w_0)}{\rho_0}-1$$

(2)按下式计算单位沉降量:

$$S_i=\frac{\sum\Delta h_i}{h_0}\times1000$$

(3)按下式计算各级荷载下变形稳定后的孔隙比 e_i:

$$e_i=e_0-(1+e_0)\times\frac{S_i}{1000}$$

(4)按下式计算某一荷载范围内的压缩系数 a_v:

$$a_v=\frac{e_i-e_{i+1}}{p_{i+1}-p_i}=\frac{(S_{i+1}-S_i)(1+e_0)/100}{p_{i+1}-p_i}$$

(5)按下式计算某一荷载范围内的压缩模量 E_s:

$$E_s=\frac{p_{i+1}-p_i}{(S_{i+1}-S_i)/100}$$

上列各式中:E_s——压缩模量,kPa,计算至0.01;

a_v——压缩系数,kPa^{-1},计算至0.01;

e_0——试验开始时试样的孔隙比,计算至0.01;

ρ_s——土粒密度(数值上等于土粒相对密度),g/cm^3;

w_0——试验开始时试样的含水率,%;

ρ_0——试样开始时试样密度,g/cm^3;

S_i——某一级荷载下的单位沉降量,mm/m,计算至0.1;

$\sum\Delta h_i$——某一级荷载下的总变形量,等于该荷载下百分表读数(即试样和仪器的变形量减去荷载下的仪器变形量,mm);

h_0——试样起始时的高度，mm；

e_i——某一荷载下压缩稳定后的孔隙比，计算至0.01；

p_i——某一荷载值，kPa。

（6）以单位沉降量 S_i 或孔隙比 e 为纵坐标，以压力 p 为横坐标，绘制单位沉降量或孔隙比与压力的关系曲线，如图10-1所示。

（7）试验记录表格见表10-1、表10-2。

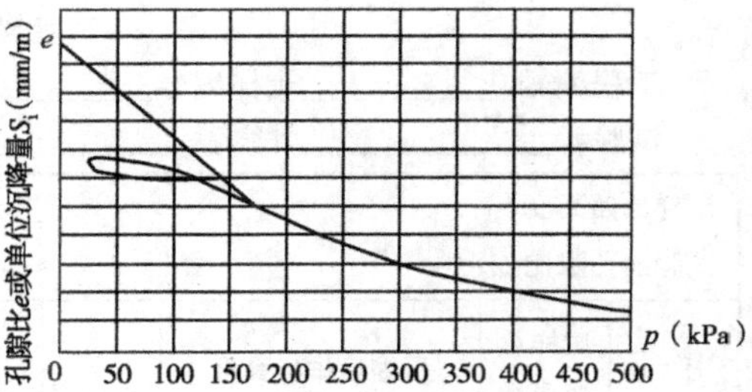

图10-1 S_i（或 e）-p 关系曲线

固结试验记录表（一） 表10-1

工程编号________ 土样编号________ 试验者________

仪器编号________ 土样说明________ 试验日期________

经过时间(min)	压力 (kPa)							
	50		100		200		400	
	时间	读数	时间	读数	时间	读数	时间	读数
0.00								
0.25								
1.00								
2.25								
4.00								
6.25								
9.00								
12.25								
16.00								
20.25								
25.00								
30.25								
36.00								
42.25								
60.00								
23h								
24h								
总变形量(mm)								
仪器变形量(mm)								
试样总变形量(mm)								

固结试验计算表(二) 表 10-2

工程编号____________土样编号____________试验日期____________

试验者______________计算者______________校核者______________

试样原始高度 h_0: 试验前孔隙比 e_0:							
压力(kPa)	试样总变形量(mm)	压缩后试样高度(mm)	单位沉降量(mm/m)	孔隙比	单位沉降量差(mm/m)	压缩模量(MPa)	压缩系数(MPa^{-1})
p	$\sum\Delta h_i$	$h=h_0-\sum\Delta h_i$	$S_i=\frac{\sum\Delta h_i}{h_0}\times1000$	$e_i=e_0-\frac{S_i(1+e_0)}{1000}$	S_2-S_1	E_s	a

第二节　黏质土的固结快剪试验

一、目的和适用范围

直接剪切试验的目的是测定试样的抗剪强度;本试验适用于渗透系数小于 10^{-6}cm/s 的黏质土。

二、仪器设备

(1)应变控制式直剪仪:由剪切盒、垂直加荷设备、剪切传动装置、测力计和位移量测系统组成。

(2)环刀:内径 61.8mm,高 20mm。

(3)位移量测设备:百分表或传感器。百分表量程为 10mm,分度值为 0.01mm;传感器的精度应为零级。

三、试　　样

1. 原状土试样制备

(1)每组试样制备不得少于 4 个。

(2)按土样上下层次小心开启原状土包装皮,将土样取出放正,整平两端。在环刀内壁涂一薄层凡士林,刀口向下,放在土样上。无特殊要求时,切土方向应与天然土层面垂直。

(3)将试验用的切土环刀内壁涂一薄层凡士林,刀口向下,放在试件上,用切土刀将试件削成略大于环刀直径的土柱。然后将环刀垂直向下压,边压边削,至土样伸出环刀上部为止,削平环刀两端，擦净环刀外壁，称环土合质量，准确至0.1g，并测定环刀两端所削下土样的含水率。试件与环刀要密合，否则应重取。切削过程中，应细心观察并记录试件的层次、气味、颜色，有无杂质，土质是否均匀，有无裂缝等。如连续切取数个试件，应使含水率不发生变化。视试件本身及工程要求，决定试件是否进行饱和，如不立即进行试验或饱和时，则将试件暂存于保湿器内。切取试件后，剩余的原状土样用蜡纸包好，置于保湿器内，以备补做试验之用。切削的余土做物理性试验。平行试验或同一组试件密度差值不大于±0.1g/cm³，含水率差值不大于2%。

2. 扰动土试样制备

(1)对细粒土扰动土样进行土样描述，如颜色、土类、气味及夹杂物等。如有需要，将扰动土样充分拌匀，取代表性土样进行含水率测定。

(2)将块状扰动土放在橡皮板上，用木碾或粉碎机将其碾散，但切勿压碎颗粒。如含水率较大不能碾散时，应风干至可碾散时为止。

(3)根据试验所需土样数量，将碾散后的土样过筛。物理性试验如液限、塑限、缩限等试验，需过0.5mm筛；常规水理及力学试验土样，需过2 mm筛；击实试样的最大粒径必须满足击实试验采用不同击实筒试验时土样中的最大颗粒粒径的要求。按规定过标准筛后，取出足够数量代表性试样，然后分别装入容器内，标以标签。标签上应注明工程名称、土样编号、过筛孔径、用途、制备日期和人员等，以备各项试验之用。若含有多量粗砂及少量细粒土(泥沙或黏土)的松散土样，应加水润湿松散后，用四分法取出代表性试样。若系净砂，则可用匀土器取代表性试样。

(4)为配制一定含水率的试样，取过2mm筛的足够试验用的风干土1～5kg，按下式计算制备土样所需加水量：

$$m_w = \frac{m}{1+0.01w_h} \times 0.01(w - w_h)$$

式中：m_w——土样所需加水量，g；

m——风干含水率时土样质量，g；

w_h——风干含水率，%；

w——土样所要求的含水率，%。

将所取土样平铺于不吸水盘内，用喷雾设备喷洒预计的加量，并充分拌和；然后装入容器内盖紧，润湿一昼夜备用(砂类土浸润时间可酌量缩短)。

(5)测定湿润土样不同位置的含水率(至少两个以上)，要求差值满足含水率测定的允许平行差值。

(6)对不同土层的土样制备混合试样时，应根据各土层厚度，按比例计算相应质量配合，然后按本方法(1)～(4)步骤进行扰动土的制备。

3. 试件饱和

土的孔隙逐渐被水填充的过程称为饱和。孔隙被水充满时的土，称饱和土。根据土的性质，决定饱和方法。

对于砂类土，可直接在仪器内浸水饱和；较易透水的黏性土，即渗透系数大于10^{-4}cm/s时，采用毛细管饱和法较为方便，或采用浸水饱和法；不易透水的黏性土，即渗透系数小于10^{-4}cm/s时，采用真空饱和法。如土的结构性较弱，抽气可能发生扰动，不宜采用。

四、试验步骤

(1)对准剪切容器上下盒，插入固定销，在下盒内放透水石和滤纸，将带有试样的环刀刃向上，对准剪切盒口，在试样上放滤纸和透水石，将试样小心地推入剪切盒内。

(2)移动传动装置，使上盒前端钢珠刚好与测力计接触，依次加上传压板、加压框架，安装垂直位移量测装置，测记初始读数。

(3)根据工程实际和土的软硬程度施加各级垂直压力，然后向盒内注水；当试样为非饱和试样时，应在加压板周围包以湿棉花。

(4)施加垂直压力，每1h测记垂直变形一次。试样固结稳定时的垂直变形值为：黏土垂直变形每1h不大于0.005mm。

(5)拔去固定销，固结快剪试验的剪切速度为0.8mm/min，在3～5min内剪损，并每隔一定时间测记测力计百分表读数，直至剪损。

(6)当测力计百分表读数不变或后退时，继续剪切至剪切位移为4mm时停止，记下破坏值。当剪切过程中测力计百分表无峰值时，剪切至剪切位移达6mm时停止。

(7)剪切结束，吸去盒内积水，退掉剪切力和垂直力，移动压力框架，取出试样，测定其含水率。

五、结果整理

(1)剪切位移按下式计算：

$$\Delta l = 20n - R$$

式中：Δl——剪切位移，kPa，计算至0.01；

n——手轮转数；

R——百分表读数。

(2)剪应力按下式计算：

$$\tau = CR$$

式中：τ——剪应力，kPa，计算至0.1；

C——测力计校正系数，kPa/0.01mm。

(3)以剪应力τ为纵坐标，剪切位移Δl为横坐标，绘制τ-Δl的关系曲线，如图10-2。

(4)以垂直压力p为横坐标，抗剪强度S为纵标，将每一试样的抗剪强度点绘在坐标纸上，并连成一直线。此直线的倾角为摩擦角φ，纵坐标上的截距为凝聚力c，如图10-3所示。

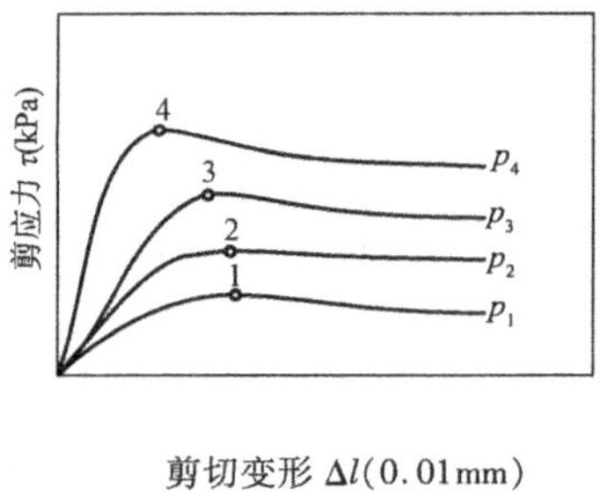

图10-2 剪应力τ与剪切位移Δl的关系曲线

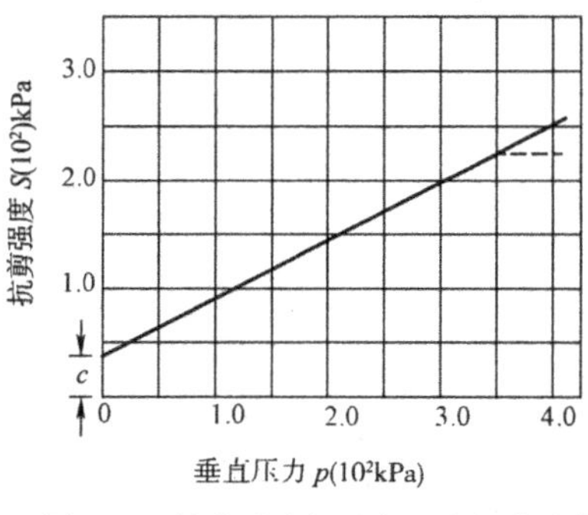

图10-3 抗剪强度与垂直压力的关系曲线

(5)本试验记录格式如表10-3。

直接剪切试验表

表10-3

土样编号________　　班　级________

试验方法:固结快剪　　第______试验小组

环刀面积:$F=30cm^2$　　姓　名________

土样说明:________　　试验日期________

仪器编号	(1)	(1)				
量力环号码	(2)	(2)				
垂直压应力 σ(kPa)	(3)	(3)	50	100	200	300
量力环初读数(0.01mm)	(4)	(4)				
量力环终读数(0.01mm)	(5)	(5)				
量力环读数差 R(0.01mm)	(6)	(5)-(4)				
量力环系数 K(kPa/0.01mm)	(7)	(7)				
抗剪强度 τ_t(kPa)	(8)	(6)×(7)				

参考文献

[1] 洪毓康. 土质学与土力学(第二版)[M]. 北京:人民交通出版社,1993.

[2] 凌治平. 基础工程[M]. 北京:人民交通出版社,1990.

[3] 陈希哲. 土力学地基基础[M]. 北京:清华大学出版社,1989.

[4] 陈希哲. 土力学地基基础工程实例[M]. 北京:清华大学出版社,1982.

[5] 高大钊,袁聚云. 土质学与土力学[M]. 北京:人民交通出版社,2001.

[6] 袁聚云. 土工试验与原理[M]. 上海:同济大学出版社,2003.

[7] 王经羲. 土力学地基与基础[M]. 北京:人民交通出版社,1997.

[8] 黄文熙. 土的工程性质[M]. 北京:水利电力出版社,1983.

[9] 孙更生. 软土地基与地下工程[M]. 北京:中国建筑工业出版社,1984.

[10] 岩土工程手册编写委员会. 岩土工程师[M]. 北京:中国建筑工业出版社,1994.

[11] 中华人民共和国行业标准 JTG D60—2004 公路桥涵设计通用规范[S]. 北京:人民交通出版社,2004.

[12] 中华人民共和国行业标准 JTG D62—2004 公路钢筋混凝土及预应力混凝土桥涵设计规范[S]. 北京:人民交通出版社,2004.

[13] 中华人民共和国行业标准 JTG B01—2003 公路工程技术标准[S]. 北京:人民交通出版社,2004.

[14] 中华人民共和国行业标准 JTG D63—2007 公路桥涵地基与基础设计规范[S]. 北京:人民交通出版社,2007.

[15] 中华人民共和国行业标准 JTJ E40—2007 公路土工试验规程[S]. 北京:人民交通出版社,1993.

[16] 中华人民共和国行业标准 JTG D30—2004 公路路基设计规范[S]. 北京:人民交通出版社,1995.

[17] 中华人民共和国行业标准 JTG D61—2005 公路圬工桥涵设计规范[S]. 北京:人民交通出版社,1985.

[18] 公路挡土墙设计与施工技术细则[M]. 北京:人民交通出版社,2008.